What is the Fast Fourier Transform ?

高速フーリエ変換 FFT とは何か

デジタル信号処理や数値解析分野の中核の
演算ツールFFTをとことん説き明かす

土屋 守 著

兼六館出版株式会社

はじめに

おそらく本書を手にされた読者の方は、これまでに高速フーリエ変換（FFT）について言葉として聞かれたり、専門書で学んだり、あるいは何らかの形でプログラムを利用されたことがあったかと思います。しかし、ご自身で高速フーリエ変換のプログラムを組まれた経験をお持ちの方は少ないと思います。プログラムを組まれた方にしても、必要に応じて開示されているプログラムソースを参照して組むか、出来合いのプログラムソフトを購入し、利用されていたのではないかと思います。それは、高速フーリエ変換の従来からのアルゴリズムがいわば多くの説明を必要とすることに起因していると思います。本書で説明する新しい高速フーリエ変換のアルゴリズムはすでに電子情報通信学会論文誌 A（基礎・境界）の 2003 年 11 月号に掲載されていますので公知のものですが、残念ながらいまだ周知とは言い難いことから新しいアルゴリズムとして説明する次第です。本書で詳説する新しいアルゴリズムは、従来からのアルゴリズムとの決定的な違いが「高速演算式の最終形態が端的に数式表現できる」ことにあり、実に簡単明瞭な高速演算アルゴリズムと言えます。

高速フーリエ変換は、デジタル信号処理の分野に限らず、数値解析を活用する多くの科学技術分野で中核的な演算ツールとなっていますが、主要な適用分野であるデジタル信号処理の分野から踏み込むことにします。では、本文に入るに先立ち、デジタル信号処理における高速フーリエ変換の位置づけを簡単に説明しておきましょう。

デジタル信号処理は今や社会活動のほとんどの分野で基盤技術に欠かせない要素技術となっています。デジタル信号処理ではアナログ信号からデジタル信号を作り出し、代数的な数値計算で目的とする操作を加えて処理します。例えば、人や動物の声、体表に伝わる心臓や脳の作動、地震波など時間とともに変化する物理量は、何らかの方法で電気的な変化に置き換えることで、処理機器などに波形として取り込めます。取り込まれる波形は、時間の変化とともに大きさが連続的に変わる性質を持ち、アナログ信号と呼ばれます。アナログ信号には音声信号など時間という１つの要素に対して変化する１次元信号や、写真やテレビ画像など横、縦、時間と２つ以上の要素に対して変化する多次元信号があります。これらの信号を取り扱う場合、連続的な値のままではなく、標本化によって一定の時間間隔ごとの離散的な値で処理することができます。そのような離散的な値のデジタル信号を処理する中核的な演算ツールの１つに離散フーリエ変換があります。しかし、離散フーリエ変換で実際的な信号を直に演算すると膨大な計算量が必要となります。そこで、離散フーリエ変換を小さな離散フーリエ変換に分解することで計算量を大幅に削減できる演算アルゴリズムとして高速フーリエ変換が活用されています。高速フーリエ変換の出現は、デジタル信号処理の分野に限らず、数値解析を活用する多くの分野で正に歴史的な転換点になったと言われています。本書では高速フーリエ変換とは何かを通り一遍ではなく、とことん新旧アルゴリズムを解き明かします。そのため、読者の方によっては不要と思われる記述項目が散見されると思いますが、そこは読み飛ばしてください。そのため、目次には記述項目を詳細に整理してあります。また、本書で説明する高速フーリエ変換は、一般に高速フーリエ変換と呼ばれている範囲よりも広げています。それは、離散フーリエ変換の高速演算アルゴリズムとして密接な関係にある演算アルゴリズムも含めて解説する方が、「高速フーリエ変換とは何か」をより明らかにできると考えたからです。

土屋　守

本書は、月刊技術専門誌「放送技術（兼六館出版）」に長期連載した「デジタル信号処理の基礎講座1～25、補完（2003.1～2005.1、2009.9）」の「高速フーリエ変換のアルゴリズムその1～その6」、「実数計算を基本にする離散フーリエ変換の高速演算アルゴリズム」の掲載記事を書籍化に向け整理し、補充したものです。

目　　次

第1章 デジタル信号処理と離散フーリエ変換DFT

1.1 デジタル信号処理の基本技術

デジタル信号処理（Digital Signal Processing：DSP）では、まず、連続値であるアナログ（analog）信号を離散値であるデジタル信号に変えることが必要です。アナログ信号をデジタル信号に変えるには**図1-1**に示すように、元のアナログ信号を標本化（sampling、サンプリング）し、量子化（quantization）するという二つの処理で行われます。デジタル信号処理システムのおおざっぱな流れを**図1-2**に表しています。

標本化

標本化というのは、信号の値が時間に対して連続的に変化するアナログ信号から一定の時間間隔ごとに信号の値を抜き出すことをいいます。時間に対して連続的に変化する信号から離散的に抜き出された値は標本値と呼ばれます。アナログ信号をそのまま伝送したり、処理したりする場合はすべての時間にわたって信号を一様に伝送する必要がありますが、標本化できることはアナログ信号の離散的な値だけで元のアナログ信号が正確に復元できることになります。標本化がデジタル信号処理のはじまりといえます。

量子化

量子化というのは、信号の標本値を4ビットや8ビットのような、有限の桁数の2進数で表現される近似的な値に置き換えることをいいます。量子化にはさまざまな方法がありますが、簡単な方法としては、信号の取りうる範囲の値を2進法の4ビットや8ビットで表現される値で割り当てて、それらの中から最も近い値に置き換える線形量子化などがあります。2進法の1ビットは、0、1のいずれかの値を示す1つの信号のことです。量子化は原理的に標本値を元の値とは異なる値に置き換えることから、量子化後の信号と元の信号との間には差が生れ、量子化誤差と呼ばれます。この誤差による信号のゆがみを雑音として扱うとき、量子化雑音と呼ばれます。

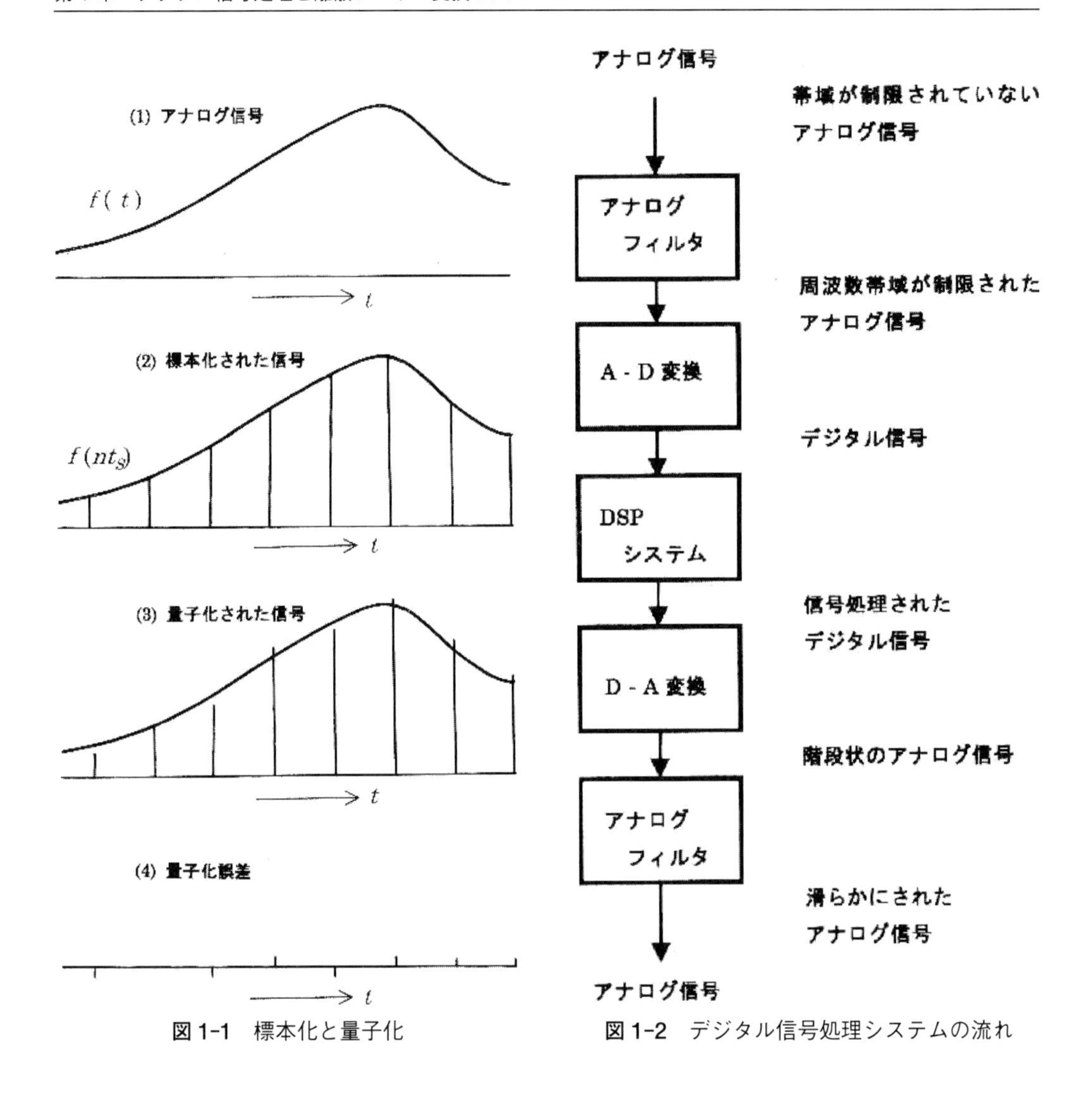

図 1-1　標本化と量子化

図 1-2　デジタル信号処理システムの流れ

1.2　標本化定理とアナログ信号の標本化

帯域が制限されているアナログ信号は、含まれる最高周波数の2倍以上の周波数で標本化すれば、標本値で信号処理できるとするのが標本化定理です。時間を t として、アナログ信号 $f(t)$ の帯域が制限されているとは、その信号の周波数スペクトル $F(\omega)$ に帯域 ω_b 以上の成分が含まれないことをいいます。なお、周波数スペクトル $F(\omega)$ というのは、時間領域の信号 $f(t)$ がどのような振動成分で構成されているかを表すもので、周波数領域に翻訳された信号の姿といえます。帯域 ω_b に制限されたアナログ信号 $f(t)$ は、帯域 ω_b の2倍より小さくない任意の標本化角周波数 $\omega_s \geq 2\omega_b$ を用いることで、次式のように表すことができます。

$$f(t)=\sum_{n=-\infty}^{\infty} f(nt_s)\frac{\sin\omega_s(t-nt_s)}{\omega_s(t-nt_s)},\quad t_s=\frac{\pi}{\omega_s} \tag{1.1}$$

式（1.1）は、**図 1-3、1-4** に示すように、周波数スペクトル $F(\omega)$ の帯域が制限されたアナログ信号 $f(t)$ が標本化関数とも呼ばれる関数 $\sin(x)/x$ の組み合わせに置き換えられることを意味します。そして、信号 $f(t)$ のそれぞれの標本値 $f(nt_s)$ がそれぞれの標本化関数 $\sin\omega_s(t-nt_s)/\omega_s(t-nt_s)$ の振幅になっています。帯域が制限された信号 $f(t)$ は $t=nt_s$（n：$-\infty\sim\infty$ の整数）の離散的な時間の標本値 $f(nt_s)$ から完全に決定され、標本値 $f(nt_s)$ から元の信号 $f(t)$ が完全に復元できることを意味しています。このように標本化をする一定の時間の間隔 t_s を標本化周期（サンプリング周期）と、また、その逆数 $1/t_s$ を標本化周波数、さらに $2\pi/t_s=\omega_s$ は標本化角周波数と呼ばれます。

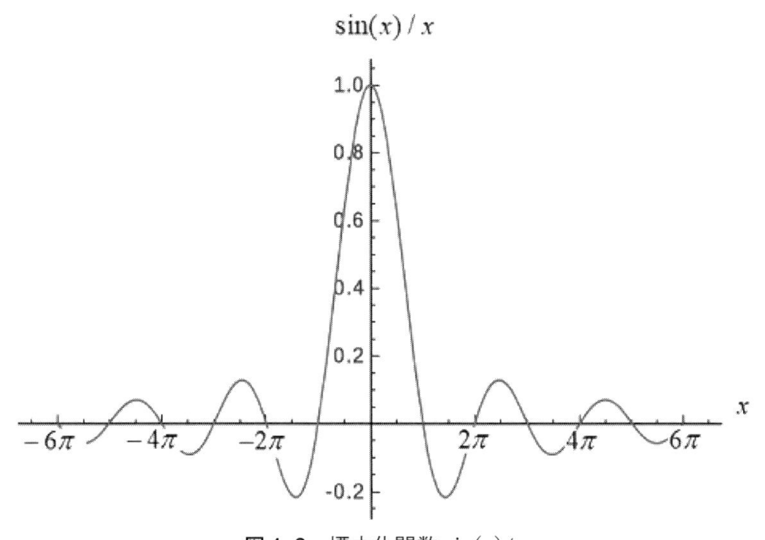

図 1-3　標本化関数 $\sin(x)/x$

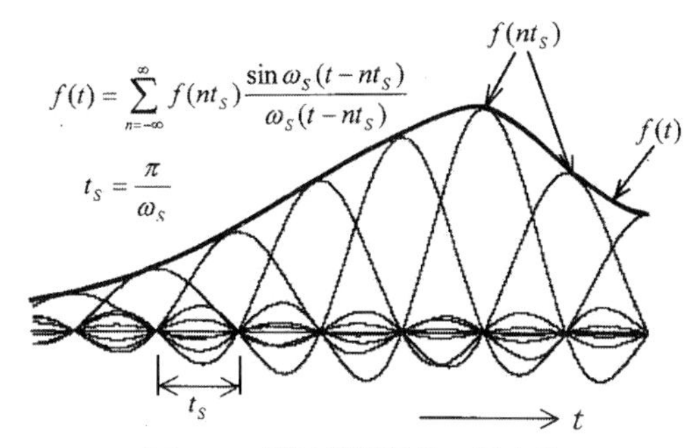

図 1-4　帯域制限信号の標本化

続いて、信号 $f(t)$ の周波数スペクトル $F(\omega)$ は、次式のように信号 $f(t)$ の標本値 $f(nt_s)$ で表されます。

$$F(\omega)=\chi(\omega)\cdot\sum_{n=-\infty}^{\infty}\frac{\pi}{\omega_s}f(-nt_s)e^{jn\pi\omega/\omega_s},\quad t_s=\frac{\pi}{\omega_s}$$
$$\chi(\omega)=1,\quad |\omega|<\omega_s$$
$$=0,\quad |\omega|>\omega_s \tag{1.2}$$

つまり、式（1.1）のそれぞれの標本値 $f(nt_s)$ は、信号 $f(t)$ の周波数スペクトル $F(\omega)$ をフーリエ級数展開した場合の $-n$ 番目のフーリエ係数 C_{-n} とは

$$f(nt_s)=\frac{\omega_s}{\pi}C_{-n} \tag{1.3}$$

の関係で結ばれることになります。したがって、周波数スペクトル $F(\omega)$ の帯域が制限された信号を標本化し、標本値 $f(nt_s)$ を求めることは、取りも直さず信号 $f(t)$ をフーリエ級数展開していることに相当します。ここで、信号のフーリエ級数展開というのは、信号の周波数スペクトル $F(\omega)$ がその帯域内で余弦波、正弦波の周波数成分の組み合わせで構成されるものとして、それぞれの周波数成分の大きさをフーリエ係数として求めることをいいます。ある有限区間の信号などを関数として三角関数の級数で表すことをフーリエ級数に展開するといい、無限区間に拡張した場合をフーリエ変換といわれます。このようにフーリエ級数やフーリエ変換を用いて対象とする関数を解析することをフーリエ解析と呼ばれますが、それらはフランスの数学者・物理学者であるジョゼフ・フーリエ（Jean Baptiste Joseph Fourier、1768～1830）が熱伝導の研究でフーリエ解析を展開したことに始まり、現在では調和解析という数学の一分野を形成しています。では、話を元に戻して、周波数スペクトルの帯域が制限された信号の連続値と標本値との関係を結びつけるのが標本化定理ですが、この定理は染谷-シャノンの定理とも呼ばれます。染谷 勲（そめや いさお、1915～2007）博士は、波形伝送の研究で帯域制限という作用が波形伝送上重要な意味を持つことを指摘するとともに、標本化定理を導き、これを駆使して帯域制限に関する問題を広く検討されました。その成果は著書「波形伝送（染谷勲、修教社、1949)」の中で展開されています。一方、クロード・シャノン（Claude Elwood Shannon、1916～2001）は、情報理論の父とも呼ばれた米国の電気工学者・数学者で、染谷博士の著書「波形伝送」の出版と同年の1949年に発表した論文で標本化定理を独自に証明したといわれています。染谷博士が導いた標本化定理では①帯域が制限された信号は標本化ができること、②その標本値は信号の周波数スペクトルのフーリエ係数と結びついていることの二つの性質を明らかにしています。だが、これまで①の標本化できるという性質は活用されてきましたが、②の性質がそれ相応に活用されてきたとは言い難いのが実情だと思います。染谷博士は②

の性質から反響スペクトルという考え方を著書「波形伝送」の中で展開しています。ただ、②の性質は本書の主題である高速フーリエ変換の母体である離散フーリエ変換（DFT）とは直接的な関係は無いので、この点について単に指摘するにとどめておきます。

1.3 アナログ信号の標本化と折り返しひずみ

アナログ信号を標本化角周波数 ω_s で標本化すると、標本化された信号の周波数スペクトルは、**図 1-5(2)** に示すように、元のアナログ信号の周波数スペクトル $F(\omega)$ を周波数軸上で ω_s ごとの間隔で周期的に並べたものになります。

したがって、アナログ信号を標本化する場合、その信号の中に標本化周波数の 1/2 よりも高い周波数スペクトルの成分が含まれると、それらの成分は標本化によって、標本化周波数の

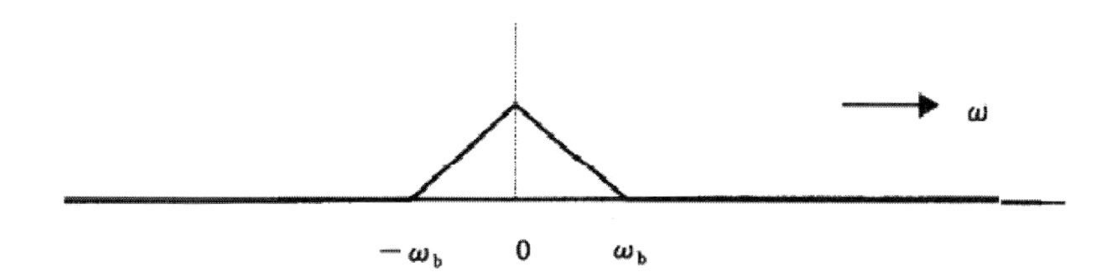

(1) 元の信号の周波数スペクトル

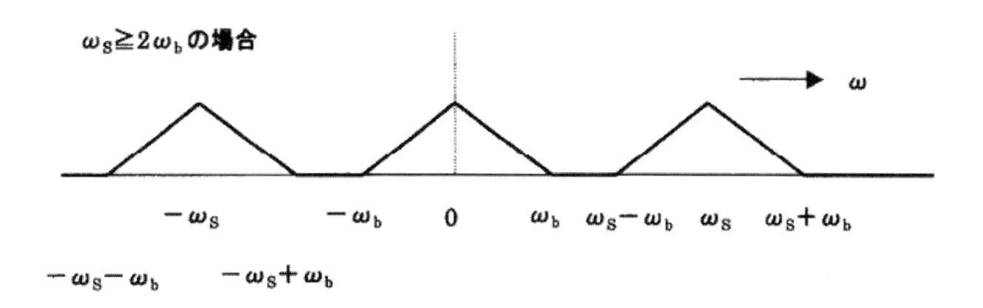

(2) 標本化された信号の周波数スペクトルの例

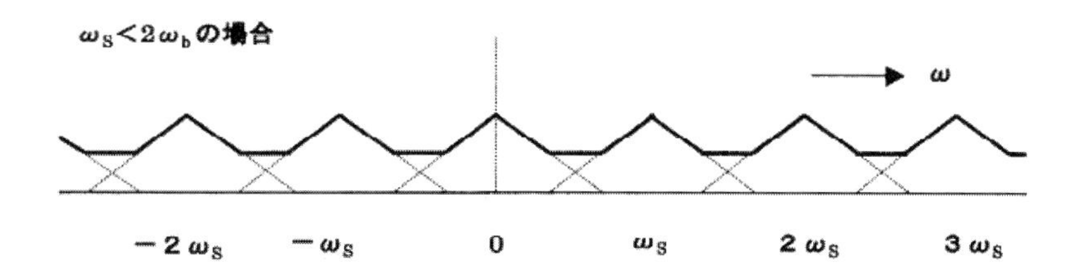

(3) 標本化された信号の周波数スペクトルの例

図 1-5　信号の標本化と周波数スペクトルとの関係

1/2よりも低い周波数スペクトルの成分との重なりが生じて、元のアナログ信号が正確に復元できなくなります。このような現象は折り返しひずみ、またはエイリアシング（aliasing）と呼ばれます。標本化に際しては、折り返しひずみが発生しないよう周波数スペクトルの高い成分を制限するか、標本化周波数の設定 $1/t_s=\omega_s/2\pi \geq \omega_b/\pi$ には十分に余裕をもたせることが必要となります。折り返しひずみを発生させずに標本化する最低の標本化周波数は $1/t_s=\omega_b/\pi$ であり、ナイキスト周波数（Nyquist rate）、あるいはナイキスト限界と呼ばれます。また、$t_s=\pi/\omega_b$ は、ぎりぎりの標本化間隔として、ナイキスト間隔（Nyquist interval）と呼ばれることがあります。ここで、ハリー・ナイキスト（Harry Nyquist、1889～1976）は、米国の物理学者（スウェーデン生れ、米国に移住・帰化）で、自動制御理論、情報理論の発展に大きく貢献したと言われています。1928年にハリー・ナイキストが標本化定理の存在を予想し、これに対して1949年にクロード・シャノンが標本化定理を証明したことから、欧米では標本化定理がナイキスト-シャノンの定理と呼ばれることが多いと言われています。

1.4　離散フーリエ変換 DFT の式の定義

続いて、アナログ信号とその周波数スペクトルとの関係から時間に関する信号 $f(t)$ とその周波数スペクトル $F(\omega)$ を共に離散値で取り扱える離散フーリエ変換（Discrete Fourier Transform : DFT）を導き出すことにします。

いま、**図1-6(1)**に示すように、アナログ信号 $f(t)$ が時間軸上で継続する時間が区間 $0 \sim t_c$ に制限され、同時にその周波数スペクトル $F(\omega)$ も周波数帯域 $-\omega_c \sim \omega_c$ に制限されているものと仮定します。なお、時間に関する信号 $f(t)$ の継続する時間 t_c と周波数スペクトル $F(\omega)$ の拡がり ω_c が共に制限されることは理論的には成立しません。それは、信号 $f(t)$ の時間的な拡がり方と、その周波数スペクトル $F(\omega)$ の拡がり方との間には反比例的な関係があるからです。しかし、理論的な厳密さに目をつぶっても実用上の問題が生じることはなく、近似的には成立するものとして一般に取り扱われています。

アナログ信号 $f(t)$ の継続時間 $0 \sim t_\tau (t_\tau > t_c)$ を間隔 $t_s=\pi/\omega_s (\omega_s \geq 2\omega_c)$ で標本化すると、**図1-6(2)**に示すように、周波数スペクトル $F(\omega)$ が周期的に繰り返すことになります。次に、周波数スペクトル $F(\omega)$ を $\Delta\omega=\omega_s/N$ で標本化すると、**図1-6(3)**に示すように、時間領域では離散値化した信号 $f(nt_s), n=0 \sim N-1$ が周期的に繰り返すことになります。このように、時間軸上で周期的に繰り返す離散値信号と、周波数の領域で周期的に繰り返す離散値の周波数スペクトル $F(2\pi k/N)$ の関係は離散フーリエ級数（Discrete Fourier Series : DFS）と呼ばれます。そして、離散フーリエ級数（DFS）の信号と周波数スペクトルとの関係は、**図1-6(4)**に示すように、基本周期 $t, w=0 \sim N-1$ の区間同士だけでも対応できます。つまり、離散フーリエ級数（DFS）の基本周期の対応を離散フーリエ変換（DFT）という変換対の形式で用い

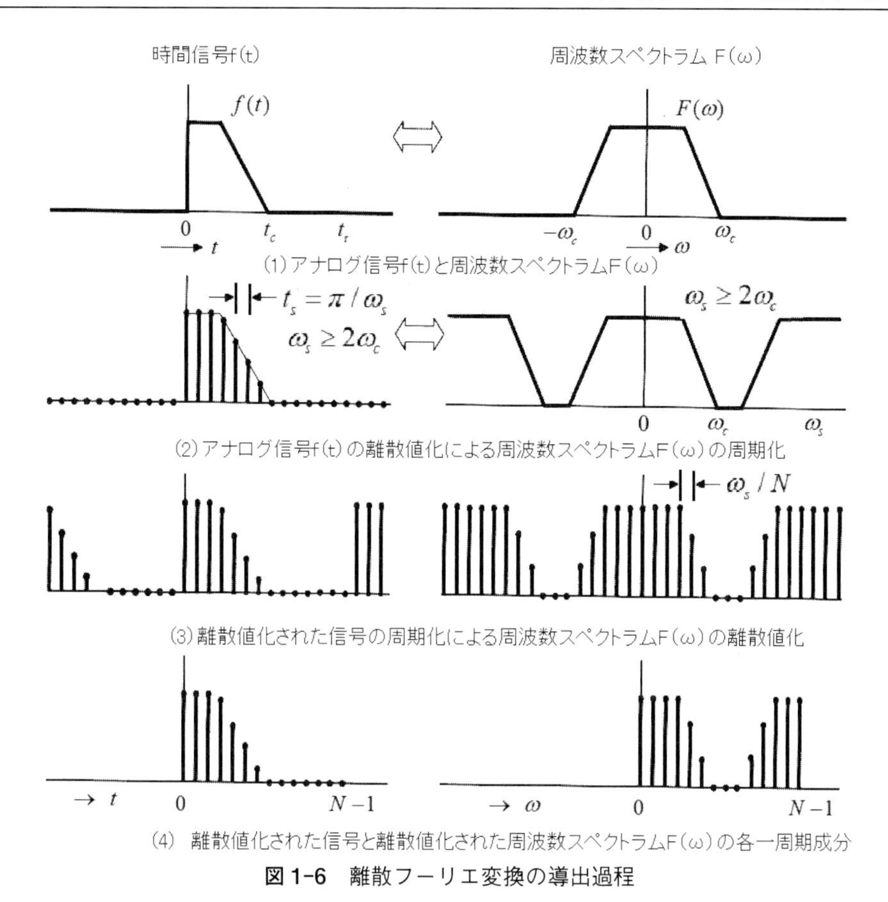

図 1-6 離散フーリエ変換の導出過程

られることになります。そこで、時間軸、周波数軸でそれぞれの離散値の順番を指し示すインデックスをそれぞれ n, k とすると、時間軸の離散値 $x(n)$ を周波数軸上の離散値 $X(k)$ に変換する離散フーリエ変換（Discrete Fourier Transform : DFT）の式が次のように定義されます。

$$X(k) = \sum_{n=0}^{N-1} x(n) W_N^{nk}, \quad W_N = e^{-j2\pi/N}$$
$$k = 0 \sim N-1 \tag{1.4}$$

式（1.4）を構成する各部分は、変換対の一般的な呼び方にならって、$x(n)$ が原関数（original function）、$X(k)$ が像関数（image function）、あるいは単に像（image）、W_N^{nk} が変換の核（kernel）とそれぞれ呼ばれます。

変換核 W_N^{nk} は、$W_N^{nk} = e^{-j2\pi nk/N}$ のように指数関数の形式で表されますが、オイラーの公式 $e^{\pm j\theta} = \cos(\theta) \pm j\sin(\theta)$ から、次のようにも表現できます。

$$W_N^{nk}=e^{-j2\pi nk/N}=\cos(2\pi nk/N)-j\sin(2\pi nk/N) \tag{1.5}$$

ここで j は虚数単位で、$j=\sqrt{-1}$ を表します。なお、虚数単位の記号表示は史上最大の数学者ともいわれる Leonhard Euler（レオンハルト・オイラー、1707～1783）が1770年ごろに i の文字で表示したのが始まりとされています。i は imaginary の頭文字から採られたとされていますが、電気電子工学では i の文字が電流の意味で使われることから虚数単位の記号表示としては一般に j の文字が使われます。

周波数軸の離散値 $X(k)$ を時間軸の離散値 $x(n)$ に変換する逆離散フーリエ変換（Inverse Discrete Fourier Transform : IDFT）としては次式が与えられます。

$$x(n)=\frac{1}{N}\sum_{k=0}^{N-1}X(k)W_N^{-nk},\quad W_N=e^{-j2\pi/N}$$

$$n=0\sim N-1 \tag{1.6}$$

離散フーリエ変換（DFT）と逆離散フーリエ変換（IDFT）との変換対は、時間領域と周波数領域とが共に離散値で処理できることを意味します。離散フーリエ変換（DFT）は、非周

表 1-1　フーリエ級数に基礎をおく各種変換の関係

<table>
<tr><td colspan="2" rowspan="2"></td><td colspan="2">信号の種別</td></tr>
<tr><td>離散時間信号</td><td>連続時間信号</td></tr>
<tr><td rowspan="2">周波数スペクトルの種別</td><td>連続スペクトル</td><td>$x(n)=\frac{1}{2\pi}\int_0^{2\pi}X(\omega)e^{j\omega n}d\omega$,
$-\infty<n<\infty$
$X(\omega)=\sum_{n=-\infty}^{\infty}x(n)e^{-j\omega n}$
離散時間フーリエ変換</td><td>$X(\Omega)=\int_{-\infty}^{\infty}x(t)e^{-j\Omega t}dt$
$x(t)=\frac{1}{2\pi}\int_{-\infty}^{\infty}X(\Omega)e^{j\Omega t}d\Omega$
フーリエ変換</td></tr>
<tr><td>線スペクトル</td><td>$X_N(k)=\sum_{n=0}^{N-1}x_N(n)W_N^{nk}$,
$-\infty<k<\infty$
$x_N(n)=\frac{1}{N}\sum_{k=0}^{N-1}X_N(k)W_N^{-nk}$,
$-\infty<n<\infty$
離散時間フーリエ級数
$x(n)=\frac{1}{N}\sum_{k=0}^{N-1}X(k)W_N^{-nk}$,
$n=0,1,2,\cdots,N-1$
$X(k)=\sum_{n=0}^{N-1}x(n)W_N^{nk}$,
$k=0,1,2,\cdots,N-2$
離散フーリエ変換</td><td>$C_k=\frac{1}{T}\int_{T_1}^{T_2}x(t)e^{-j2\pi k f_0 t}dt$
$x(t)=\sum_{k=-\infty}^{\infty}C_k e^{j2\pi k f_0 t}$,
$f_0=1/T, t=T_2-T_1$
フーリエ（指数）級数</td></tr>
</table>

期的な信号についても周期 N を仮定することで、周期信号として処理することができます。

ここで、参考までに、フーリエ級数に関係する各種のフーリエ変換を**表 1-1** にまとめておきます。

第2章 離散フーリエ変換DFTの性質と計算量

2.1 DFTの性質と直接的な演算の計算量

離散フーリエ変換DFTには種々の性質がありますが、ここで、それらの性質のうち代表的なものを挙げておきます。

線形性

いま、任意の定数をa, bとし、DFTの時間軸のデータを

$$x(n)=ax_1(n)+bx_2(n) \tag{2.1}$$

とするとき、このようなデータのDFTは、

$$\begin{aligned}X(k)&=\sum_{n=0}^{N-1}ax_1(n)W_N^{nk}+\sum_{n=0}^{N-1}bx_2(n)W_N^{nk}\\&=aX_1(k)+bX_2(k)\end{aligned} \tag{2.2}$$

となります。このように、いくつかの信号を重ねたものをデータとするDFTはそれぞれの信号をデータとするDFTの重み和となる性質はDFTの線形性（linearity）と呼ばれます。

周期性

DFTの式は、任意の整数λに対して、

$$\begin{aligned}X(k+\lambda N)&=\sum_{n=0}^{N-1}x(n)W_N^{n(k+\lambda N)}\\&=\sum_{n=0}^{N-1}x(n)W_N^{nk}=X(k)\end{aligned} \tag{2.3}$$

の関係が成立し、周波数軸のインデックスkの周期関数となります。DFTがインデックスkの周期関数となるのは変換核W_N^{nk}の特性にもとづく性質であって、時間軸についても

$$x(n+\lambda N)=\frac{1}{N}\sum_{k=0}^{N-1}X(k)W_N^{-(n+\lambda N)k}$$
$$=\frac{1}{N}\sum_{k=o}^{N-1}X(k)W_N^{-nk}=x(n) \tag{2.4}$$

のように、インデックス n の周期関数となります。つまり、

$$W_N^{nk}=W_N^{n(k+\lambda N)}=W_N^{(n+\lambda N)k} \tag{2.5}$$

となり、この性質はDFTの周期性（periodicity）といいます。

対称性

DFTの変換核 W_N^{nk} には

$$W_N^{n(N-k)}=W_N^{-nk}=(W_N^{nk})^* \tag{2.6}$$

という性質があります。したがって、いま取り扱う時間軸上の入力データ列 $x(n)$ が実数値であるとき、DFTは、

$X(0), X(N/2)$：実数，　$X(k)=X^*(N-k)$：共役対称性

となります。この性質はDFTの複素共役対称性（complex conjugate symmetry）と呼ばれます。ここで、アステリスク＊は複素数が共役であることを表わしています。複素数が共役というのは実数を a、虚数を b とするとき、ふたつの複素数 $a+jb, a-jb$ のように、虚部が正負の符号のみが異なる関係にあることをいいます。このとき、どちらの複素数も他のものの共役の複素数であると言われます。

このような、DFTの線形性、周期性、複素共役対称性は本書で主題とする高速フーリエ変換（FFT）のアルゴリズムで有効に活用されています。

ところで、アルゴリズム（algorithm）は、ある問題を解くための特定の演算方式、演算手順を意味するものとして、広範に使われている用語です。まさに高速フーリエ変換（FFT）は、離散フーリエ変換（DFT）の高速処理を実現する演算方式として、アルゴリズムという用語の適用にもっとも相応しい例示の1つだといえると思います。

次に、式（1.4）のDFTの定義式を直接的に演算する場合の計算量を見積もってみます。いま、式（1.4）で $N=8$ とすると、次式のように表されます。

$$X(k)=\sum_{n=0}^{7}x(n)W_8^{nk} \tag{2.7}$$

式（2.7）を単純に展開すると、次のようになります。

$$
\begin{aligned}
X(0)&=x(0)+x(1)+x(2)+x(3)+\cdots+x(7)\\
X(1)&=x(0)W_8^0+x(1)W_8^1+x(2)W_8^2+x(3)W_8^3+\cdots+x(7)W_8^7\\
X(2)&=x(0)W_8^0+x(1)W_8^2+x(2)W_8^4+x(3)W_8^6+\cdots+x(7)W_8^{14}\\
X(3)&=x(0)W_8^0+x(1)W_8^3+x(2)W_8^6+x(3)W_8^9+\cdots+x(7)W_8^{21}\\
&\vdots\\
X(7)&=x(0)W_8^0+x(1)W_8^7+x(2)W_8^{14}+x(3)W_8^{21}+\cdots+x(7)W_8^{49}
\end{aligned}
\tag{2.8}
$$

式（2.5）で表される変換核 W_N^{nk} の周期性から

$$
\begin{aligned}
&W_8^0=W_8^8=W_8^{16}=W_8^{24}=\cdots\\
&W_8^1=W_8^9=W_8^{17}=W_8^{25}=\cdots\\
&\quad\vdots\\
&W_8^7=W_8^{15}=W_8^{23}=W_8^{31}=\cdots
\end{aligned}
\tag{2.9}
$$

となります。したがって、式（2.8）で表される DFT の演算処理を信号フローの形で表すと、**図 2-1** のようになります。同図は、表現が煩雑になるので、出力項 $X(2)$ の場合のみを表示していますが、他の出力項 $X(k)$ についても同様に表されます。同図からも明らかなように、長さ $N=8$ の DFT は 8×8 回の複素数の乗算と加算が必要になります。このように、長さ N の DFT を直接的に演算すると N^2 回の複素数乗算と複素数加算が必要になります。この N^2 回の複素数演算というのは実に膨大な計算量です。例えば、長さ $N=1024$ の DFT では、約 100 万回の複素数乗算と複素数加算が必要になります。この DFT の計算量を大きく削減する取っ掛かりとなった考え方にインデックス変換による演算があります。

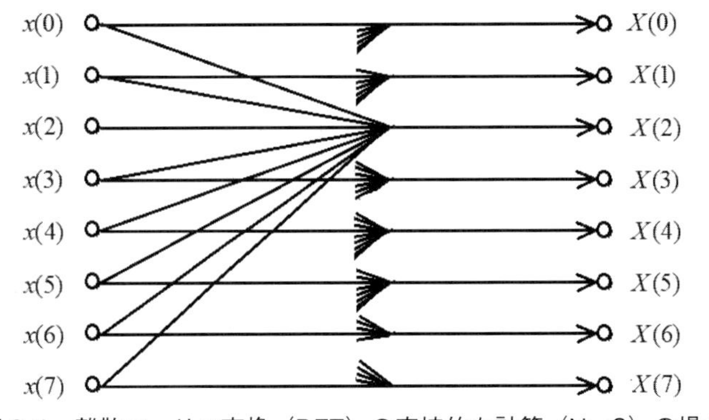

図 2-1　離散フーリエ変換（DFT）の直接的な計算（N=8）の場合

2.2 DFTのインデックス変換による演算

高速フーリエ変換（Fast Fourier Transform：FFT）アルゴリズムの説明に先立って、DFTのインデックス変換による演算を説明するのは何故か？といえば、インデックス変換による演算がDFTの高速演算としてのFFTアルゴリズムの起点であり、分岐点と考えるからです。次の第3章で説明するCooley-Tukey型FFTアルゴリズムのもとになったJ. Cooley、J. Tukeyによる論文はインデックス変換から書き出しており、本書の著者らが提案した新しいFFTアルゴリズムもインデックス変換の考え方を大きく拡張したものといえるからです。つまり、DFTのインデックス変換による演算をどのように捉えるかで、その後に展開されたFFTアルゴリズムの姿が異なったと考えています。なお、インデックスとは一般に指標、目印のことで、式（1.4）のDFTの定義式で入力データ列$x(n)$のインデックスがnであり、出力項$X(k)$のインデックスがkとなります。また、インデックス変換とは何らかの方法で長さNのインデックスを分割することをいいます。例えば、入力データ列$x(n)$のインデックスnを用いて、入力データ列$x(n)$を偶数項$x(2n)$と奇数項$x(2n+1)$とに分け、2つのグループにすれば、それも1つのインデックス変換といえるでしょう。

では、DFTのインデックス変換の説明に入りましょう。いま、DFTの長さNを2つの因数の積$N_1 \times N_2$とおき、インデックスn,kの変換を

$$
\begin{aligned}
&n = N_1 n_2 + n_1, \quad n_1 = 0 \sim N_1 - 1, \quad n_2 = 0 \sim N_2 - 1 \\
&k = N_2 k_1 + k_2, \quad k_1 = 0 \sim N_1 - 1, \quad k_2 = 0 \sim N_2 - 1
\end{aligned}
\tag{2.10}
$$

のように定義することにします。このように定義するインデックス変換がどのようなことを意味するのかを簡単に説明しておきます。

いま、DFTの長さNを16とし、$N_1=4$、$N_2=4$とおくと、式（2.10）は、

$$n = 4n_2 + n_1, \quad n_1, n_2 = 0, 1, 2, 3 \quad k = 4k_1 + k_2, \quad k_1, k_2 = 0, 2, 1, 3$$

となり、インデックスn, kは次のように変換されることになります。

$4n_2$	0	0	0	0	4	4	4	4	8	8	8	8	12	12	12	12
n_1	0	1	2	3	0	1	2	3	0	1	2	3	0	1	2	3
n	0	1	2	3	4	5	6	7	8	9	10	11	12	13	14	15
$4k_1$	0	8	4	12	0	8	4	12	0	8	4	12	0	8	4	12
k_2	0	0	0	0	2	2	2	2	1	1	1	1	3	3	3	3
k	0	8	4	12	2	10	6	14	1	9	5	13	3	11	7	15

インデックスnは順番に、インデックスkは間引きの形に変換されていることがわかります。なお、高速フーリエ変換（FFT）アルゴリズムの説明でよく使われる「間引き（decimation)」という用語は、農作業などで苗の良好な生育のために良い苗を残して他を引き抜き、十分に間隔を開けることとは異なり、一定の規則に従ってインデックスの並び順を変えることを言います。ちなみに、decimation は、古代ローマの処罰の１つで、（反乱兵等を）10 人に一人を殺したという decimate の名詞形です。日本語の間引きも食料難などの困窮から口減らしに行われた遠い昔の悲しい風習に由来するようです。

式（2.10）のようにインデックスを変換すると、間引かれるインデックス k を構成するインデックス k_1, k_2 が 0、2、1、3 と変化する理由については後ほど説明します。式（2.10）のようにインデックス変換を定義すると、インデックス n, k の積 nk は、

$$nk = N_2 n_1 k_1 + n_1 k_2 + N_1 N_2 n_2 k_1 + N_1 n_2 k_2 \tag{2.11}$$

となります。ここで、指数法則の１つの $W^{A+B} = W^A W^B$ からインデックス n, k の積 nk をもとの変換核 W_N^{nk} に入れて整理すると、

$$W_N^{nk} = W_N^{N_2 n_1 k_1} W_N^{n_1 k_2} W_N^{N_1 N_2 n_2 k_1} W_N^{N_1 n_2 k_2} \tag{2.12}$$

となります。さらに各項は、

$$\begin{aligned} W_N^{N_2 n_1 k_1} &= W_{N/N_2}^{n_1 k_1} = W_{N_1}^{n_1 k_1} \\ W_N^{N_1 N_2 n_2 k_1} &= W_{N/N_1 N_2}^{n_2 k_1} \equiv 1.0 \\ W_N^{N_1 n_2 k_2} &= W_{N/N_1}^{n_2 k_2} = W_{N_2}^{n_2 k_2} \end{aligned} \tag{2.13}$$

となり、式（2.12）の変換核 W_N^{nk} は

$$W_N^{nk} = W_{N_1}^{n_1 k_1} W_N^{n_1 k_2} W_{N_2}^{n_2 k_2} \tag{2.14}$$

のようにまとめられます。したがって、長さ N の DFT の式は、

$$\begin{aligned} &X(N_2 k_1 + k_2) = \sum_{n_1=0}^{N_1-1} W_{N_1}^{n_1 k_1} W_N^{n_1 k_2} \sum_{n_2=0}^{N_2-1} x(N_1 n_2 + n_1) W_{N_2}^{n_2 k_2} \\ &k_1 = 0 \sim N_1 - 1, \quad k_2 = 0 \sim N_2 - 1 \end{aligned} \tag{2.15}$$

のように表すことができます。式（2.15）については、後ほど $N=8$ の DFT を例にして説明しますが、出力項 $X(k)$ のインデックス k が間引きの形に、入力データ列 $x(n)$ のインデックス n が 0, 1, 2, 3… と順番の整数列になっています。

続いて、インデックス n, k を式（2.10）とは異なる変換として

$$\begin{aligned} &n = N_2 n_1 + n_2, \quad n_1 = 0 \sim N_1 - 1, \quad n_2 = 0 \sim N_2 - 1 \\ &k = N_1 k_2 + k_1, \quad k_1 = 0 \sim N_1 - 1, \quad k_2 = 0 \sim N_2 - 1 \end{aligned} \tag{2.16}$$

のように定義すると、式（2.15）に相当するものとして、同様の手順から次式が得られます。

$$X(N_1k_2+k_1)=\sum_{n_2=0}^{N_2-1} W_{N_2}^{n_2k_2} W_N^{n_2k_1} \sum_{n_1=0}^{N_1-1} x(N_2n_1+n_2)\, W_{N_1}^{n_1k_1}$$

$$k_1=0\sim N_1-1,\quad k_2=0\sim N_2-1 \tag{2.17}$$

式（2.17）は、式（2.15）とは異なり、出力項$X(k)$のインデックスkが順番の整数列に、入力データ列$x(n)$のインデックスnが間引きの形に分解されています。ここで、DFTの長さNを2つの因数の積$N=N_1\times N_2$とおくことでどのくらい計算量が減るのかを見積ってみましょう。式（2.15）を用いて長さ$N=N_1\times N_2$のDFTを演算する場合、必要となる複素数乗算回数Mは、

$$M=N_1N_2(N_1+N_2+1) \tag{2.18}$$

となります。これから、長さNのDFTを直接的に演算する場合の複素数乗算回数N^2よりも少なくなることは明らかです。例えば、$N=1024=32\times32$とすると、$N^2=1{,}048{,}576$であるのに対し、$N_1N_2(N_1+N_2+1)=66{,}560$となって、DFTの定義式を直接演算する場合の約6.35%の乗算回数で済むことになります。

2.3　インデックス変換による演算と信号フロー図

ここで、長さNを2つの因数の積$N=N_1\times N_2$とおいて分解することがDFTを演算する上でどのような意味をもつのか、長さ$N=8$のDFTを例にして見てみましょう。なお、直に演算しても乗算回数がたかが知れている長さ$N=8$のDFTを例にするのは、あくまで説明を簡潔にするためです。

長さ$N=8$のDFTの場合、$N_1=4, N_2=2$とするとき、式（2.15）は次式のようになります。

$$X(2k_1+k_2)=\sum_{n_1=0}^{3} W_4^{n_1k_1} W_8^{n_1k_2} \sum_{n_2=0}^{1} (-1)^{n_2k_2} x(4n_2+n_1)$$

$$k_1=0,2,1,3\quad k_2=0,1 \tag{2.19}$$

式（2.19）の構造を見ますと、前方のn_1の総和Σ（シグマ）と変換核$W_4^{n_1k_1}$で構成される長さ$N=4$のDFTと、後方のn_2の総和Σと変換核$W_2^{n_2k_2}=(-1)^{n_2k_2}$で構成される長さ$N=2$のDFTとの間に変換核$W_8^{n_1k_2}$が挟まれる形になっています。長さ$N=4, N=2$のそれぞれのDFTには実質的な乗算が含まれませんので、実質的な乗算処理が変換核$W_8^{n_1k_2}$の部分に集約された形になっています。なお、この変換核$W_8^{n_1k_2}$は、FFTアルゴリズムのところで説明し

ますが、DFT を演算処理する上で配置される箇所が固定されると、回転因子、あるいはひねり係数と呼ばれる乗算処理の係数となります。

式（2.19）を用いることによる演算処理を信号フロー図で表すと、**図 2-2(1)** のようになります。

次に、同じく $N=8$ の DFT の場合で、$N_1=2, N_2=4$ とするとき、式（2.15）は次式のようになります。

$$X(4k_1+k_2)=\sum_{n_1=0}^{1}(-1)^{n_1k_1}W_8^{n_1k_2}\sum_{n_2=0}^{3}x(2n_2+n_1)W_4^{n_2k_2}$$

$$k_1=0, 1,\quad k_2=0, 2, 1, 3 \tag{2.20}$$

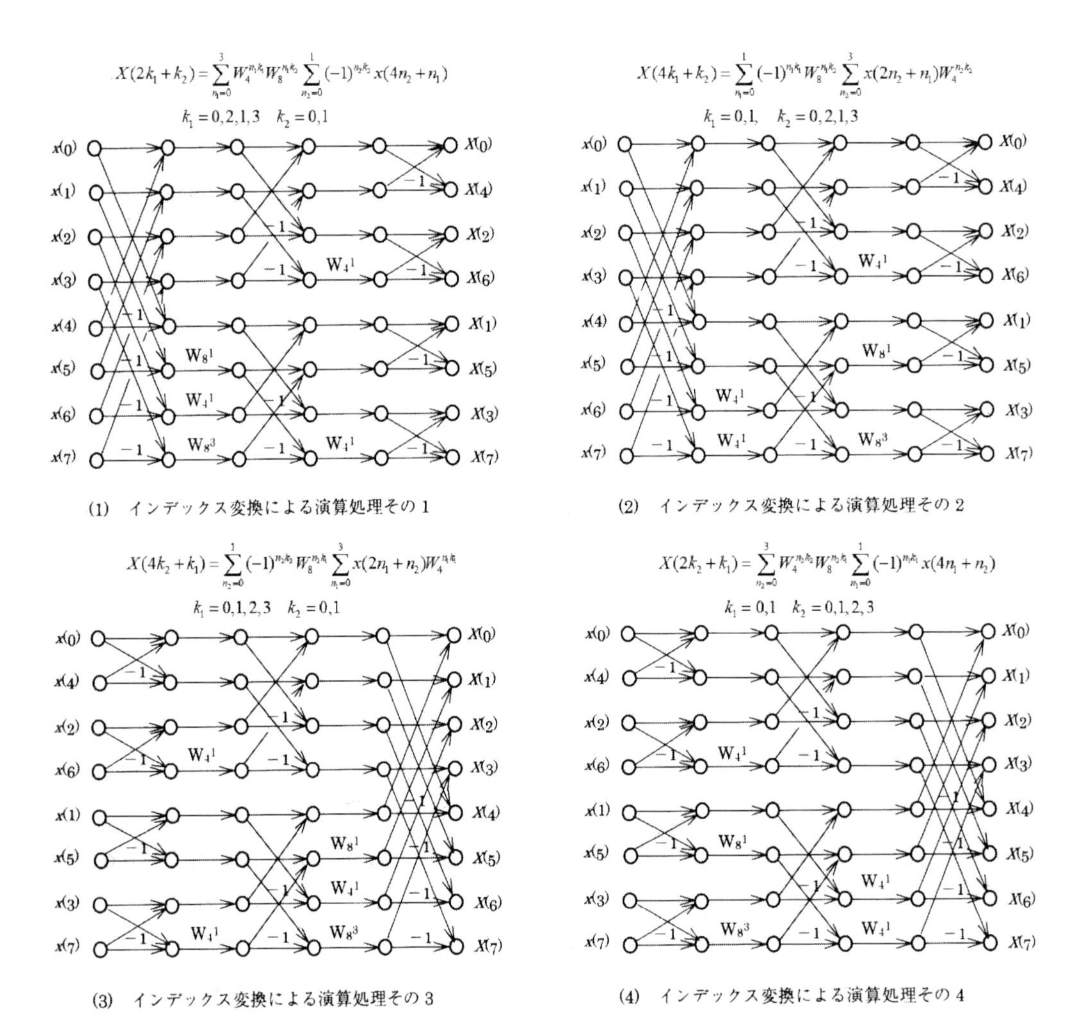

(1)　インデックス変換による演算処理その 1

(2)　インデックス変換による演算処理その 2

(3)　インデックス変換による演算処理その 3

(4)　インデックス変換による演算処理その 4

図 2-2　インデックス変換による N=8 の DFT の信号フロー図

式（2.20）による演算処理を信号フロー図で表すと、**図 2-2(2)**のようになります。同図(1)と(2)からはDFTの長さ$N=8$を2つの因数の積とした場合、その積を4×2とするか、2×4とするかの違いが分かると思います。ここで、式（2.19）、（2.20）の両式は、ともに入力データ列$x(n)$のインデックスnが$0, 1, 2, 3 \cdots 7$と、順番の整数列に並び、出力項$X(k)$のインデックスkが$0, 4, 2, 6, 1 \cdots 7$と、間引きの形になるようにインデックス変換されています。

ところで、式（2.19）の変換されたインデックスk_1を$0, 2, 1, 3$, k_2を$0, 1$としているのは、入力データ列$x(n)$の変換されたインデックス$n=4n_2+n_1$が$0, 1, 2, 3 \cdots 7$と順番の整数列に変化するのに対し、出力項$X(k)$のインデックス$k=2k_1+k_2$が$0, 4, 2, 6, 1, 5, 3, 7$と、間引きの形に変化することに対応しているためです。式（2.20）でインデックスkを$k_1=0, 1$ $k_2=0, 2, 1, 3$のようにおくのも同様の理由からです。

次に、式（2.17）の形で長さ$N=8$のDFTを分解する場合で、$N_1=4, N_2=2$とするとき、次式のように表されます。

$$X(4k_2+k_1)=\sum_{n_2=0}^{1}(-1)^{n_2k_2}W_8^{n_2k_1}\sum_{n_1=0}^{3}x(2n_1+n_2)W_4^{n_1k_1}$$
$$k_1=0, 1, 2, 3 \quad k_2=0, 1 \tag{2.21}$$

次に、$N_1=2, N_2=4$とすると、次式のように表されます。

$$X(2k_2+k_1)=\sum_{n_2=0}^{3}W_4^{n_2k_2}W_8^{n_2k_1}\sum_{n_1=0}^{1}(-1)^{n_1k_1}x(4n_1+n_2)$$
$$k_1=0, 1 \quad k_2=0, 1, 2, 3 \tag{2.22}$$

これら式（2.21）、式（2.22）による演算処理を信号フロー図で表すと、**図 2-2(3)**、**(4)**のように表されます。これら両式による演算処理の場合、出力項$X(k)$の変換されたインデックス$k=4k_2+k_1, 2k_2+k_1$は、ともに$0, 1, 2, 3, 4 \cdots 7$と、順番の整数列になり、また、入力データ列$x(n)$のインデックス$n=2n_1+n_2, 4n_1+n_2$はともに$0, 4, 2, 6, 1, 5, 3, 7$と、間引きの形に変化しています。このように、長さ$N=8$のDFTは、式（2.10）、式（2.16）で表されるインデックス変換の選択と、4×2, 2×4という因数の積の選択との組み合わせで4つの演算処理に分解されることになります。

ここで、式（2.19）～式（2.22）で用いた$N=8$のDFTのインデックスn, kの変換について説明しておきます。式（2.19）の出力項$X(k)$のインデックスkは、$2k_1+k_2, k_1=0, 2, 1, 3$ $k_2=0, 1$と表されることから、$0, 4, 2, 6, 1, 5, 3, 7$と並ぶkが、

$$
\begin{aligned}
k&=0\ \ 4\ \ 2\ \ 6\ \ 1\ \ 5\ \ 3\ \ 7\\
2k_1&=0\ \ 4\ \ 2\ \ 6\ \ 0\ \ 4\ \ 2\ \ 6\\
k_2&=0\ \ 0\ \ 0\ \ 0\ \ 1\ \ 1\ \ 1\ \ 1
\end{aligned}
$$

のように、2つの項からなるインデックスに変換されていることになります。なお、k_1 は $0, 2, 1, 3$ と並びますが、これは、

$$
\begin{aligned}
k_1&=0\ \ 2\ \ 1\ \ 3\ \ 0\ \ 2\ \ 1\ \ 3\\
2k_1'&=0\ \ 2\ \ 0\ \ 2\ \ 0\ \ 2\ \ 0\ \ 2\\
k_2'&=0\ \ 0\ \ 1\ \ 1\ \ 0\ \ 0\ \ 1\ \ 1
\end{aligned}
$$

のように並ぶ $2k_1'+k_2', k_1', k_2'=0, 1$ の短縮形ととらえることができます。また、式（2.19）の入力データ列 $x(n)$ のインデックス n は

$$
\begin{aligned}
n&=0\ \ 1\ \ 2\ \ 3\ \ 4\ \ 5\ \ 6\ \ 7\\
n_1&=0\ \ 1\ \ 2\ \ 3\ \ 0\ \ 1\ \ 2\ \ 3\\
4n_2&=0\ \ 0\ \ 0\ \ 0\ \ 4\ \ 4\ \ 4\ \ 4
\end{aligned}
$$

のように変換されていることになります。次に、式（2.20）の出力項 $X(k)$ のインデックス k は

$$
\begin{aligned}
k&=0\ \ 4\ \ 2\ \ 6\ \ 1\ \ 5\ \ 3\ \ 7\\
4k_1&=0\ \ 4\ \ 0\ \ 4\ \ 0\ \ 4\ \ 0\ \ 4\\
k_2&=0\ \ 0\ \ 2\ \ 2\ \ 1\ \ 1\ \ 3\ \ 3
\end{aligned}
$$

のように変換されていることになります。また、同式の入力データ列 $x(n)$ のインデックス n は

$$
\begin{aligned}
n&=0\ \ 1\ \ 2\ \ 3\ \ 4\ \ 5\ \ 6\ \ 7\\
n_1&=0\ \ 1\ \ 0\ \ 1\ \ 0\ \ 1\ \ 0\ \ 1\\
2n_2&=0\ \ 0\ \ 2\ \ 2\ \ 4\ \ 4\ \ 6\ \ 6
\end{aligned}
$$

のように変換されていることになります。続いて、式（2.21）のインデックス n, k は、次のように変換されていることになります。

$$
\begin{array}{rcccccccc}
k= & 0 & 1 & 2 & 3 & 4 & 5 & 6 & 7 \\
k_1= & 0 & 1 & 2 & 3 & 0 & 1 & 2 & 3 \\
4k_2= & 0 & 0 & 0 & 0 & 4 & 4 & 4 & 4 \\
n= & 0 & 4 & 2 & 6 & 1 & 5 & 3 & 7 \\
2n_1= & 0 & 4 & 2 & 6 & 0 & 4 & 2 & 6 \\
n_2= & 0 & 0 & 0 & 0 & 1 & 1 & 1 & 1
\end{array}
$$

最後に、式（2.22）のインデックス n, k は、それぞれ次のように変換されています。

$$
\begin{array}{rcccccccc}
k= & 0 & 1 & 2 & 3 & 4 & 5 & 6 & 7 \\
k_1= & 0 & 1 & 0 & 1 & 0 & 1 & 0 & 1 \\
2k_2= & 0 & 0 & 2 & 2 & 4 & 4 & 6 & 6 \\
n= & 0 & 4 & 2 & 6 & 1 & 5 & 3 & 7 \\
4n_1= & 0 & 4 & 0 & 4 & 0 & 4 & 0 & 4 \\
n_2= & 0 & 0 & 2 & 2 & 1 & 1 & 3 & 3
\end{array}
$$

2.4 インデックス変換と回転因子の配置

次に、式（2.19）、式（2.21）を例として、信号フロー図上で変換核が回転因子と呼ばれる係数として配置される箇所とインデックスとの関係について説明します。

図 2-3(1) は、式（2.19）で表される演算式による演算処理と信号フロー図との関係を整理したものです。同図から明らかなように、式（2.19）は入力データ列 $x(n)$ 側から見て初めの段が $N=2$ の DFT であること、変換核 $W_8^{n_1k_2}$ の段を挟んで、$k_2=0,1$ と 2 つの値になることから、最終の段が $N=4$ の DFT が 2 つで構成されていることがわかります。そして、変換核 $W_8^{n_1k_2}$ は、$n_1=1\sim3$ で、$k_2=1$ の関係にある個所に回転因子として配置されていることがわかります。なお、$n_1=2, k_2=1$ の箇所には回転因子として W_4^1 が配置されています。つまり、DFT のインデックス n, k を変換して分解すると、乗算処理を必要とする回転因子の箇所が変換後のインデックスから容易に把握できることになります。**図 2-3(2)** には、式（2.19）の場合と同様に、式（2.21）で表される演算式による演算処理を信号フローの表現との関係を示しています。

ところで、式（2.20）の表現は $N=4$ の 2 つの DFT が $N=2$ のバタフライ演算の構成で結ばれていますので、次のように変形できます。

$$
X(4k_1+k_2)=\sum_{n_2=0}^{3} x(2n_2)\,W_4^{n_2k_2}+(-1)^{k_1}W_8^{k_2}\sum_{n_2=0}^{3} x(2n_2+1)\,W_4^{n_2k_2}
$$

$$
k_1=0,1 \quad k_2=0,2,1,3 \tag{2.23}
$$

ここで、バタフライ演算の構成というのは、次章でより詳しく説明しますが、2 つのデータ

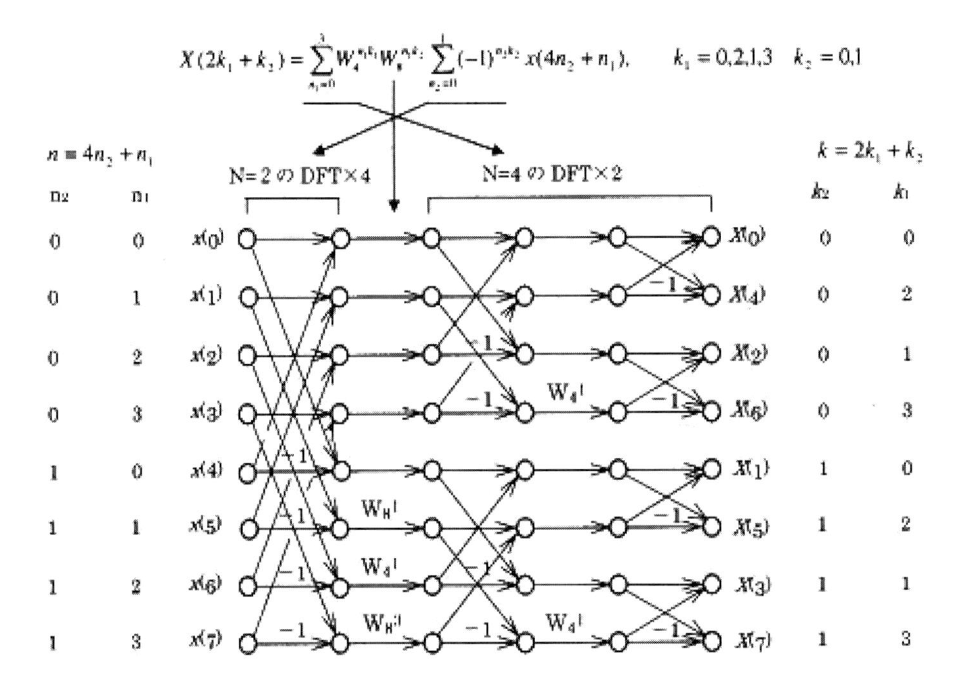

(1)　式(2.19)の場合

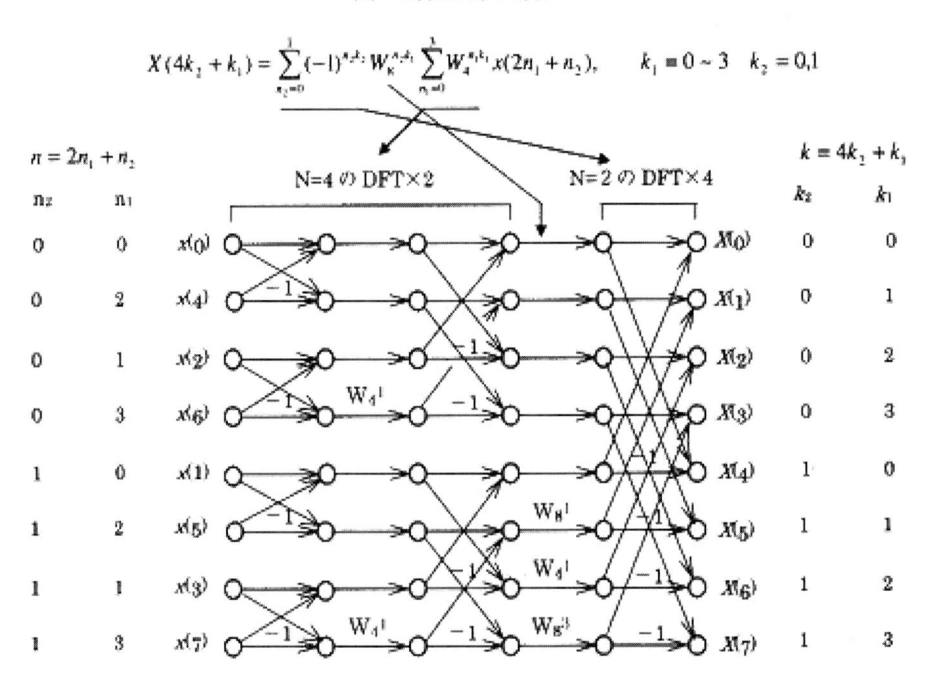

(2)　式(2.21)の場合

図 2-3　インデックス変換による DFT の分解と回転因子の配置との関係

を加算、減算し、ある係数を乗算するといった、FFT アルゴリズムでよくみられる演算構造を言います。

式（2.23）を信号フロー図で示すと、**図 2-4(1)**のように表されます。同図から明らかなように、式（2.23）は、2つの $N=4$ の DFT が構成されています。さらに、式（2.23）は、式を構成する2つの $N=4$ の DFT を4つの $N=2$ の DFT に分解すると、次式のように変形することができます。

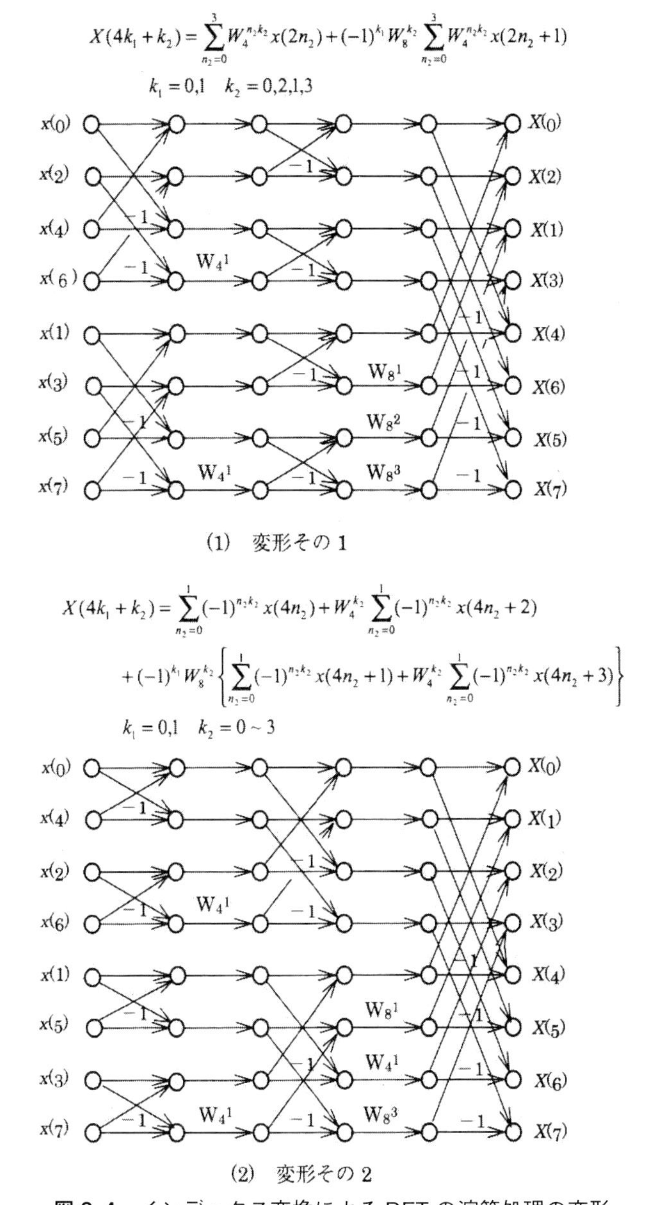

図 2-4 インデックス変換による DFT の演算処理の変形

$$X(4k_1+k_2)=\sum_{n_2=0}^{1}(-1)^{n_2k_2}x(4n_2)+W_4^{k_2}\sum_{n_2=0}^{1}(-1)^{n_2k_2}x(4n_2+2)$$
$$+(-1)^{k_1}W_8^{k_2}\left\{\sum_{n_2=0}^{1}(-1)^{n_2k_2}x(4n_2+1)+W_4^{k_2}\sum_{n_2=0}^{1}(-1)^{n_2k_2}x(4n_2+3)\right\}$$
$$k_1=0,1\quad k_2=0,2,1,3 \tag{2.24}$$

式（2.24）を信号フロー図で示すと、**図 2-4(2)**のように表されます。

図 2-3（1）～(2)、図 2-4（1）～(2）の 4 つの信号フロー図は、いずれも長さ $N=8$ の DFT の演算処理を示し、実質的な乗算を必要となる回転因子の位置が変換後のインデックスで把握できることがわかります。そこで、変換後のインデックスによって回転因子の位置が把握できるということをより明確にするために、さらに長さ $N=16$ の DFT を例にして説明しましょう。

いま、長さ $N=16$ の DFT を、$N=4\times4$ とし、出力項 $X(k)$ のインデックス k を間引きの形に変換すると、次式のように表されます。

$$X(4k_1+k_2)=\sum_{n_1=0}^{3}W_4^{n_1k_1}W_{16}^{n_1k_2}\sum_{n_2=0}^{3}x(4n_2+n_1)W_4^{n_2k_2}$$
$$k_1,k_2=0,2,1,3 \tag{2.25}$$

式（2.25）で表される演算処理を信号フロー図で示すと、**図 2-5(1)**のようになります。また、インデックス k を順番の整数列の形に変換すると次式で表され、信号フロー図は**図 2-5(2)**のようになります。

$$X(4k_2+k_1)=\sum_{n_2=0}^{3}W_4^{n_2k_2}W_{16}^{n_2k_1}\sum_{n_1=0}^{3}x(4n_1+n_2)W_4^{n_1k_1}$$
$$k_1,k_2=0,1,2,3 \tag{2.26}$$

図 2-5（1）（2）の回転因子が配置される箇所は、当然のこと、式（2.25）、式（2.26）の変換後のインデックスから、即、それぞれ把握できることになります。いま、式（2.25）で表される $N=16$ の DFT の演算式と、図 2-5（1）の信号フロー図上の回転因子との関係を見ると、次のようになります。式（2.25）の n_1 に関する総和 Σ（シグマ）は、信号フロー図で出力項 $X(k)$ 側の終段に位置する 4 つの $N=4$ の DFT を表していることになります。そして、回転因子 $W_{16}^{n_1k_2}$ は、n_1 に関する総和 Σ と、n_2 に関する総和 Σ で表される 4 つの $N=4$ の DFT に挟まれた形に位置しています。そして、回転因子 $W_{16}^{n_1k_2}$ は、入力データ列 $x(n)$ の変換されたインデックス $4n_2+n_1$ の n_1 の値と、出力項 $X(k)$ の変換されたインデックス $4k_1+k_2$ の k_2 の値との関係で大きさと位置とが把握できることになります。

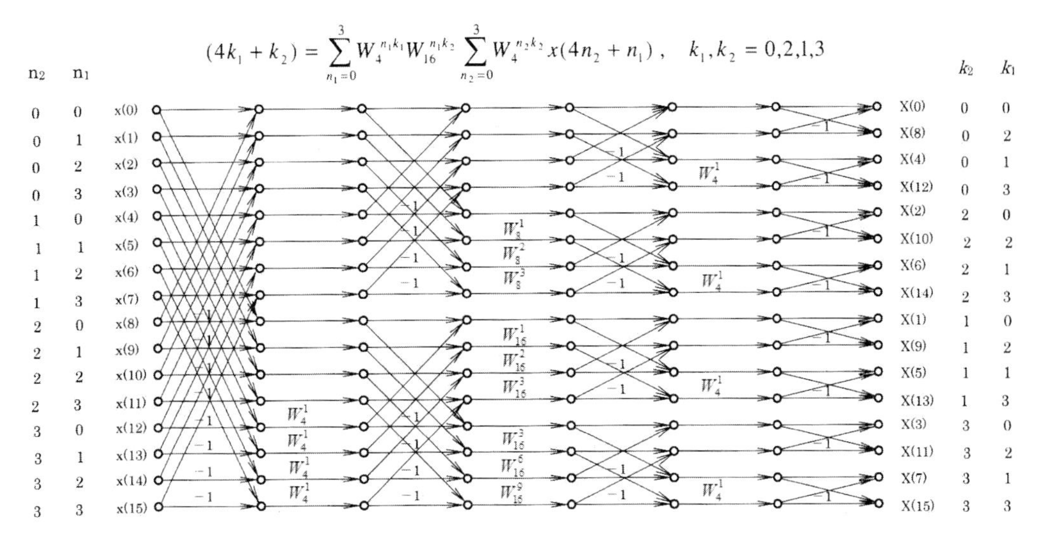

(1) 演算処理の例 その 1

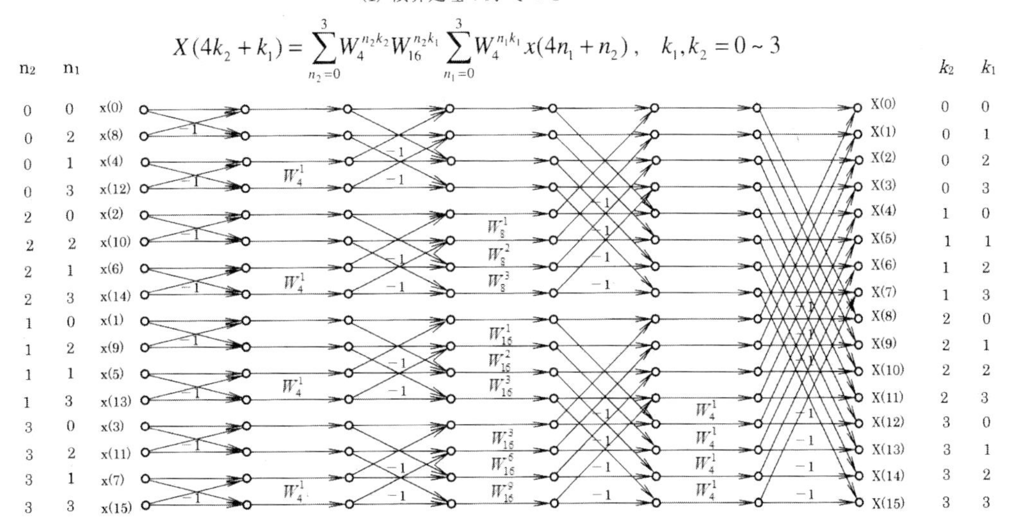

(2) 演算処理の例 その 2

図 2-5 インデックス変換による N=16 の DFT の信号フロー図

2.5 DFT の構成と入出力インデックスの対応

インデックスの並び順についてかなり踏み込んだので、ここで、さらに踏み込んで入力データ列 $x(n)$ と出力項 $X(k)$ のインデックス n, k の並び順が DFT の構成でどのように変わるかを考えてみましょう。

図 2-6 に、$N=2$ と $N=4$ の DFT の信号フロー図を示します。いま、同図のように表されるバタフライ演算の構成で、出力の加算側を「0」、減算側を「1」とすることにします。例え

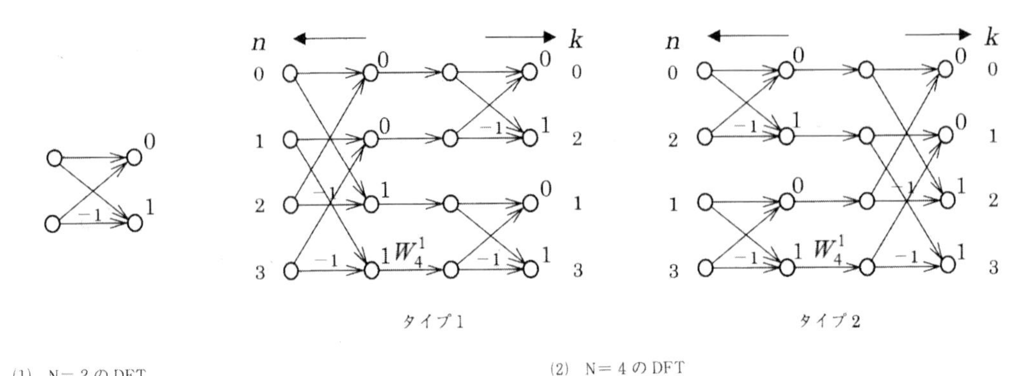

図 2-6　DFT 構成の入力インデックスの対応

ば、**図 2-6(1)**の $N=2$ の DFT であれば、バタフライ演算の構成の上側が「0」であり、下側を「1」とします。同様の考え方で、$N=4$ の DFT の信号フロー図についても、バタフライ演算の構成の加算側を「0」、減算側を「1」とすると、同図に示すように表されます。ここで、タイプ１の信号フロー図の各出力項について、入力データ列 $x(n)$ 側ら出力項 $X(k)$ 側に向けて「0」、「1」で表したビットの並びを読み取ることにします。まず、最上段は 00 となります。次に、２段目は 01 となり、３段目、４段目はそれぞれ 10, 11 となります。したがって、これらを「0」、「1」の２進数として読んで 10 進数に換算しますと、出力項のインデックスの並び順は 0, 2, 1, 3 となります。また、出力項側から入力データ列側に向けての「0」、「1」で表したビットの並びを読み取ると、最上段から４段目にかけて、00, 10, 01, 11 となります。これらを 10 進数の表示に変えますと、0, 1, 2, 3 となります。このように、バタフライ演算構成の出力項の加算側を「0」、減算側を「1」にし、「0」、「1」の並びの組合せを２進数として、入力データ列 $x(n)$ 側から出力項 $X(k)$ 側に向けて読めば、出力項 $X(k)$ 側のインデックス k の並び順が求められます。また、出力項 $X(k)$ 側から入力データ列 $x(n)$ 側に向けて読めば、入力データ列 $x(n)$ のインデックス n の並び順が求められます。このことは、$N=2$、$N=4$ の DFT に限らず、長さ N の DFT について一般に活用できる性質になっています。図 2-5 (1) は周波数間引きのインデックス変換で分解した $N=16$ の DFT の信号フロー図を表します。同図で、例えば上から４段目の出力項 $X(k)$ は、左端から「0」、「1」の並びを読むと、0, 0, 1, 1 となります。この並びを２進数として読み、10 進数の表示に変えると、12 になります。反対に、右端から読むと、1, 1, 0, 0 となり、10 進数の表示に変えると、３となります。このように、出力項 $X(k)$、入力データ列 $x(n)$ のインデックスの並び順は、どのように $N=2$ の DFT の構成を通過したかによって決まることになります。ところで、これまでインデックスの並び順を求めるのに、入力データ列 $x(n)$ なり、出力項 $X(k)$ なりのいずれかのインデックスの並び順を $0, 1, 2, 3, \cdots$ と、順番の整数列にすることを前提にしていましたが、そのような前提は不要と

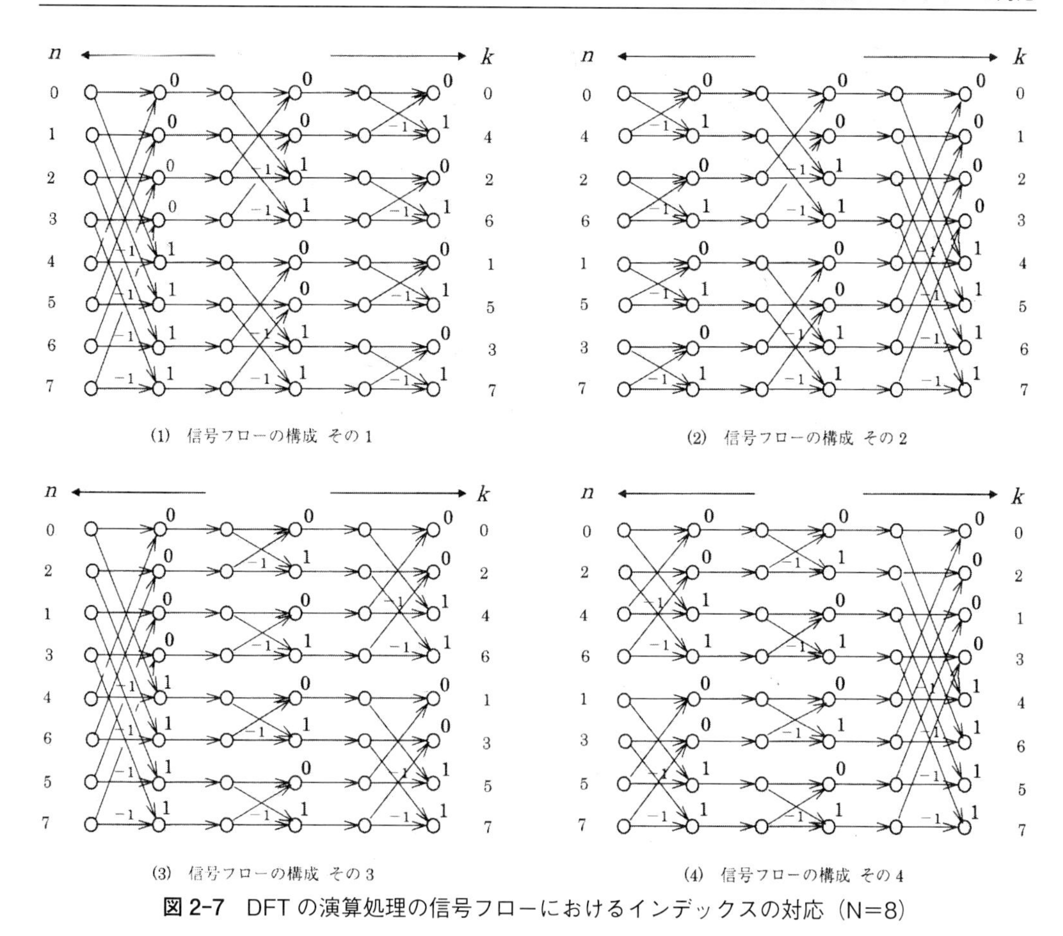

図 2-7 DFTの演算処理の信号フローにおけるインデックスの対応（N=8）

言えます。そこで、ここで説明したインデックスの並び順を求める方法のメリットを発揮するために、**図 2-7** に、$N=8$ の DFT を例にして、インデックスの並び順の異なる4つの信号フロー図を表しました。これらの信号フロー図の例から明らかなように、出力項 $X(k)$ のインデックス k の並び順を指定した場合、それに対応する入力データ列 $x(n)$ のインデックス n の並び順が極めて容易に求められます。また、入力データ列 $x(n)$ のインデックス n の並び順を指定した場合、それに対応する出力項 $X(k)$ のインデックス k の並び順が極めて容易に求められることになります。もちろん、インデックスの並び順を指定するといっても、任意に、勝手に選べるものではありません。

これまでに説明した $N=8, N=16$ の DFT のインデックス変換による演算は、DFT を直接的に演算するものではなく、いずれも長さ N を2つの因数の積とおくもので、いずれも DFT の式を直接的に演算するよりも効率的な演算になっています。しかしながら、これまでのインデックス変換による演算では DFT の長さ $N=16$ が限界のようで、$N=16$ よりも大きな DFT についてはいかにして効率的に演算するかが課題になります。このことが、この項の冒頭で述べた「インデックス変換が DFT の高速演算としての FFT アルゴリズムの起点であり、分岐点だ」と述べていた趣旨です。

これでインデックス変換による離散フーリエ変案 DFT の演算についての説明を終えることにします。それは本書の主題である高速フーリエ変換 FFT の解説に入る準備が整ったと考えるからです。下表に、インデックス変換による演算を含め、本書で主題とする離散フーリエ変換 DFT の高速演算アルゴリズムの一覧を整理しておきます。なお、一般に高速フーリエ変換 FFT と呼ばれているのは、**同表**の「複素数計算を基本にする演算アルゴリズム」の部分と言えると思います。

本書に関係する離散フーリエ変換DFTの高速演算アルゴリズムの一覧

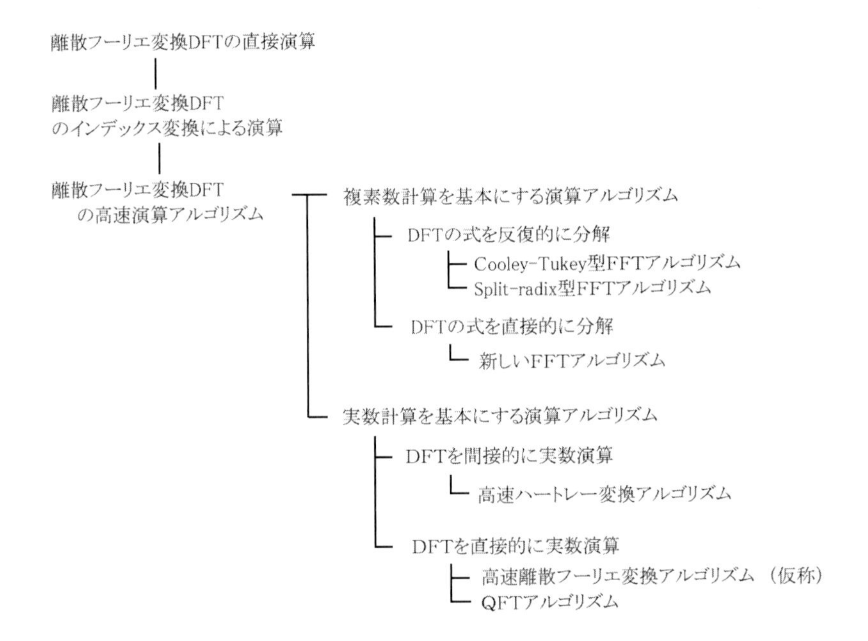

第3章 従来からの高速フーリエ変換 FFTのアルゴリズム

3.1 DFTの式の反復的な分解によるFFTアルゴリズム

これまでに最もよく知られた高速フーリエ変換FFTのアルゴリズムとしては、1965年のJ. Cooley（ジェイムズ・クーリー、James William Cooley、1926～2016）、J. Tukey（ジョン・ワイルダー・テューキー、John Wilder Tukey、1915～2000）による論文を契機に実用化されたCooley-Tukey（クーリー-テューキー）型FFTがあります。それは、長さNのDFTを直接的に演算すると計算量がN^2の複素数計算が必要なのに対し、Cooley-Tukey型FFTによる演算では$N\log_2 N$に比例する計算量で済み、飛躍的に演算を高速化させるというものです。例えば、DFTの長さNが$N=1024$の場合、直接的な演算では計算量が$N^2=1{,}048{,}576$となるのに対して、$N\log_2 N=10{,}240$と、ほぼ100分の1となります。このことは、DFTをコンピュータで直接的に演算させると1年がかりのものが、FFTで演算すると3～4日で済むという、実に驚愕するような処理の高速化で、処理時間の大幅な短縮となっています。

Cooley-Tukey型FFTのアルゴリズムは、整数rで割り切れる長さNのDFTを長さN/rのr個のDFTに分解する「基本式」を設定し、基本式の分解構造に則って長さNのDFTを長さrのDFTの組み合わせになるまで繰返し分解するものです。このとき、整数rは基数（Radix）と呼ばれます。Cooley-Tukey型FFTは基数を2なり、4として長さNのDFTをより小さなDFTに分割するというアルゴリズムの特質から、DFTの長さは$N=2^n$と、2の累乗に制限されます。つまり、入力データ列$x(n)$の長さNが$2^{10}=1024$、$2^{11}=2048$等になるということです。ところで、1965年当初のCooley-Tukey型FFTアルゴリズムは、DFTの入力データ列$x(n)$に複素数値を対象にする複素数値離散フーリエ変換（Complex-valued Discrete Fourier Transform : CDFT）が想定されていたようです。それは、J. Cooley、J. Tukeyによる論文のタイトル自体が「複素フーリエ級数を機械計算するためのアルゴリズム（An Algorithm for the Machine Calculation of Complex Fourier Series）」となっていることからも明らかだと思います。しかし、DFTが現実に適用される分野で取り扱われるデータ列の多くは実数値です。複素数値離散フーリエ変換（CDFT）を実数値のデータ列に用いると、実数値データ列を実数部とし、虚数部がすべてゼロとする複素数値データ列として演算することになり、CDFT 演算の約半分が冗長な計算になってしまいます。そこで、Cooley-Tukey 型 FFT アルゴリズムは、このような事情もあって、実数値のデータ列を対象にする実数値離散フーリエ変換（Real-valued Discrete Fourier Transform : RDFT）の高速演算を実現する実数値高速フーリエ変換アルゴリズム（Real-valued Fast Fourier Transform : RFFT）に向けての改良が進められました。さらに 1984 年には、それまでは 1 つの基数で DFT を分解していたのに対し、2 つの基数で DFT を分解する Split-radix（スプリット・ラディックス）型 FFT のアルゴリズムが提案されました。ここで、Split は分ける、分割することを意味しますから、Split-radix は、分割された基数ということでしょう。Split-radix 型 FFT は、DFT の式の分解に 2 つの基数を用いることから、1 つの基数で分解する Cooley-Tukey 型 FFT とは明らかに異なるアルゴリズムとされています。だが、DFT の式を分解する基本式を設定し、基本式の分解構造に則って長さのより小さな DFT になるまで繰り返し分解する点では Cooley-Tukey 型 FFT と同じく、DFT の式の「反復的な分解」を特質とする高速演算アルゴリズムといえるでしょう。

3.2 Cooley-Tukey 型 FFT アルゴリズム

Cooley-Tukey 型 FFT のアルゴリズムは、まず、DFT の長さ N を「2 つの因数の積」とおくことを前提にして、順次、長さの小さな DFT になるまで分解するというものです。例えば、長さが $N=1024$ であれば、

$$1024=2\times512\to512=2\times256\to256=2\times128\to128=2\times64$$
$$\to64=2\times32\to32=2\times16\to16=2\times8\to8=2\times4\to4=2\times2$$

のように、長さが 2 の DFT になるまで分解することになります。このように分解するに際して一方の因数を常に固定していますが、この固定している因数が基数と呼ばれるものです。ここで例にする分解では因数 2 を固定していることから、基数 2 による分解ということになります。同様に基数 4 で分解すれば、

$$1024=4\times256\to256=4\times64\to64=4\times16\to16=4\times4$$

のようになります。このように基数 r で分解するアルゴリズムは基数 r の FFT アルゴリズム、あるいは Radix-r FFT アルゴリズムと呼ばれます。具体的には、$r=2$ の場合は Radix-2 FFT アルゴリズム、$r=4$ の場合は Radix-4 FFT アルゴリズムとそれぞれ呼ばれます。Cooley-Tukey 型 FFT としては、Radix-8 FFT, Radix-16 FFT などのアルゴリズムも検討されましたが、主に実用されているのは Radix-2 FFT、Radix-4 FFT だといえるでしょう。式 (1.6) で定義される逆離散フーリエ変換（IDFT）についても、DFT の場合と同様に分解のた

めの基本式が設定され、その分解構造に則って長さの小さな IDFT に分解することで効率的に演算することができます。

時間間引き FFT と周波数間引き FFT

Cooley-Tukey 型 FFT で長さ N の DFT の式を基数 2 なり、基数 4 で長さの小さな DFT にまで分解するのに、

$$X(k)=\sum_{n=0}^{N-1}x(n)W_N^{nk},\quad k=0\sim N-1 \text{（再出）} \tag{1.4}$$

で定義される DFT のインデックス n, k のいずれかのインデックスを利用します。DFT の式のインデックス n, k は、式（1.4）からも明らかなように、入力データ $x(n)$、出力項 $X(k)$ の項をそれぞれ識別する区別番号と言えるものです。インデックス n は、$n=0\sim N-1$ までの入力データ $x(n)$ を、また、インデックス k は $k=0\sim N-1$ までの出力項 $X(k)$ をそれぞれ識別することになります。DFT の式を分解する手段として入力データ $x(n)$ のインデックス n を利用する方法を時間間引き（decimation in time）FFT、出力項 $X(k)$ のインデックス k を利用する方法を周波数間引き（decimation in frequency）FFT と呼ばれます。

では、Cooley-Tukey 型 FFT アルゴリズムについて具体的な説明に入ることにします。なお、FFT アルゴリズムに関する解説書の多くは行列を利用して説明していますが、本書では行列を利用することなく、式（1.4）で定義される長さ N の DFT の式が、順次、分解される経過が分かり、かつ、本書の後半で説明する新しい FFT アルゴリズムとの対比が明確に分かるように、順次、DFT の定義式を変形させることで求められる演算式の形で説明します。

Radix-2 FFT アルゴリズム

時間間引きの Radix-2（あるいは基数 2 の）FFT アルゴリズムは、式（1.4）で表される長さ N の DFT の定義式を分解するために、次式のように分解のための基本式が設定されます。

$$X(k)=\sum_{n=0}^{N/2-1}x(2n)W_{N/2}^{nk}+W_N^k\sum_{n=0}^{N/2-1}x(2n+1)W_{N/2}^{nk} \tag{3.1}$$

この式は、式（1.4）で定義される長さ N の DFT の式を長さ $N/2$ のふたつの DFT に分解していることになります。この分解の基本式は入力データ列 $x(n)$ のインデックス n に着目し、入力データ列 $x(n)$ を偶数項 $x(2n)$ と奇数項 $x(2n+1)$ とのふたつのグループに分け、それぞれのグループごとにそれぞれ長さ $N/2$ の DFT を構成しています。この分解の基本式は、変換核 W_N^{nk} の周期性に基づく次のような性質を利用していることになります。

$$W_N^{2nk}=e^{-j4\pi nk/N}=e^{-j2\pi nk/(N/2)}=W_{N/2}^{nk}$$
$$W_N^{(2n+1)k/N}=e^{-j2\pi(2n+1)k/N}=e^{-j2\pi k/N}\cdot e^{-j2\pi nk/(N/2)}=W_N^k W_{N/2}^{nk} \tag{3.2}$$

ここで、式（3.1）で表される分解の基本式において、入力データ列 $x(n)$ の奇数項 $x(2n+1)$ で構成される二つ目の DFT の先頭部分に現れる係数 W_N^k は回転因子（twiddle factor）、または、ひねり係数と呼ばれます。

式（3.1）を構成するそれぞれの長さ $N/2$ の DFT を式（3.1）自身の分解構造に則ってさらに分解すると、つまり、式（3.1）で表される Radix-2 FFT アルゴリズムの基本式を 2 回適用すると、長さ N の DFT の式は次式のように分解されます。

$$\begin{aligned}X(k)=&\sum_{n=0}^{N/4-1}x(4n)W_{N/4}^{nk}+W_{N/2}^k\sum_{n=0}^{N/4-1}x(4n+2)W_{N/4}^{nk}\\&+W_N^k\left(\sum_{n=0}^{N/4-1}x(4n+1)W_{N/4}^{nk}+W_{N/2}^k\sum_{n=0}^{N/4-1}x(4n+3)W_{N/4}^{nk}\right)\end{aligned} \tag{3.3}$$

続いて式（3.3）にさらに式（3.1）の基本式を適用して分解すると、次式に示すように、8 つの長さ $N/8$ の DFT に分解されます。

$$\begin{aligned}X(k)=&\sum_{n=0}^{N/8-1}x(8n)W_{N/8}^{nk}+W_{N/4}^k\sum_{n=0}^{N/8-1}x(8n+4)W_{N/8}^{nk}\\&+W_{N/2}^k\left(\sum_{n=0}^{N/8-1}x(8n+2)W_{N/8}^{nk}+W_{N/4}^k\sum_{n=0}^{N/8-1}x(8n+6)W_{N/8}^{nk}\right)\\&+W_N^k\left\{\sum_{n=0}^{N/8-1}x(8n+1)W_{N/8}^{nk}+W_{N/4}^k\sum_{n=0}^{N/8-1}x(8n+5)W_{N/8}^{nk}\right.\\&\left.+W_{N/2}^k\left(\sum_{n=0}^{N/8-1}x(8n+3)W_{N/8}^{nk}+W_{N/4}^k\sum_{n=0}^{N/8-1}x(8n+7)W_{N/8}^{nk}\right)\right\}\end{aligned} \tag{3.4}$$

さらに式（3.4）に式（3.1）の分解の基本式を適用して分解すると、次式のように、長さ N の DFT は 16 個の長さ $N/16$ の DFT に分解されます。

$$\begin{aligned}X(k)=&\sum_{n=0}^{N/16-1}x(16n)W_{N/16}^{nk}+W_{N/8}^k\sum_{n=0}^{N/16-1}x(16n+8)W_{N/16}^{nk}\\&+W_{N/4}^k\left(\sum_{n=0}^{N/16-1}x(16n+4)W_{N/16}^{nk}+W_{N/8}^k\sum_{n=0}^{N/16-1}x(16n+12)W_{N/16}^{nk}\right)\\&+W_{N/2}^k\left\{\sum_{n=0}^{N/16-1}x(16n+2)W_{N/16}^{nk}+W_{N/8}^k\sum_{n=0}^{N/16-1}x(16n+10)W_{N/16}^{nk}\right.\\&\left.+W_{N/4}^k\left(\sum_{n=0}^{N/16-1}x(16n+6)W_{N/16}^{nk}+W_{N/8}^k\sum_{n=0}^{N/16-1}x(16n+14)W_{N/16}^{nk}\right)\right\}\\&+W_N^k\left[\sum_{n=0}^{N/16-1}x(16n+1)W_{N/16}^{nk}+W_{N/8}^k\sum_{n=0}^{N/16-1}x(16n+9)W_{N/16}^{nk}\right.\end{aligned}$$

$$+W_{N/4}^{k}\left(\sum_{n=0}^{N/16-1}x(16n+5)W_{N/16}^{nk}+W_{N/8}^{k}\sum_{n=0}^{N/16-1}x(16n+13)W_{N/16}^{nk}\right)$$
$$+W_{N/2}^{k}\left\{\sum_{n=0}^{N/16-1}x(16n+3)W_{N/16}^{nk}+W_{N/8}^{k}\sum_{n=0}^{N/16-1}x(16n+11)W_{N/16}^{nk}\right.$$
$$\left.+W_{N/4}^{k}\left(\sum_{n=0}^{N/16-1}x(16n+7)W_{N/16}^{nk}+W_{N/8}^{k}\sum_{n=0}^{N/16-1}x(16n+15)W_{N/16}^{nk}\right)\right\}\Bigg] \tag{3.5}$$

このように時間間引きの Radix-2 FFT アルゴリズムは、長さ N の DFT を、式（3.1）の基本式の分解構造に則って、長さ $N=2$ の DFT になるまで反復的に分解することになります。長さが $N=2^P$ の DFT の場合、式（3.1）の基本式に基づく分解を $P-1$ 回繰り返すことで長さ $N=2$ の DFT にまで分解されます。例えば、長さ $N=32=2^5$ の DFT の場合、$P=5$ ですから、式（3.1）の基本式を 4 回反復して分解することで長さ $N=2$ の DFT まで分解されます。したがって、式（3.5）は、式（3.1）の基本式を 4 回繰り返して得られたものですので、長さ $N=32$ の DFT の Radix-2 FFT アルゴリムによる最終的な演算式ということになります。式（3.5）については、後で述べる予定の長さ $N=32$ の DFT の信号フロー図のところで引用して説明します。また、長さ $N=1024=2^{10}$ の DFT の場合であれば $P=10$ ですから、式（3.1）の基本式にもとづく分解を 9 回繰り返すことで長さ $N=2$ の DFT の組み合わせになるまで分解されることになります。そして、長さ $N=2$ の DFT は、単に加算と減算のみで演算でき、乗算は含まれません。このため、長さ $N=2^P$ の DFT を長さ $N=2$ の DFT まで分解することは、実質的な乗算のすべてが回転因子の部分で処理されることになります。

続いて、周波数間引きの Radix-2 FFT アルゴリズムについて説明します。周波数間引きの FFT は、長さ N の DFT の式について、出力項 $X(k)$ のインデックス k に着目して反復的に分解を繰り返すアルゴリズムです。周波数間引きの Radix-2 FFT の分解のための基本式は、次式のように設定されます。

$$X(2k)=\sum_{n=0}^{N/2-1}(x(n)+x(N/2+n))W_{N/2}^{nk}$$
$$X(2k+1)=\sum_{n=0}^{N/2-1}(x(n)-x(N/2+n))W_N^nW_{N/2}^{nk} \tag{3.6}$$

式（3.6）で表される基本式は、DFT の変換核 W_N^{nk} の周期性に基づく次のような性質を利用していることになります。

$$W_N^{2nk}=W_{N/2}^{nk}$$
$$W_N^{2(N/2+n)k}=e^{-j4\pi(N/2+n)k/N}=e^{-j2\pi k}\cdot e^{-j2\pi nk/(N/2)}=\cos(2\pi k)\cdot W_{N/2}^{nk}=W_{N/2}^{nk}$$
$$W_N^{n(2k+1)}=e^{-j2\pi n(2k+1)/N}=e^{-j2\pi n/N}\cdot e^{-j2\pi nk/(N/2)}=W_N^nW_{N/2}^{nk}$$
$$W_N^{(N/2+n)(2k+1)}=e^{-j2\pi(N/2+n)(2k+1)/N}=\cos(\pi(2k+1))\cdot W_N^nW_{N/2}^{nk}=-W_N^nW_{N/2}^{nk} \tag{3.7}$$

いま、式（3.6）を式（3.6）自身の分解構造に則ってさらに分解すると、次式のようになります。

$$
\begin{aligned}
X(4k) &= \sum_{n=0}^{N/4-1} \{(x(n)+x(N/2+n)) \\
&\quad +(x(N/4+n)+x(3N/4+n))\} W_{N/4}^{nk} \\
X(4k+2) &= \sum_{n=0}^{N/4-1} \{(x(n)+x(N/2+n)) \\
&\quad -(x(N/4+n)+x(3N/4+n))\} W_{N/2}^{n} W_{N/4}^{nk} \\
X(4k+1) &= \sum_{n=0}^{N/4-1} \{(x(n)-x(N/2+n)) W_N^n \\
&\quad +(x(N/4+n)-x(3N/4+n)) W_4^1 W_N^n\} W_{N/4}^{nk} \\
X(4k+3) &= \sum_{n=0}^{N/4-1} \{(x(n)-x(N/2+n)) W_N^n \\
&\quad -(x(N/4+n)-x(3N/4+n)) W_4^1 W_N^n\} W_{N/2}^{n} W_{N/4}^{nk}
\end{aligned}
\tag{3.8}
$$

周波数間引き FFT の場合も、時間間引き FFT と同様に、式（3.6）で表される基本式の分解構造に則って、順次、長さ $N=2$ の DFT になるまで分解することになります。

Radix-2 FFT アルゴリズムの信号フロー図

ここで、長さ $N=8$ の DFT を例にして、Radix-2 FFT アルゴリズムによる演算処理を信号フロー図で説明することにします。なお、説明にインデックス変換による演算に相応しい $N=8$ の DFT を用いるのは、説明の便宜上の理由からで、あくまで Radix-2 FFT アルゴリズムの基本的な性質を明らかにするためです。$N=8$ の DFT の場合、式（3.3）は、長さ $N=2$ の DFT まで分解していますので、Radix-2 FFT アルゴリズムによる最終の演算式に相当します。そこで、式（3.3）で $N=8$ とおくと、次式が得られます。

$$
\begin{aligned}
X(k) &= (x(0)+(-1)^k x(4)) + W_4^k(x(2)+(-1)^k x(6)) \\
&\quad + W_8^k\{(x(1)+(-1)^k x(5)) + W_4^k(x(3)+(-1)^k x(7))\}
\end{aligned}
\tag{3.9}
$$

つまり、式（3.9）は Radix-2 FFT アルゴリズムで $N=8$ の DFT を分解することで得られた高速フーリエ変換 FFT の演算式ということになります。式（3.9）で表される出力項 $X(k)$ を偶数項 $X(2k)$、奇数項 $X(2k+1)$ に分けると、それぞれ次式のようになります。

$$
\begin{aligned}
X(2k) &= (x(0)+x(4)) + (-1)^k(x(2)+x(6)) \\
&\quad + W_4^k\{(x(1)+x(5)) + (-1)^k(x(3)+x(7))\} \\
X(2k+1) &= (x(0)-x(4)) + (-1)^k W_4^1(x(2)-x(6))
\end{aligned}
$$

$$+W_4^k W_8^1\{(x(1)-x(5))+(-1)^k W_4^1(x(3)-x(7))\} \tag{3.10}$$

続いて式（3.10）から、出力項 $X(k)$ の $k=0 \sim 7$ の各項を求めると、次式のようになります。

$$
\begin{aligned}
X(0)&=(x(0)+x(4))+(x(2)+x(6))\\
&\quad+(x(1)+x(5))+(x(3)+x(7))\\
X(4)&=(x(0)+x(4))+(x(2)+x(6))\\
&\quad-\{(x(1)+x(5))+(x(3)+x(7))\}\\
X(2)&=(x(0)+x(4))-(x(2)+x(6))\\
&\quad+W_4^1\{(x(1)+x(5))-(x(3)+x(7))\}\\
X(6)&=(x(0)+x(4))-(x(2)+x(6))\\
&\quad-W_4^1\{(x(1)+x(5))-(x(3)+x(7))\}\\
X(1)&=(x(0)-x(4))+W_4^1(x(2)-x(6))\\
&\quad+W_8^1\{(x(1)-x(5))+W_4^1(x(3)-x(7))\}\\
X(5)&=(x(0)-x(4))+W_4^1(x(2)-x(6))\\
&\quad-W_8^1\{(x(1)-x(5))+W_4^1(x(3)-x(7))\}\\
X(3)&=(x(0)-x(4))-W_4^1(x(2)-x(6))\\
&\quad+W_8^3\{(x(1)-x(5))-W_4^1(x(3)-x(7))\}\\
X(7)&=(x(0)-x(4))-W_4^1(x(2)-x(6))\\
&\quad-W_8^3\{(x(1)-x(5))-W_4^1(x(3)-x(7))\}
\end{aligned}
\tag{3.11}
$$

式（3.11）による長さ $N=8$ の DFT の演算処理の手順を信号フローの形で示すと、**図 3-1 (1)**のようになります。これが Cooley-Tukey 型 FFT の時間間引き Radix-2 FFT アルゴリズムによる演算処理の手順を示していることになります。当然のこと、周波数間引きの Radix-2 FFT アルゴリズムの場合も、同様に**図 3-1 (2)**に示すように信号フロー図で描くことができます。

続いて、Radix-2 FFT アルゴリズムの性質をより明確にするため、長さ $N=32$ の DFT について信号フロー図を示すことにします。

$N=32$ の DFT を時間間引きの Radix-2 FFT アルゴリズムで分解すると式（3.5）となるので、同式で $N=32$ とすると、次式ように表されます。

$$
\begin{aligned}
X(k)&=(x(0)+(-1)^k x(16))+W_4^k(x(8)+(-1)^k x(24))\\
&\quad+W_8^k((x(4)+(-1)^k x(20))+W_4^k(x(12)+(-1)^k x(28)))\\
&\quad+W_{16}^k\{(x(2)+(-1)^k x(18))+W_4^k(x(10)+(-1)^k X(26))\\
&\quad+W_8^k((x(6)+(-1)^k x(22))+W_4^k(x(14)+(-1)^k x(30)))\}
\end{aligned}
$$

$$X(k)=\left(x(0)+(-1)^k x(4)\right)+W_4^k\left(x(2)+(-1)^k x(6)\right)$$
$$+W_8^k\left\{\left(x(1)+(-1)^k x(5)\right)+W_4^k\left(x(3)+(-1)^k x(7)\right)\right\}$$

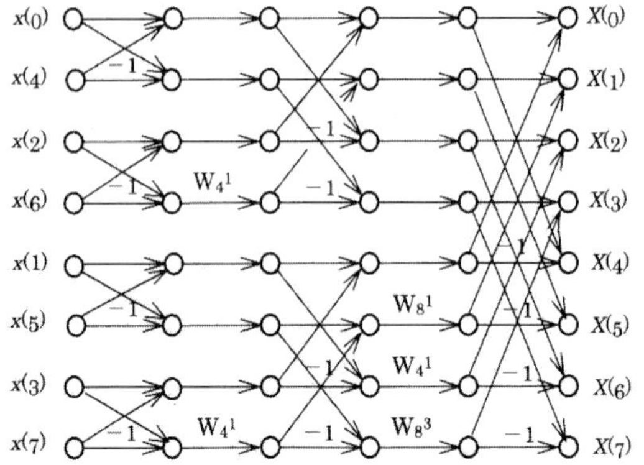

(1) 時間間引き Radix－2 FFT アルゴリズムによる信号フロー図

$$X(2k)=\left(x(0)+x(4)\right)+(-1)^k\left(x(2)+x(6)\right)$$
$$+W_4^k\left\{\left(x(1)+x(5)\right)+(-1)^k\left(x(3)+x(7)\right)\right\}$$
$$X(2k+1)=\left(x(0)-x(4)\right)+(-1)^k W_4^1\left(x(2)-x(6)\right)$$
$$+W_4^k W_8^1\left\{\left(x(1)-x(5)\right)+(-1)^k W_4^1\left(x(3)-x(7)\right)\right\}$$

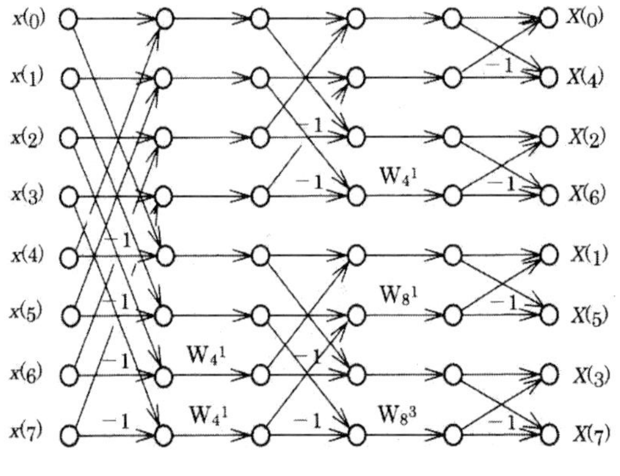

(2) 周波数間引き Radix－2 FFT アルゴリズムによる信号フロー図

図 3-1　Radix-2 FFT による N＝8 の DFT の信号フロー図

$$
\begin{aligned}
&+W_{32}^k[(x(1)+(-1)^k x(17))+W_4^k(x(9)+(-1)^k x(25))\\
&+W_8^k((x(5)+(-1)^k x(21))+W_4^k(x(13)+(-1)^k x(29)))\\
&+W_{16}^k\{(x(3)+(-1)^k x(19))+W_4^k(x(11)+(-1)^k x(27))\\
&+W_8^k((x(7)+(-1)^k x(23))+W_4^k(x(15)+(-1)^k x(31)))\}]
\end{aligned}
\tag{3.12}
$$

式 (3.12) は、$N=32$ の DFT を時間間引き Radix-2 FFT アルゴリズムで演算する場合の演算式ということになります。なお、式 (3.12) では、式 (3.5) で $N=32$ とすることで、

$N/16-1=1$ となることから、例えば、

$$\sum_{n=0}^{N/16-1} x(16n+2)\, W_{N/16}^{nk} = \sum_{n=0}^{1} x(16n+2)\, W_2^{nk} = x(2) + W_2^k x(18)$$
$$= x(2) + (-1)^k x(18) \qquad (3.13)$$

のように整理してあります。ここで、式（3.12）の出力項 $X(k)$ を偶数項 $X(2k)$ と、奇数項 $X(2k+1)$ とに分けると、それぞれ次式のように表されます。

$$\begin{aligned} X(2k) = &(x(0)+x(16))+(-1)^k(x(8)+x(24)) \\ &+ W_4^k((x(4)+x(20))+(-1)^k(x(12)+x(28))) \\ &+ W_8^k\{(x(2)+x(18))+(-1)^k(x(10)+x(26)) \\ &+ W_4^k((x(6)+x(22))+(-1)^k(x(14)+x(30)))\} \\ &+ W_{16}^k[(x(1)+x(17))+(-1)^k(x(9)+x(25)) \\ &+ W_4^k((x(5)+x(21))+(-1)^k(x(13)+x(29))) \\ &+ W_8^k\{(x(3)+x(19))+(-1)^k(x(11)+x(27)) \\ &+ W_4^k((x(7)+x(23))+(-1)^k(x(15)+x(31)))\}] \end{aligned} \qquad (3.14)$$

$$\begin{aligned} X(2k+1) = &(x(0)-x(16))+(-1)^k(x(8)-x(24)) \\ &+ W_4^k W_8^1((x(4)-x(20))+(-1)^k W_4^1(x(12)-x(28))) \\ &+ W_8^k W_{16}^1\{(x(2)-x(18))+(-1)^k(x(10)-x(26)) \\ &+ W_4^k W_8^1((x(6)-x(22))+(-1)^k W_4^1(x(14)-x(30)))\} \\ &+ W_{16}^k W_{32}^1[(x(1)-x(17))+(-1)^k W_4^1(x(9)-x(25)) \\ &+ W_4^k W_8^1((x(5)-x(21))+(-1)^k W_4^1(x(13)-x(29))) \\ &+ W_8^k W_{16}^1\{(x(3)-x(19))+(-1)^k(x(11)-x(27)) \\ &+ W_4^k W_8^1((x(7)-x(23))+(-1)^k(x(15)-x(31)))\}] \end{aligned} \qquad (3.15)$$

式（3.14）、式（3.15）をもとにして、長さ $N=32$ の DFT を時間間引きの Radix-2 FFT アルゴリズムで演算処理する場合の信号フロー図を描くと、**図 3-2** のようになります。

同図の信号フロー図の構造を見ながら時間間引きの Radix-2 FFT アルゴリズムによる演算処理の流れを説明したいと思います。

まず、左側の端にインデックス n が間引かれた形の入力データ列 $x(n)$ が、右側の端には出力項 $X(k)$ がインデックス k の順番でそれぞれ並べられています。もちろん、Radix-2 FFT アルゴリズムの信号フロー図が必然的に入力データ列 $x(n)$ や出力項 $X(k)$ がこのようになるというものではなく、このように表すのが自然であり、時間間引きの Radix-2 FFT による演算の特徴をよく示せると考えています。

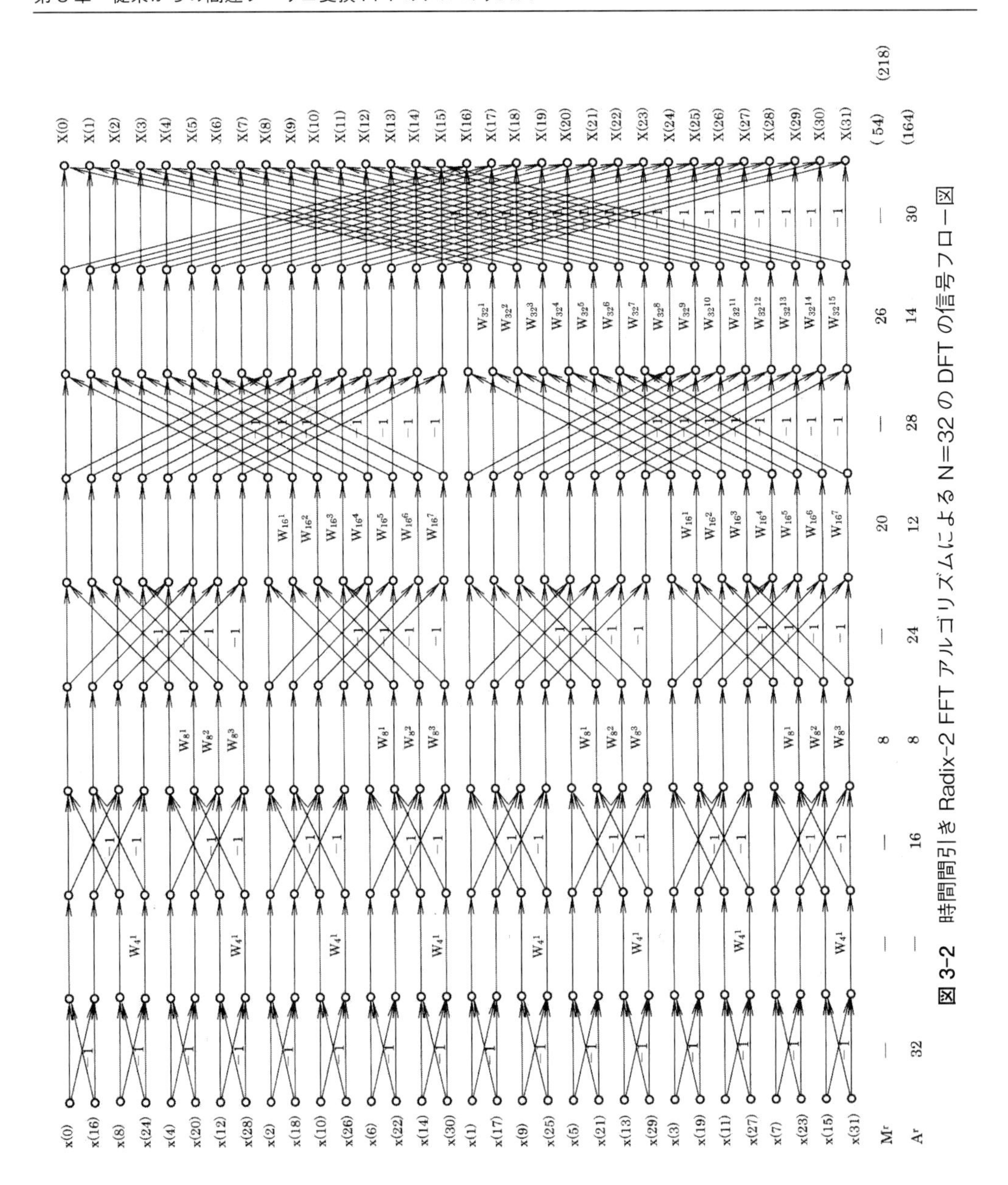

図 3-2　時間間引き Radix-2 FFT アルゴリズムによる N=32 の DFT の信号フロー図

間引きのインデックスの並び順とビット反転の操作

これまでに例示した信号フロー図で明らかなように、入力データ列 $x(n)$ をインデックス n が 0, 1, 2, 3… となるように順番に並べると、出力項 $X(k)$ はインデックス k が順番ではなく、ある規則性をもって間引いた整数順に並ぶことになります。また、出力項 $X(k)$ のインデックス k を 0, 1, 2, 3… の順番に並べると、入力データ列 $x(n)$ はインデックス n がある規則性のもとに間引いた整数順に並ぶことになります。Cooley-Tukey 型 FFT アルゴリズムでは、間引

表 3-1　ビット反転の操作（$N=8$ の場合）

10 進表示	2 進表示	ビット反転	10 進表示
0	000	000	0
1	001	100	4
2	010	010	2
3	011	110	6
4	100	001	1
5	101	101	5
6	110	011	3
7	111	111	7

いたインデックスの並び順がビット反転という操作で求めることになっています。そこで、例を挙げて、ビット反転の操作を説明しましょう。

いま、**表 3-1** に示すように、左端の順番に並べた整数列を入力データ列 $x(n)$ のインデックス n として、この整数の並びから右端に示す出力項 $X(k)$ のインデックス k の並び順を求めることにします。

・手順 1.　10 進数表示の 0, 1, 2, 3…7 を 2 進数としてビット表示する
・手順 2.　2 進数のビット表示したもののビットの順序を反転させる
・手順 3.　並び順序を反転させたビットの表示を 10 進数で表示する

これが従来から行われているビット反転と呼ばれる方法です。この方法は、ビット反転という用語としての定義通りに 10 進数を 2 進数のビット表示をして、それらのビットの並び順を反転させています。この操作は、DFT の長さ N が大きくなると、2 進数のビット表示というような操作が煩わしくなってきます。そこで、長さ N が大きくなっても、何ら煩わしさが増えることなく、周波数間引き FFT であれば、出力項 $X(k)$ のインデックス k の並び順が、また時間間引き FFT であれば、入力データ列 $x(n)$ のインデックス n の並び順が極めて容易に求められる方法について説明しておきましょう。

いま、DFT の長さ N を $N=2^m$ とし、周波数間引き FFT で演算する場合、出力項 $X(k)$ のインデックス k の並び順は次式で表すことができます。

$$k=2^{m-1}k_1+2^{m-2}k_2+2^{m-3}k_3+\cdots+2k_{m-1}+k_m$$
$$k_1\sim k_m=0,1 \tag{3.16}$$

例えば、DFT の長さ $N=8=2^3$ とすれば、$m=3$ から式（3.16）は、

$$k=4k_1+2k_2+k_3,\quad k_1\sim k_3=0,1 \tag{3.17}$$

表 3-2　$X(k)$のインデックスの並び順（N=8 の場合）

k	k_3	$2k_2$	$4k_1$
0	0	0	0
4	0	0	4
2	0	2	0
6	0	2	4
1	1	0	0
5	1	0	4
3	1	2	0
7	1	2	4

となります。これを整理すると、**表 3-2** のようになります。

また、DFT の長さ $N=32=2^5$ の場合であれば、$m=5$ から式（3.16）は、

$$k=16k_1+8k_2+4k_3+2k_4+k_5,\quad k_1\sim k_5=0,1 \tag{3.18}$$

となり、これを整理すると、**表 3-3** のようになります。

このようにビット反転の操作を用いることなく、式（3.16）を用いることで出力項 $X(k)$ のインデックス k の並び順を求める方法は、周波数間引き FFT アルゴリズムの考え方そのものを辿ることから導いたものです。周波数間引き FFT では出力項 $X(k)$ のインデックス k に着目して、偶数項、奇数項と、順次、分解を進めます。例えば、周波数間引き FFT アルゴリズムで $N=8$ の DFT を分解するとき、出力項 $X(k)$ のインデックス k が**図 3-3** に示すように、順次、変移していきます。つまり、入力データ列 $x(n)$ の段階ではインデックス n が 0, 1, 2, 3…7 の順に並ぶように、出力項 $X(k)$ のインデックス k も同様に 0, 1, 2, 3, 4, 5, 6, 7 の順です。次に、最初の $N=2$ のバタフライ演算を通過すると、出力項 $X(k)$ のインデックス k は偶数項 $2k$ と、奇数項 $2k+1$ とに分けられるので、並び順が 0, 2, 4, 6, 1, 3, 5, 7 となります。続いて、2 段目の $N=2$ のバタフライ演算を通過すると、偶数項は偶数項同士の偶数項 $4k$ と奇数項 $4k+2$ に分けられ、奇数項 $2k+1$ も奇数項同士の偶数項 $4k+1$ と奇数項 $4k+3$ とに分けられます。従って、この段階でのインデックス k の並び順は 0, 4, 2, 6, 1, 5, 3, 7 となります。そして、最後のバタフライ演算でそれぞれの出力項 $X(k)$ ごとのインデックス k に分けられます。このようなインデックス k の変移を 1 つの式で表せば、すでに式（3.17）で示した $k=4k_1+2k_2+k_3$ となります。このようなインデックス k の表現を一般化することで式（3.16）が得られました。ここで、少々、式（3.16）を説明しておきます。まず、式（3.16）の $2^{m-1}k_1$ は、2^{m-1} を大きさにして、$k_1=0,1$ として $k=0\sim N-1$ の間で 2^{m-1} 回繰り返します。続い

表 3-3 $X(k)$ のインデックスの並び順（$N=32$ の場合）

k	k_5	$2k_4$	$4k_3$	$8k_2$	$16k_1$
0	0	0	0	0	0
16	0	0	0	0	16
8	0	0	0	8	0
24	0	0	0	8	16
4	0	0	4	0	0
20	0	0	4	0	16
12	0	0	4	8	0
28	0	0	4	8	16
2	0	2	0	0	0
18	0	2	0	0	16
10	0	2	0	8	0
26	0	2	0	8	16
6	0	2	4	0	0
22	0	2	4	0	16
14	0	2	4	8	0
30	0	2	4	8	16
1	1	0	0	0	0
17	1	0	0	0	16
9	1	0	0	8	0
25	1	0	0	8	16
5	1	0	4	0	0
21	1	0	4	0	16
13	1	0	4	8	0
29	1	0	4	8	16
3	1	2	0	0	0
19	1	2	0	0	16
11	1	2	0	8	0
27	1	2	0	8	16
7	1	2	4	0	0
23	1	2	4	0	16
15	1	2	4	8	0
31	1	2	4	8	16

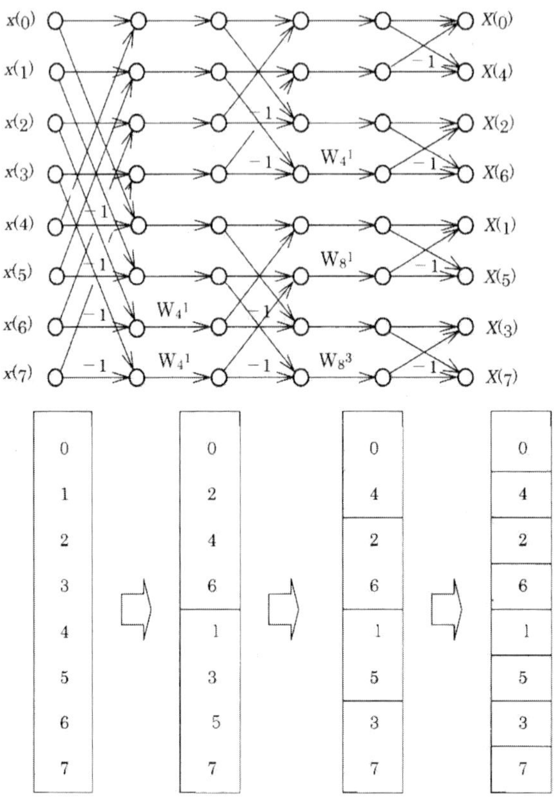

図 3-3　周波数間引き Radix-2 FFT アルゴリズムによる出力項 X(*k*)のインデックス *k* の変化パターン

て、$2^{m-2}k_2$ は、2^{m-2} を大きさに、$k_2=0,1$ として $k=0\sim N-1$ の間で 2^{m-2} 回繰り返します。同様に、$k_3, k_4, \cdots k_m$ についても展開することで、出力項 $X(k)$ のインデックス k の並び順が求められることになります。時間間引き FFT の場合でも、当然、式 (3.17) が入力データ列 $x(n)$ のインデックス n にそのまま適用できます。このように、Cooley-Tukey 型 FFT アルゴリズムにおいて、ビット反転という操作で求めてきた出力項 $X(k)$ や入力データ列 $x(n)$ のインデックス n, k の並び順は、式 (3.16) を利用することで、DFT の長さ N が大きくなっても煩わしさが増えることなく、きわめて容易に求められることになります。なお、すでに前章の DFT のインデックス変換のところで説明しましたように、$N=2$ の DFT の加算側を「0」、減算側を「1」とおいて、目的とする出力項 $X(k)$ がどのような経路を通過したかによって出力項 $X(k)$ のインデックス k が決まる方法もあります。

Radix-2 FFT アルゴリズムの計算量

では、長さ N の DFT を Radix-2 FFT アルゴリズムで演算する場合の計算量について説明しましょう。ここでいう計算量というのは、一般に、長さ N の DFT を FFT アルゴリズムで演算するのに必要となる実数乗算回数、実数加算回数をそれぞれ数え上げ、それらの合計総数で表されます。

まず、長さ $N=16$ の DFT を例にして、Radix-2 FFT アルゴリズムによる計算量を求めてみましょう。$N=16$ の DFT を時間間引き Radix-2 FFT アルゴリズムで分解した場合の出力項 $X(k)$ について、偶数項 $X(2k)$、奇数項 $X(2k+1)$ をそれぞれ求めると、次式のように表されます。

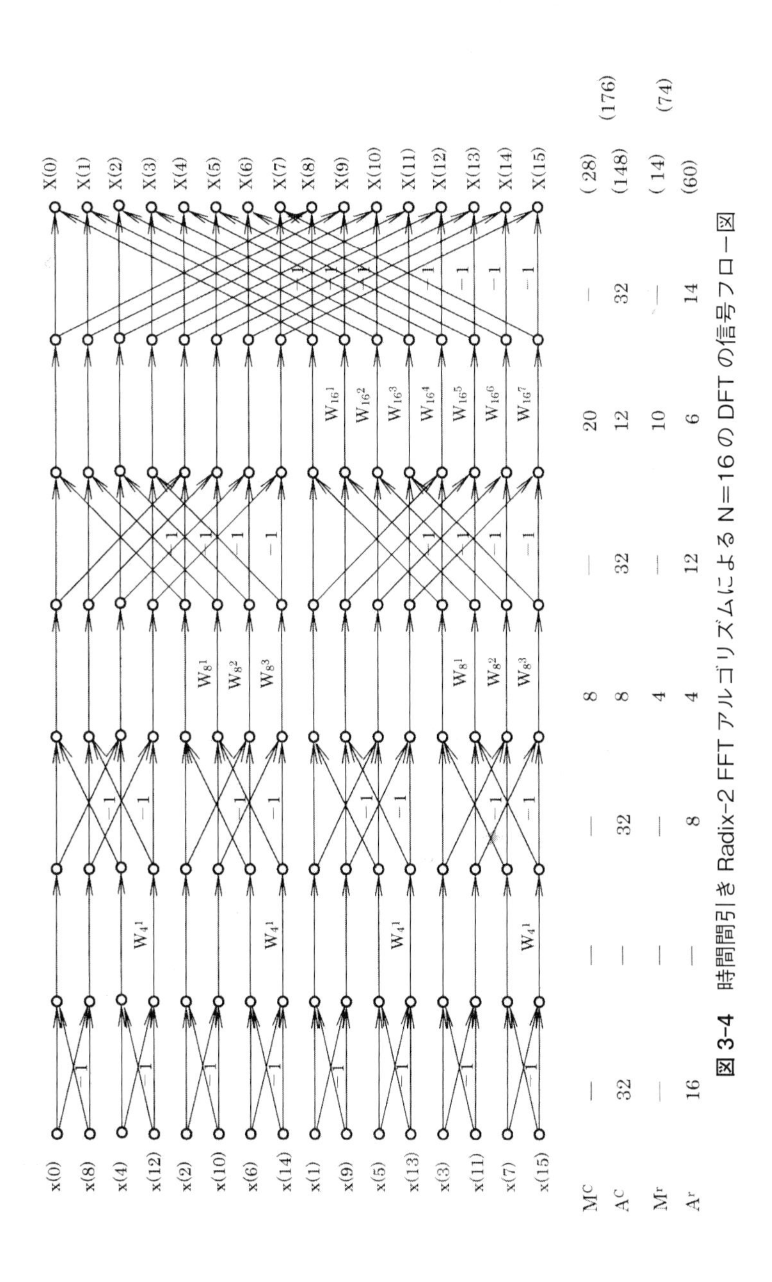

図 3-4　時間間引き Radix-2 FFT アルゴリズムによる N=16 の DFT の信号フロー図

$$
\begin{aligned}
X(2k)=&(x(0)+x(8))+(-1)^k(x(4)+x(12))\\
&+W_4^k\{(x(2)+x(10))+(-1)^k(x(6)+x(14))\}\\
&+W_8^k[(x(1)+x(9))+(-1)^k(x(5)+x(13))\\
&+W_4^k\{(x(3)+x(11))+(-1)^k(x(7)+x(15))\}]
\end{aligned}
\tag{3.19}
$$

$$
\begin{aligned}
X(2k+1)=&(x(0)-x(8))+(-1)^k(x(4)-x(12))\\
&+W_4^kW_8^1\{(x(2)-x(10))+(-1)^k(x(6)-x(14))\}\\
&+W_8^kW_{16}^1[(x(1)-x(9))+(-1)^kW_4^1(x(5)-x(13))\\
&+W_4^kW_8^1\{(x(3)-x(11))+(-1)^kW_4^1(x(7)-x(15))\}]
\end{aligned}
\tag{3.20}
$$

図 3-4 は、式（3.19)、式（3.20）から、$N=16$ の DFT を時間間引きの Radix-2FFT アルゴリズムを用いて演算する場合の信号フロー図を示しています。同図の信号フローを7段に分けて、各段階の演算で必要となる計算量を実数乗算回数と実数加算回数との形で計上すると、同図の下欄に記載したようになります。ここで、下欄の M^c, A^c は、入力データ列 $x(n)$ が複素数値の場合に必要となる実数乗算回数と、実数加算回数をそれぞれ表わしています。また、M^r, A^r は、入力データ列 $x(n)$ が実数値の場合に必要となる実数乗算回数と、実数加算回数をそれぞれ表しています。

入力データ列 $x(n)$ が複素数値の場合には $k=0\sim N-1$ の全出力項について計算することが必要ですが、入力データ列 $x(n)$ が実数値の場合には複素数共役対称性が活用できることから、計算量を大幅に減らすことができます。では、これらの実数乗算回数と、実数加算回数がどのようにして数え上げられているかを説明しましょう。

4/2 アルゴリズムと 3/3 アルゴリズム

いま、1つの複素数計算として、

$$(a+jb)(c+jd)=(ac-bd)+j(ad+bc) \tag{3.21}$$

を考えますと、1つの複素数計算が4回の実数乗算と、2回の実数加算で実行されることから、このような複素数計算の方法は 4/2 アルゴリズムと呼ばれています。複素数計算の方法には 4/2 アルゴリズムの他に、3/3 アルゴリズムと呼ばれるものがあります。3/3 アルゴリズムは、$a+jb$ と $c+jd$ との2つの複素数の $(a+b)c$ の乗算をあらかじめ計算し、

$$(a+jb)(c+jd)=((a+b)c-b(c+d))+j((a+b)c-a(c-d)) \tag{3.22}$$

として、3回の実数乗算と、3回の実数加算で計算するものです。ところで、3/3 アルゴリズムと呼ばれるにしては、実数乗算回数が3回にしても、実数加算回数が5回になっています。

表 3-4 4/2 アルゴリズムと 3/3 アルゴリズムとの計算回数の比較

		4/2 アルゴリズム		3/3 アルゴリズム	
		乗算回数	加算回数	乗算回数	加算回数
W_P $P \geqq 16$	$(a+jb)(c+jd)$ $a(c+jd)$ or $jb(c+jd)$	4 2	2 0	3 2	3 0
W_8	$(a+jb)c(1+j)$ $ac(1+j)$ or $jbc(1+j)$	2 1	2 0	2 1	2 0

$(a+jb)$：データ、$(c+jd)$：係数、W_P, W_8：回転因子

これが 3/3 アルゴリズムと呼ばれるには理由があります。それは、このアルゴリズムが適用されるのが 2 つの複素数の一方、例えば、$c+jd$ が定数か、変更される頻度が極めて少ないことを前提にしています。つまり、$(c+d)$ と、$(c-d)$ とがあらかじめ計算されているということです。DFT の係数 W_P で実質的な計算になるのは $P \geq 8$ の場合です。いま、データを $(a+jb)$、係数 W_P を $(c+jd)$ とすると、係数 W_8 は実部と虚部の絶対値が同じなので $(a+jb)c(1+j)$ となり、係数 $W_P, P \geq 16$ のときに $(a+jb)(c+jd)$ となります。計算回数は、データ $(a+jb)$ が複素数か、実数かで異なりますので、**表 3-4** に a, b, c, d の組み合わせと、4/2、3/3 アルゴリズムによる計算回数を整理しておきます。ところで、3/3 アルゴリズムは乗算処理が加算処理に比べて処理時間が掛かるなどコストが高くなる場合に有力なアルゴリズムと言えます。FFT のアルゴリズムが開発され始めたころは、一般に乗算処理のコストが高く、極力、乗算回数を減らすために 3/3 アルゴリズムが活用されたようです。最近ではコンピュータのアーキテクチャーの進展によって、乗算回数の削減というメリットよりも、むしろ計算が煩雑になるようです。いずれにしても、乗算回数、加算回数、総計算回数が問題になるような場合には必要となるアルゴリズムと言えるようです。

話をもとに戻しますと、**図 3-4** に表す信号フロー図で、入力データ列 $x(n)$ 側から 4 段目の M^c が 8 となっていますが、これは W_8 部分による乗算が 4 ケ所あって、それぞれの実質的な実数乗算が 2 回になっていることです。ここで実質的な乗算というのは、$\pm 1, \pm \mathrm{j}$ を掛けるような、形式的というか、些細な乗算は含めないということです。また、入力データ列 $x(n)$ 側から 1 段目の A^c が 32 となっていますが、これは、入力データ列 $x(n)$ を 2 つの組み合わせにして加算、減算することによる実数加算の回数になります。

このように実数乗算回数と実数加算回数を数え上げるとして、入力データ列 $x(n)$ が複素数値とする長さ N の DFT を Radix-2 FFT アルゴリズムで演算する場合、必要となる実数乗算回数 M_{R2}^c と実数加算回数 A_{R2}^c は、4/2 アルゴリズムを用いるとして、それぞれ次式のように表されます。

$$M^{c}_{R2(4/2)}(N)=2N(\log_2 N-3.5)+12$$
$$A^{c}_{R2(4/2)}(N)=3N(\log_2 N-1)+4 \tag{3.23}$$

例えば、DFT の長さが $N=1024$ であれば、$1024=2^{10}$ ですから、実数乗算回数は $M^{c}_{R2(4/2)}=2\times1024\times10-7\times1024+12=13324$ 回となります。同様に、実数加算回数は $A^{c}_{R2(4/2)}=27652$ 回となります。

入力データ列 $x(n)$ が実数値の場合には、実数乗算回数 $M^{r}_{R2(4/2)}$ と実数加算回数 $A^{r}_{R2(4/2)}$、総計算回数 $M^{r}_{R2(4/2)}+A^{r}_{R2(4/2)}$ は、それぞれ次式のように表されます。

$$M^{r}_{R2(4/2)}(N)=N(\log_2 N-3.5)+6$$
$$A^{r}_{R2(4/2)}(N)=1.5N(\log_2 N-5/3)+4$$
$$M^{r}_{R2(4/2)}(N)+A^{r}_{R2(4/2)}(N)=2.5N(\log_2 N-2.4)+10 \tag{3.24}$$

入力データ列 $x(n)$ が実数値の場合の実数乗算回数 $M^{r}_{R2(4/2)}$ は、入力データ列 $x(n)$ を複素数値とする場合の実数乗算回数 $M^{c}_{R2(4/2)}$ の半分になっています。また、入力データ列 $x(n)$ が実数値の場合の実数加算回数 $A^{r}_{R2(4/2)}$ は、入力データ列 $x(n)$ が複素数値の場合の実数加算回数 $A^{c}_{R2(4/2)}$ の半分から $N-2$ を引いた値になります。**表 3-5** には式（3.23）、式（3.24）で表される Radix-2 FFT アルゴリズムによる演算の計算量を表しています。

ところで、式（3.23）で表される Radix-2 FFT の実数乗算回数 $M^{c}_{R2(4/2)}$、実数加算回数 $A^{c}_{R2(4/2)}$ がどのように算出されたのかを示すことは、FFT アルゴリズムとしての演算構造がより明らかになるので説明しておきましょう。

もちろん、数十年前に Radix-2 FFT アルゴリズムが初めて登場した当時の説明方法とは異なるかもしれませんが、著者なりに説明してみましょう。

Radix-2 FFT アルゴリズムによる分解のための基本式は式（3.1）で表されますが、DFT の対称性から、

$$X(N/2+k)=\sum_{n=0}^{N/2-1}x(2n)W^{nk}_{N/2}-W^{k}_{N}\sum_{n=0}^{N/2-1}x(2n+1)W^{nk}_{N/2} \tag{3.25}$$

となりますので、式（3.1）と式（3.25）とは併せて次式のように表すことができます。

$$X((N/2)k_1+k_2)=\sum_{m_1=0}^{1}(-1)^{m_1k_1}W^{m_1k_2}_{N}\sum_{m_2=0}^{N/2-1}x(2m_2+m_1)W^{m_2k_2}_{N/2}$$
$$k_1=0,1\quad k_2=0\sim N/2-1 \tag{3.26}$$

式（3.26）を複素数値離散フーリエ変換 CDFT とすると、演算に必要な実数乗算回数 $M^{c}_{R2(4/2)}$ は２つの長さ $N/2$ の DFT についての実数乗算回数と、回転因子 $W^{m_1k_2}_{N}$ の部分で

表 3-5 Radix-2 と Radix-4 との演算量の比較

(1) 複素値 FFT の場合の実数乗算と実数加算の回数

	Radix-2			Radix-4		
N	M	A	$M+A$	M	A	$M+A$
4	0	16	16	0	16	16
8	4	52	56	—	—	—
16	28	148	176	24	144	168
32	108	388	496	—	—	—
64	332	964	1296	264	920	1184
128	908	2308	3216	—	—	—
256	2316	5380	7696	1800	5080	6880
512	5644	12292	17936	—	—	—
1024	13324	27652	40976	10248	25944	36192
2048	30732	61444	92176	—	—	—
4096	69644	135172	204816	53256	126296	179552

(2) 実数値 FFT の場合の実数乗算と実数加算の回数

	Radix-2			Radix-4		
N	M	A	$M+A$	M	A	$M+A$
4	0	6	6	0	6	6
8	2	20	22	—	—	—
16	14	60	74	12	58	70
32	54	164	218	—	—	—
64	166	420	586	132	398	530
128	454	1028	1482	—	—	—
256	1158	2436	3594	900	2286	3186
512	2822	5636	8458	—	—	—
1024	6662	12804	19466	5124	11950	17074
2048	15366	28676	44042	—	—	—
4096	34822	63492	98314	26628	59054	85682

M：乗算　A：加算（複素数計算は 4/2 アルゴリズムを想定）

$m_1=1$ とするときの実数乗算回数の和となります。つまり、式（3-26）の演算に必要とされる実数乗算回数 $M^{c}_{R2(4/2)}$ は

$$M^{c}_{R2(4/2)}(N)=2M^{c}_{R2(4/2)}(N/2)+4(N/2-4)+4$$
$$=2M^{c}_{R2(4/2)}(N/2)+2N-12 \qquad (3.27)$$

となります。ここで、$4(N/2-4)$ は回転因子 W_N^k 部分での実数乗算回数が $k=0\sim N-1$ のうち 4 つを除く回転因子でそれぞれ 4 回の乗算が必要となることを意味しています。残る 4 つの回転因子では $k=0, N/4$ の回転因子では乗算が全く不要で、$k=N/8, 3N/8$ の 2 つの回転因子では 4 回ではなく、実部と虚部が等しいことから 2 回の実数乗算回数となり、+4 としていま

す。式（3.27）は、さらに分解を進めることで、次式のように表すことができます。

$$
\begin{aligned}
M^{c}_{R2(4/2)}(N) &= 2^2 M^{c}_{R2(4/2)}(N/4) + 4N - 36 \\
&= 2^3 M^{c}_{R2(4/2)}(N/8) + 6N - 84 \\
&\vdots \\
&= 2^m M^{c}_{R2(4/2)}(N/2^m) + 2mN - 12(1 + 2^1 + 2^2 + \cdots + 2^{m-1}) \\
&= 2^m M^{c}_{R2(4/2)}(N/2^m) + 2mN - 12(2^m - 1)
\end{aligned} \tag{3.28}
$$

ここで、$N=4$ の CDFT は実数乗算回数がゼロとなることから、式（3.28）に $N/2^m=4$, $M^{c}_{R2(4/2)}(4)=0$, $m=\log_2(N/4)=\log_2 N-2$ とおいて、整理すれば、式（3.23）の $M^{c}_{R2(4/2)}(N)$ が求められます。

次に、式（3.26）を CDFT として、実数加算回数 $A^{c}_{R2(4/2)}(N)$ を求めると、

$$
\begin{aligned}
A^{c}_{R2(4/2)}(N) &= 2A^{c}_{R2(4/2)}(N/2) + 2(N/2 - 2) + 2N \\
&= 2A^{c}_{R2(4/2)}(N/2) + 3N - 4
\end{aligned} \tag{3.29}
$$

となります。実数乗算回数 $M^{c}_{R2(4/2)}(N)$ の場合と同様に、DFT の分解を進めると、式（3.29）は、次のように表すことができます。

$$
\begin{aligned}
A^{c}_{R2(4/2)}(N) &= 2^2 A^{c}_{R2(4/2)}(N/4) + 6N - 12 \\
&= 2^3 A^{c}_{R2(4/2)}(N/8) + 9N - 28 \\
&\vdots \\
&= 2^m A^{c}_{R2(4/2)}(N/2^m) + 3mN - 4(2^m - 1)
\end{aligned} \tag{3.30}
$$

ここで、$N=4$ の CDFT の実数加算回数が 16 となることから、式（3.30）に、$N/2^m=4$, $A^{c}_{R2(4/2)}(4)=16$, $m=\log_2 N-2$ とおくことで、式（3.23）の $A^{c}_{R2(4/2)}(N)$ が求められることになります。

Radix-4 FFT アルゴリズム

つづいて Radix-4 FFT アルゴリズムの説明に入りましょう。

Radix-4 FFT アルゴリズムでは DFT の式を分解する基本式が次式のように設定されます。

$$
\begin{aligned}
X(k) = &\sum_{n=0}^{N/4-1} x(4n) W^{nk}_{N/4} + W^{2k}_{N} \sum_{n=0}^{N/4-1} x(4n+2) W^{nk}_{N/4} \\
&+ W^{k}_{N} \sum_{n=0}^{N/4-1} x(4n+1) W^{nk}_{N/4} + W^{3k}_{N} \sum_{n=0}^{N/4-1} x(4n+3) W^{nk}_{N/4}
\end{aligned} \tag{3.31}
$$

この分解の基本式は、長さ N の DFT を長さ $N/4$ の４つの DFT に分解しています。この基本式は、入力データ列 $x(n)$ のインデックス n に着目して、$4n, 4n+2, 4n+1, 4n+3$ にグルー

プ分けし、それぞれのグループごとに長さ $N/4$ の DFT を構成しています。式（3.31）の基本式では変換核 W_N^{nk} の次のような性質を利用していることになります。

$$W_N^{4nk}=W_{N/4}^{nk},\quad W_N^{(4n+2)k}=W_N^{2k}W_{N/4}^{nk}$$
$$W_N^{(4n+1)k}=W_N^{k}W_{N/4}^{nk},\quad W_N^{(4n+3)k}=W_N^{3k}W_{N/4}^{nk} \tag{3.32}$$

そして、4つの長さ $N/4$ の DFT に分解されたもののうち、3つの DFT のそれぞれの先頭部分には Radix-2 FFT の場合と同様に、回転因子と呼ばれる係数 $W_N^{k\sim 3k}$ が付加されています。では、式（3.31）の分解の基本式を構成する長さ $N/4$ の4つのそれぞれの DFT を同式の分解構造に則って、さらに分解すると、次式のようになります。

$$\begin{aligned}
X(k)=&\sum_{n=0}^{N/16-1}x(16n)W_{N/16}^{nk}+W_{N/4}^{2k}\sum_{n=0}^{N/16-1}x(16n+8)W_{N/16}^{nk}\\
&+W_{N/4}^{k}\sum_{n=0}^{N/16-1}x(16n+4)W_{N/16}^{nk}+W_{N/4}^{3k}\sum_{n=0}^{N/16-1}x(16n+12)W_{N/16}^{nk}\\
&+W_N^{2k}\left\{\sum_{n=0}^{N/16-1}x(16n+2)W_{N/16}^{nk}+W_{N/4}^{2k}\sum_{n=0}^{N/16-1}x(16n+10)W_{N/16}^{nk}\right.\\
&\left.+W_{N/4}^{k}\sum_{n=0}^{N/16-1}x(16n+6)W_{N/16}^{nk}+W_{N/4}^{3k}\sum_{n=0}^{N/16-1}x(16n+14)W_{N/16}^{nk}\right\}\\
&+W_N^{k}\left\{\sum_{n=0}^{N/16-1}x(16n+1)W_{N/16}^{nk}+W_{N/4}^{2k}\sum_{n=0}^{N/16-1}x(16n+9)W_{N/16}^{nk}\right.\\
&\left.+W_{N/4}^{k}\sum_{n=0}^{N/16-1}x(16n+5)W_{N/16}^{nk}+W_{N/4}^{3k}\sum_{n=0}^{N/16-1}x(16n+13)W_{N/16}^{nk}\right\}\\
&+W_N^{3k}\left\{\sum_{n=0}^{N/16-1}x(16n+3)W_{N/16}^{nk}+W_{N/4}^{2k}\sum_{n=0}^{N/16-1}x(16n+11)W_{N/16}^{nk}\right.\\
&\left.+W_{N/4}^{k}\sum_{n=0}^{N/16-1}x(16n+7)W_{N/16}^{nk}+W_{N/4}^{3k}\sum_{n=0}^{N/16-1}x(16n+15)W_{N/16}^{nk}\right\}
\end{aligned} \tag{3.33}$$

式（3.33）は、式（3.31）で表される分解の基本式を2回適用することによって、長さ $N/16$ の16個の DFT に分解したことになります。つまり、Radix-4 FFT のアルゴリズムでは、DFT の長さが $N=4^m$ の場合、式（3.32）で表される基本式の分解構造に則って $m-1$ 回分解することで、4^m 個の長さ $N=4$ の DFT に分解することになります。ところで、式（3.33）の構造を見ると、それぞれの DFT の長さ $N/16$ を4とする場合と、2とする場合とが考えられます。式（3.33）の $N/16$ を4とする場合は、$N=64$ の DFT を16個の DFT に分解したことによる高速演算式となります。これに対し、$N/16$ を2とする場合は、$N=32$ の DFT を16個の DFT に分解したことになります。しかし、Radix-4 FFT は、もともと長さ $N=4^m$ の DFT を前提にしているアルゴリズムで、一般に長さが $N=32, 128, 512, 2048$ など $N\neq 4^m$ の DFT を対象にしておりません。だが、式（3.33）で $N/16$ を2におくことで、$N=32$ の DFT にも容易に適用できることになります。この点については、のちほど Radix-2

FFT＋Radix-4 FFT アルゴリズムとして、改めて説明することにします。

次に、周波数間引きの Radix-4 FFT アルゴリズムについて説明します。周波数間引き Radix-4 FFT による分解の基本式は、次式のように表されます。

$$
\begin{aligned}
X(4k) &= \sum_{n=0}^{N/4-1} \{(x(n)+x(N/2+n)) \\
&\quad +(x(N/4+n)+(x(3N/4)+n))\} W_{N/4}^{nk} \\
X(4k+2) &= \sum_{n=0}^{N/4-1} \{(x(n)+x(N/2+n)) \\
&\quad -(x(N/4+n)+x(3N/4+n))\} W_N^{2n} W_{N/4}^{nk} \\
X(4k+1) &= \sum_{n=0}^{N/4-1} \{(x(n)-x(N/2+n)) \\
&\quad +W_4^1(x(N/4+n)-x(3N/4+n))\} W_N^{n} W_{N/4}^{nk} \\
X(4k+3) &= \sum_{n=0}^{N/4-1} \{(x(n)-x(N/2+n)) \\
&\quad -W_4^1(x(N/4+n)-x(3N/4+n))\} W_N^{3n} W_{N/4}^{nk} \qquad (3.34)
\end{aligned}
$$

式（3.34）は、長さ N の DFT を出力項 $X(k)$ のインデックス k を利用して 4 つの長さ $N/4$ の DFT に分解したことになります。ところで、式（3.34）と、周波数間引きの Radix-2 FFT アルゴリズムの基本式を 2 回適用した式（3.8）を比較してみると、その違いは $X(4k+1)$、$X(4k+3)$ での回転因子の位置の違いにあることが分かります。このことを信号フロー図で確かめてみましょう。

Radix-4 FFT の信号フロー図

ここで、長さ $N=16$ の DFT の場合、時間間引きの Radix-4 FFT アルゴリズムで分解することによる演算処理の信号フローを説明します。ただ、Radix-4 FFT アルゴリズムの説明に長さ $N=16$ の DFT を利用することには少々躊躇します。それは、長さ $N=16$ の場合、Radix-4 FFT による分解の基本式そのものを説明することになってしまうからです。つまり、長さ $N=16$ の DFT を式（3.31）の分解の基本式に則って 1 回分解すると、得られる 16 個の DFT のそれぞれの長さ $N/16-1=0$ となって、DFT を構成しないからです。そのような捉え方からすれば、Radix-4 FFT アルゴリズムを信号フロー図で説明するのに相応しい DFT の最小の長さは $N=64$ だと思いますが、$N=64$ の DFT では信号フロー図を本書の紙上で表すのは余りにも規模が大きくなってしまいます。そこで、あくまで説明の便宜上、$N=16$ の DFT の信号フロー図で Radix-4 FFT アルゴリズムを説明します。

図 3-5 は、時間間引きの Radix-4 FFT によって $N=16$ の DFT を演算する場合の演算処理を表す信号フロー図です。まず、左側の端に入力データ列 $x(n)$ のインデックス n が間引かれ

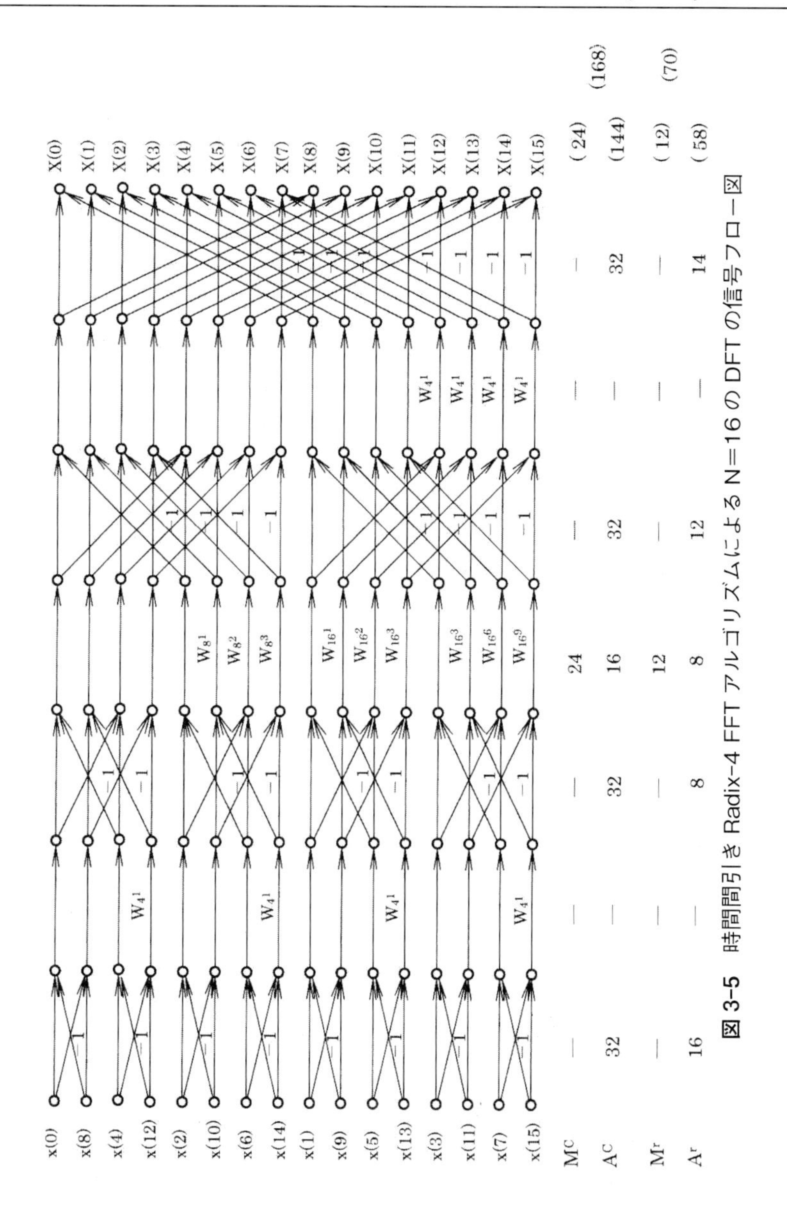

図 3-5　時間間引き Radix-4 FFT アルゴリズムによる N=16 の DFT の信号フロー図

た形で並べられ、そして、右側の端に出力項 $X(k)$ のインデックス k が 0～15 の順番で並べられています。もちろん、Radix-4 FFT アルゴリズムによる演算処理による信号フロー図が必然的に入力データ列 $x(n)$、出力項 $X(k)$ がこのような形に並べられるわけではなく、このように表したほうがアルゴリズムとしての特徴をよく示せると考えたからです。つまり、式(3.31) の分解の基本式は、入力データ列 $x(n)$ を大きく偶数項 $x(4n), x(4n+2)$ と奇数項 $x(4n+1), x(4n+3)$ とに分け、それぞれのデータ列で構成される 4 つの DFT に分解されています。このように、Radix-4 FFT アルゴリズムは、長さ N の DFT を、順次、長さ $N=4$ の DFT になるまで分解するものですが、実際の演算ではこれまでに説明したような処理をプロ

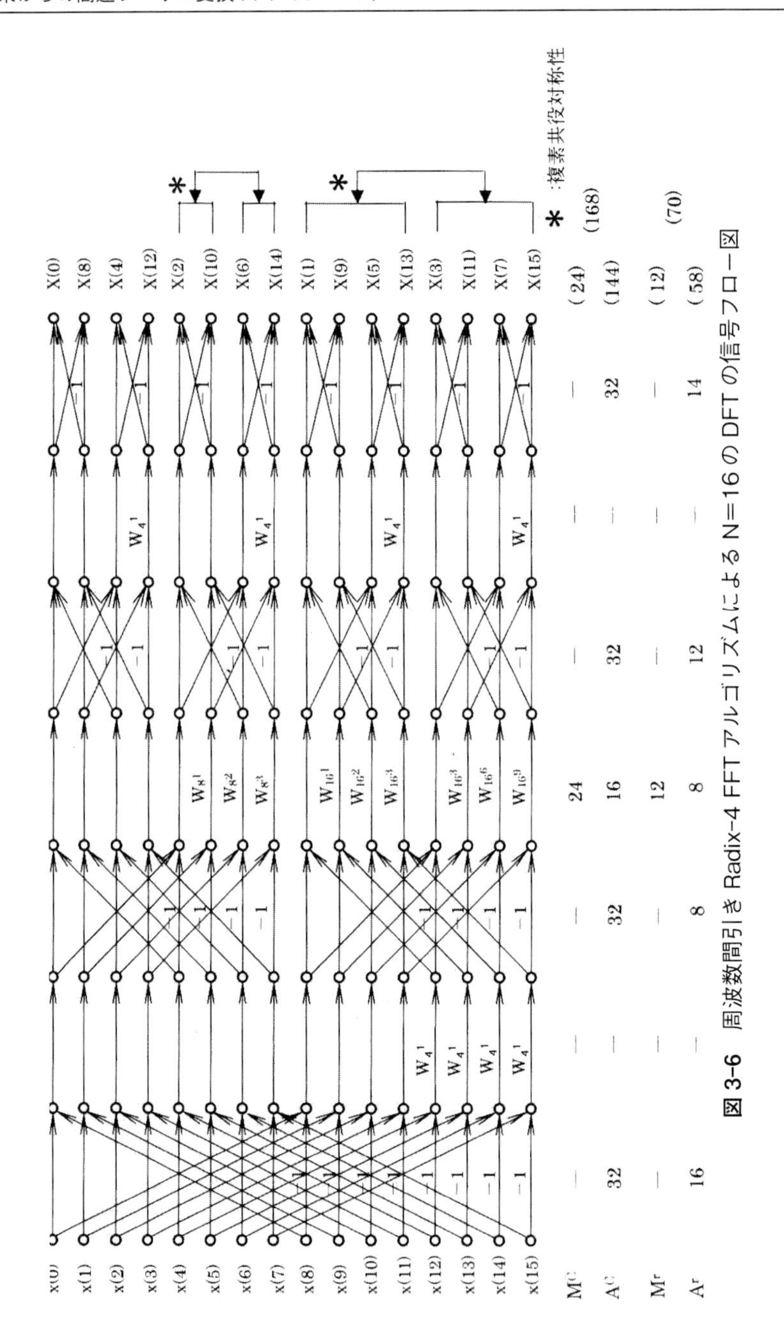

図 3-6　周波数間引き Radix-4 FFT アルゴリズムによる N=16 の DFT の信号フロー図

グラム化して実行させることになります。**図 3-6** は、周波数間引きの Radix-4 FFT アルゴリズムで $N=16$ の DFT を演算する場合の信号フロー図です。

Radix-4 FFT アルゴリズムの計算量

では、つづいて Radix-4 FFT アルゴリズムで演算する場合の計算量ついて説明しましょう。

入力データ列 $x(n)$ を複素数値とする場合、必要とされる実数乗算回数 $M^c_{R4(4/2)}$ と実数加算回数 $A^c_{R4(4/2)}$ は、4/2 アルゴリズムを用いるとして、それぞれ次のように表されます。

$$M^c_{R4(4/2)}(N)=(3/2)N(\log_2 N-10/3)+8$$
$$A^c_{R4(4/2)}(N)=(11/4)N(\log_2 N-26/33)+8/3 \tag{3.35}$$

入力データ列 $x(n)$ が実数値の場合、実数乗算回数 $M^r_{R4(4/2)}$、実数加算回数 $A^r_{R4(4/2)}$、総計算量は、それぞれ次のように表されます。

$$M^r_{R4(4/2)}(N)=(3/4)N(\log_2 N-10/3)+4$$
$$A^r_{R4(4/2)}(N)=(11/8)N(\log_2 N-50/33)+10/3$$
$$M^r_{R4(4/2)}(N)+A^r_{R4(4/2)}(N)=(17/8)N(\log_2 N-110/51)+22/3 \tag{3.36}$$

式（3.35）、（3.36）による Radix-4FFT アルゴリズムの計算量を**表 3-5** に Radix-2 FFT アルゴリズムの計算量と共に表してあります。

では、Radix-4 FFT アルゴリズムの計算量を表す式（3.36）についても、算出の根拠を辿ってみることにしましょう。

式（3.31）の分解の基本式は、Radix-2 FFT の場合の式（3.26）に準じて、次式のように表すことができます。

$$X((N/4)k_1+k_2)=\sum_{m_1=0}^{3} W_4^{m_1k_1}W_N^{m_1k_2}\sum_{m_2=0}^{N/4-1} x(4m_2+m_1)W_{N/4}^{m_2k_2}$$
$$k_1=0\sim 3,\ k_2=0\sim N/4-1 \tag{3.37}$$

式（3.37）を複素数値離散フーリエ変換 CDFT として、その演算に必要となる実数乗算回数 $M^c_{R4(4/2)}(N)$ は、4 つの長さ $N/4$ の DFT についての実数乗算回数 $M^c_{R4(N/4)}(N/4)$ と、回転因子 $W_N^{m_1k_2}$ での実数乗算回数との合計で、次式で表されます。

$$\begin{aligned}M^c_{R4(4/2)}(N)&=4M^c_{R4(4/2)}(N/4)+4(N/4-4)+4\\&\quad+2(4(N/4-2)+2)\\&=4M^c_{R4(4/2)}(N/4)+3N-24\end{aligned} \tag{3.38}$$

式（3.38）は、さらに分解を進めることで、順次、次式のように表されます。

$$M^{c}_{R4(4/2)}(N)=4^2 M^{c}_{R4(4/2)}(N/16)+6N-120$$
$$=4^3 M^{c}_{R4(4/2)}(N/64)+9N-504$$
$$\vdots$$
$$=4^m M^{c}_{R4(4/2)}(N/4^m)+3mN-24(1+4^1+4^2+\cdots+4^{m-1})$$
$$=4^m M^{c}_{R4(4/2)}(N/4^m)+3mN-8(4^m-1) \tag{3.39}$$

ここで、$N=4$ の CDFT の実数乗算回数がゼロであることから、式（3.39）に、$N/4^m=4$, $M^{c}_{R4(4/2)}(4)=0, m=(\log_2 N-2)/2$ とおくことで、式（3.35）の実数乗算回数 $M^{c}_{R4(4/2)}(N)$ が求められることになります。

次に、式（3.37）を CDFT として、その演算に必要となる実数加算回数 $A^{c}_{R4(4/2)}(N)$ を求めると、

$$A^{c}_{R4(4/2)}(N)=4A^{c}_{R4(4/2)}(N/4)+2(N/4-2)+4(N/4-1)+4N$$
$$=4A^{c}_{R4(4/2)}(N/4)+(11/2)N-8 \tag{3.40}$$

となり、実数乗算回数を求めたと同じく、DFT の分解を進めることで実数加算回数 $A^{c}_{R4(4/2)}(N)$ は、次式のように表されます。

$$A^{c}_{R4(4/2)}(N)=4^2 A^{c}_{R4(4/2)}(N/16)+11N-40$$
$$=4^3 A^{c}_{R4(4/2)}(N/64)+33N/2-168$$
$$=4^4 A^{c}_{R4(4/2)}(N/256)+22N-680$$
$$\vdots$$
$$=4^m A^{c}_{R4(4/2)}(N/4^m)+(11/2)mN-(8/3)(4^m-1) \tag{3.41}$$

ここで、$N=4$ の CDFT の実数加算回数が 16 となることから、式（3.41）に $N/4^m=4$, $A^{c}_{R4(4/2)}(4)=16, m=(\log_2 N-2)/2$ とおくことで、式（3.35）の実数加算回数 $A^{c}_{R4(4/2)}(N)$ が求められることになります。

Radix-2 FFT と Radix-4 FFT との比較

ここで $N=16$ の DFT を例にして、Radix-2 FFT、Radix-4 FFT による演算処理を比較してみることにします。

先に示しました図 3-4 は時間間引きの Radix-2 FFT アルゴリズムによる演算処理の信号フロー図であり、**図 3-5** は同じく時間間引きの Radix-4 FFT アルゴリズムによる信号フロー図です。Radix-2 FFT、Radix-4 FFT アルゴリズムによる演算で必要とされる計算量は、それぞれ両図の下欄に、実数乗算回数、実数加算回数、それらを合算した総計算回数の形で記載してあります。両図から、実質的な乗算が必要となる箇所を抜き出し、整理すると、**図 3-7(1)**、

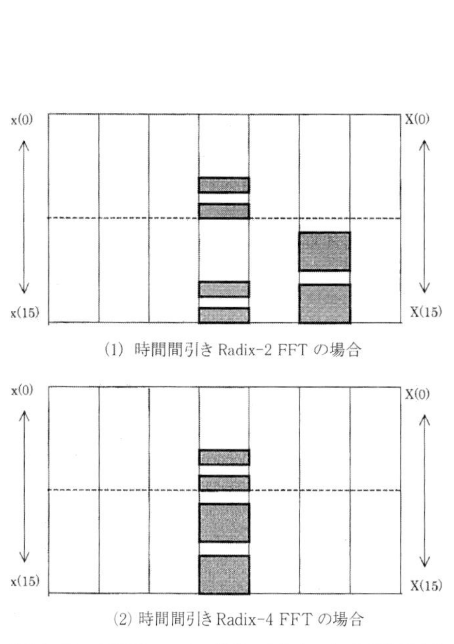

図 3-7 FFT アルゴリズムによる回転因子の配置の違い(N=16)

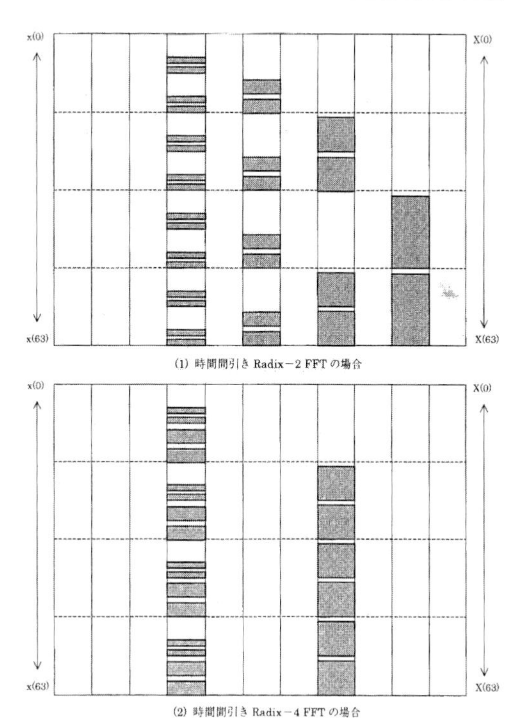

図 3-8 FFT アルゴリズムによる回転因子の配置の違い(N=64)

(2)が得られます。つまり、同図の黒枠で囲んだ部分で実質的な乗算が必要となります。説明が繰り返しになりますが、実質的な乗算というのは ±1 や $\pm j$ を掛けるという些細な乗算は含まれないことです。同図 (1)、(2) の比較でわかるのは、Radix-4FFT の場合は、Radix-2FFT の場合に比べて、実質的な乗算を必要とする回転因子が集約されていることです。この違いをさらに明確にするために、**図 3-8** に $N=64$ の DFT の場合 Radix-2 FFT、Radix-4 FFT アルゴリズムによる演算でそれぞれ実質的な乗算が必要となる回転因子の配置の違いを示しています。

Radix-2FFT+Radix-4FFT のアルゴリズムの計算量

Radix-4 FFT が対象にする DFT は基本的に長さ N が $N=4^m$ となりますが、長さ $N=2\times4^m$ の DFT の場合でも $N=4^{m-1}\times2\times4$ とおくことで、Radix-2+Radix-4 のアルゴリズムとして演算することができます。次の章で説明する新しい FFT アルゴリズムとの比較でも必要になりますので、ここで、Radix-2+Radix-4 の FFT の計算量について触れておきましょう。なお、長さ N の RDFT を Radix-2+Radix-4FFT のアルゴリズムで演算する場合、Radix-2 FFT をどこに挟むのが良いのか積極的な記述が見当たらないので、次章で説明する新しい FFT アルゴリズムの検討結果を参考にして、$N=4^{m-1}\times2\times4$ とおくことで演算するものとしました。

Radix-2＋Radix-4FFT アルゴリズムによる実数乗算回数 M^r_{R24}、実数加算回数 A^r_{R24} は、4/2 アルゴリズムを用いると、それぞれ次式のように表されます。

$$
\begin{aligned}
&M^r_{R24}(2^{2m+1})=4^{m-1}(12m-14)+4\\
&A^r_{R24}(2^{2m+1})=2\cdot 4^{m-1}(11m-8/3)+10/3\\
&M^r_{R24}(2^{2m+1})+A^r_{R24}(2^{2m+1})=2\cdot 4^{m-1}(17m-29/3)+22/3
\end{aligned}
\tag{3.42}
$$

上式は、米国の IEEE など有力な学会誌論文などでも見当たらなかったので、ここで参考までに算出根拠を説明しておきましょう。

いま、DFT の長さ $N=512=2\times 4^4$ を $4^3\times 2\times 4$ として Radix-2＋Radix-4 FFT アルゴリズムで分解して整理すると、これまでの説明とは表現が異なりますが、次式のように表すことができます。

$$
\begin{aligned}
X(k)=&\sum_{m_1=0}^{3} W_{512}^{m_1k}\sum_{m_2=0}^{3} W_{128}^{m_2k}\sum_{m_3=0}^{3} W_{32}^{m_3k}\sum_{m_4=0}^{1} W_{8}^{m_4k}\\
&\times\sum_{m_5=0}^{3} x(128m_5+64m_4+16m_3+4m_2+m_1)\,W_4^{m_5k}\\
&k=0\sim 511
\end{aligned}
\tag{3.43}
$$

式 (3.43) を参照しながら、Radix-2＋Radix-4 の FFT アルゴリズムによる演算の実数乗算回数 $M^r_{R24}(N)$ と実数加算回数 $A^r_{R24}(N)$ を見積ることにします。

式 (3.43) では、後半の２つの m_5, m_4 に関する総和 Σ が 4^3 個の長さ $N=8$ の DFT を意味しますので、この部分での実数乗算回数は $4^3\times M^r_8$ となります。なお、長さ $N=8$ の DFT での実数乗算回数を $M^r_8=2$ とおきます。次に、m_3 に関する総和 Σ の演算では、長さ $N/4=32$ の回転因子の演算が 4^2 個に分解されていることになって、実数乗算回数が

$4^2\times(3/4)(N/4^2)(1+1/2)$

となります。

続いて、m_2 に関する総和 Σ の演算過程では、長さ $N/4=64$ の回転因子での演算が４個に分解されていることになり、実数乗算回数が

$4\times(3/4)(N/4)(1+1/2+1/4+1/8)$

となります。最後に、m_1 に関する総和 Σ の演算では、長さ $N=512$ の回転因子の演算をすることになり、

$(3/4)N(1+1/2+1/4+1/8+1/16+1/32)$

の実数乗算回数が加わることになります。これらの実数乗算回数を合算すると、

$M_{R24}^r(512)=M_8^r\times 4^3+(3\times 512/4)(171/32)=2\cdot 4^3+(9\times 512/8)(3+9/4^2)=2180$

となり、長さ $N=512$ の RDFT の総実数乗算回数 $M_{R24}^r(512)$ が得られます。

同じような方法で $N=8, 32, 128, 2048$ の RDFT についても総実数乗算回数 $M_{R24}^r(N)$ を求めると、次のようになります。

$$
\begin{array}{ll}
M_{R24}^r(8)=2\cdot 4^0 & m=1 \\
M_{R24}^r(32)=2\cdot 4^1+(9\times 32/8)\times 1 & m=2 \\
M_{R24}^r(128)=2\cdot 4^2+(9\times 128/8)(2+1/4^1) & m=3 \\
M_{R24}^r(512)=2\cdot 4^3+(9\times 512/8)(3+9/4^2) & m=4 \\
M_{R24}^r(2048)=2\cdot 4^4+(9\times 2048/8)(4+57/4^3) & m=5
\end{array}
$$

これら実数乗算回数 $M_{R24}^r(N)$ は、$N=2^{2m+1}$ として、式の規則性に着目すると、

$$M_{R24}^r(2^{2m+1})=2\cdot 4^{m-1}+9\cdot 4^{m-1}((m-1)+\beta(m-1)/4^{m-2}) \tag{3.44}$$

のように表すことができます。ここで、$\beta(m-1)$ は、

$$\beta(m-1)=1+2\cdot 4^1+3\cdot 4^2+\cdots+(m-1)\cdot 4^{m-2} \tag{3.45}$$

と表すもので、上記の長さ N ごとに求めた実数乗算回数の中に

$$
\begin{array}{ll}
\beta(4-1)=9/4^2=(1+2\cdot 4^1)/4^2 & m=4 \\
\beta(5-1)=57/4^3=(1+2\cdot 4^1+3\cdot 4^2)/4^3 & m=5 \\
\beta(6-1)=313/4^4=(1+2\cdot 4^1+3\cdot 4^2+4\cdot 4^3)/4^4 & m=6
\end{array}
$$

のように現れます。そこで、関係式

$$
\begin{aligned}
1\cdot x^0+2\cdot x^1+3\cdot x^2+\cdots k\cdot x^{k-1}&=\sum_{i=1}^{k} i\cdot x^{i-1} \\
&=\frac{d}{dx}\sum_{i=0}^{k-1} x^i=\frac{d}{dx}\cdot\frac{1-x^k}{1-x}=\frac{(k-1)x^k-k\cdot x^{k-1}+1}{(1-x)^2}
\end{aligned} \tag{3.46}
$$

を用いて、$k\rightarrow m-1$、$x=4$ として整理しますと、

$$\beta(m-1)=\frac{4^{m-2}(3m-7)+1}{9} \tag{3.47}$$

が得られます。当然のこと、式 (3.47) で $m=4$ とおけば、9 となりますし、$m=5$ とおけば、57 となります。式 (3.47) を式 (3.44) に代入して整理することで式 (3.42) の $M_{R24}^r(2^{2m+1})$ が求められます。

次に、式 (3.42) の実数加算回数 $A_{R24}^r(2^{2m+1})$ を求めてみましょう。実数乗算回数の場合と

同じく、$N=8, 32, 128, 512, 2048$ のときの実数加算回数 $A^r_{R24}(N)$ を求めると、

$$A^r_{R24}(8)=20 \qquad m=1$$
$$A^r_{R24}(32)=(2\times 32-4)+5\times 4^2+18\times 4^0 \qquad m=2$$
$$A^r_{R24}(128)=(4\times 128-20)+5\times 4^3+18\times 4^1(2+1/4^1) \qquad m=3$$
$$A^r_{R24}(512)=(6\times 512-84)+5\times 4^4+18\times 4^2(3+9/4^2) \qquad m=4$$
$$A^r_{R24}(2048)=(8\times 2048-340)+5\times 4^5+18\times 4^3(4+57/4^3) \qquad m=5$$

これらの実数加算回数 $A^r_{R24}(N)$ は、$N=2^{2m+1}$ として、式の規則性に着目すると、次式のように表すことができます。

$$A^r_{R24}(2^{2m+1})=2(m-1)\cdot 2^{2m+1}-(4^1+4^2+4^3+\cdots+4^{m-1}) \\ +5\times 4^m+18\times 4^{m-2}((m-1)+\beta(m-1)/4^{m-2}) \tag{3.48}$$

ここで、式（3.48）に式（3.47）の $\beta(m-1)$ と、$4^1+4^2+4^3+\cdots 4^{m-1}$ を $4(4^{m-1}-1)/3$ とおくことで、式（3.42）の $A^r_{R24}(2^{2m+1})$ が求められます。

3.3 Split-radix 型 FFT アルゴリズム

Split-radix 型 FFT は、DFT の式を反復的に分解するのに基数２と基数４の２つの基数を用いた基本式を設定するアルゴリズムです。そして、長さ N の DFT をいかなる基数の Cooley-Tukey 型 FFT よりも効率的に演算ができるとされています。また、Cooley-Tukey 型 FFT が基数２なり、基数４なりの１つの基数を用いて長さ N の DFT を分解するのに対し、Split-radix 型 FFT では基数２と基数４の２つの基数を用いることから２重基数 FFT と呼ばれることがあります。だが、DFT を高速演算する FFT アルゴリズムの分類としては、「基本式を設定し、反復的に分解する」という性格から Cooley-Tukey 型 FFT の枠組みに入るアルゴリズムといえると思います。

Split-radix 型 FFT は、長さ N の DFT の式を分解するのに、時間間引きの場合、入力データ列 $x(n)$ の偶数項 $x(2n)$ に基数２、つまり Radix-2 を、奇数項 $x(2n+1)$ には基数４、つまり Radix-4 をそれぞれ割り当てます。また、周波数間引きの場合は出力項 $X(k)$ の偶数項 $X(2k)$ に Radix-2 を、奇数項 $X(2k+1)$ には Radix-4 をそれぞれ割り当てて分解します。なお、時間間引き、周波数間引きの区分けは Cooley-Tukey 型 FFT の場合と同じで、DFT の式を分解するのに利用するインデックスが入力データ列 $x(n)$ のインデックス n か、出力項 $X(k)$ のインデックス k なのかの違いによります。

時間間引きの Split-radix 型 FFT アルゴリズムでは長さ N の DFT の式を分解する基本式として、次式が設定されます。

$$X(k)=\sum_{n=0}^{N/2-1} x(2n)W_{N/2}^{nk}$$
$$+W_N^k\sum_{n=0}^{N/4-1} x(4n+1)W_{N/4}^{nk}+W_N^{3k}\sum_{n=0}^{N/4-1} x(4n+3)W_{N/4}^{nk} \tag{3.49}$$

Split-radix 型 FFT は、式（3.49）の構成から明らかなように、長さ N の DFT の式を長さ $N/2$ の 1 つの DFT と、長さ $N/4$ の 2 つの DFT、計 3 つの DFT に分解します。つまり、2 と 4 の 2 つの基数を併用して DFT の式を反復的に分解するアルゴリズムです。次に、式（3-49）を構成する 3 つの DFT にそれぞれ式（3.49）自体を用いて分解すると、次式のように 9 つの DFT に分解されます。

$$X(k)=\sum_{n=0}^{N/4-1} x(4n)W_{N/4}^{nk}+W_{N/2}^{k}\sum_{n=0}^{N/8-1} x(8n+2)W_{N/8}^{nk}$$
$$+W_{N/2}^{3k}\sum_{n=0}^{N/8-1} x(8n+6)W_{N/8}^{nk}$$
$$+W_N^{k}\left\{\sum_{n=0}^{N/8-1} x(8n+1)W_{N/8}^{nk}+W_{N/4}^{k}\sum_{n=0}^{N/16-1} x(16n+5)W_{N/16}^{nk}\right.$$
$$\left.+W_{N/4}^{3k}\sum_{n=0}^{N/16-1} x(16n+13)W_{N/16}^{nk}\right\}$$
$$+W_N^{3k}\left\{\sum_{n=0}^{N/8-1} x(8n+3)W_{N/8}^{nk}+W_{N/4}^{k}\sum_{n=0}^{N/16-1} x(16n+7)W_{N/16}^{nk}\right.$$
$$\left.+W_{N/4}^{3k}\sum_{n=0}^{N/16-1} x(16n+15)W_{N/16}^{nk}\right\} \tag{3.50}$$

さらに、式（3.50）に式（3.49）の基本式を適用して分解を進めると、長さ N の DFT が 27 個の DFT に分解されることになります。ところで、式（3.50）の構成を見ると、2 つの基数で分解してあることから、当然のこと、9 つの DFT の長さがそろっていません。つまり、長さ $N/4$ の DFT が 1 つ、$N/8$ の DFT が 4 つと、$N/16$ の DFT が 4 つと、DFT の長さが混在しています。Split-radix 型 FFT では式（3.49）の基本式の分解構造に則って或る段階まで分解を進めると、分解によって得られた DFT の演算式を構成するそれぞれの DFT の長さを整理することが必要になります。ここで、ある段階までというのは、分解して得られる DFT の式の中で一番小さな DFT の長さが 2、または 4 ということになります。例えば、式（3.50）では一番小さな DFT は長さが $N/16$ ですが、$N/16=2$ とすれば、式（3.50）は長さ $N=32$ の DFT を分解した場合の最終的な演算式となり、また、$N/16=4$ とすれば、長さ $N=64$ の DFT を分解した場合の最終的な演算式となります。いま、$N=32$ とすると、式（3.50）は、先頭の長さ $N/4$ の DFT のみに式（3.49）の基本式を用いて分解すると、次式が得られます。

$$X(k)=\sum_{n=0}^{N/8-1} x(8n)W_{N/8}^{nk}+W_{N/4}^{k}\sum_{n=0}^{N/16-1} x(16n+4)W_{N/16}^{nk}$$

$$
\begin{aligned}
&+W_{N/4}^{3k}\sum_{n=0}^{N/16-1}x(16n+12)W_{N/16}^{nk}+W_{N/2}^{k}\sum_{n=0}^{N/8-1}x(8n+2)W_{N/8}^{nk}\\
&+W_{N/2}^{3k}\sum_{n=0}^{N/8-1}x(8n+6)W_{N/8}^{nk}\\
&+W_{N}^{k}\Bigg\{\sum_{n=0}^{N/8-1}x(8n+1)W_{N/8}^{nk}+W_{N/4}^{k}\sum_{n=0}^{N/16-1}x(16n+5)W_{N/16}^{nk}\\
&+W_{N/4}^{3k}\sum_{n=0}^{N/16-1}x(16n+13)W_{N/16}^{nk}\Bigg\}+W_{N}^{3k}\Bigg\{\sum_{n=0}^{N/8-1}x(8n+3)W_{N/8}^{nk}\\
&+W_{N/4}^{k}\sum_{n=0}^{N/16-1}x(16n+7)W_{N/16}^{nk}+W_{N/4}^{3k}\sum_{n=0}^{N/16-1}x(16n+15)W_{N/16}^{nk}\Bigg\} \qquad (3.51)
\end{aligned}
$$

式（3.51）は長さ N の DFT が 11 個の DFT に分解され、同式で $N=32$ とおけば、Split-radix 型 FFT アルゴリズムによる長さ $N=32$ の DFT の最終的な演算式となります。式（3.51）で $N=32$ とおくとき、式を構成する DFT は $N=32/8=4$ の DFT が 5 個と、$N=32/16=2$ の DFT が 6 個と、DFT の長さが混在しています。そこで、$N=4$ の DFT を 2 つの $N=2$ の DFT に分解しても計算量が増えることはないので、式（3.51）を構成するそれぞれの DFT を長さ $N/16$ に揃えると、次式のように表すことができます。

$$
\begin{aligned}
X(k)=&\sum_{n=0}^{N/16-1}x(16n)W_{N/16}^{nk}+W_{N/8}^{k}\sum_{n=0}^{N/16-1}x(16n+8)W_{N/16}^{nk}\\
&+W_{N/4}^{k}\sum_{n=0}^{N/16-1}x(16n+4)W_{N/16}^{nk}+W_{N/4}^{3k}\sum_{n=0}^{N/16-1}x(16n+12)W_{N/16}^{nk}\\
&+W_{N/2}^{k}\Bigg\{\sum_{n=0}^{N/16-1}x(16n+2)W_{N/16}^{nk}+W_{N/8}^{k}\sum_{n=0}^{N/16-1}x(16n+10)W_{N/16}^{nk}\\
&+W_{N/2}^{3k}\Bigg\{\sum_{n=0}^{N/16-1}x(16n+6)W_{N/16}^{nk}+W_{N/8}^{k}\sum_{n=0}^{N/16-1}x(16n+14)W_{N/16}^{nk}\Bigg\}\\
&+W_{N}^{k}\Bigg\{\sum_{n=0}^{N/16-1}x(16n+1)W_{N/16}^{nk}+W_{N/8}^{k}\sum_{n=0}^{N/16-1}x(16n+9)W_{N/16}^{nk}\\
&+W_{N/4}^{k}\sum_{n=0}^{N/16-1}x(16n+5)W_{N/16}^{nk}+W_{N/4}^{3k}\sum_{n=0}^{N/16-1}x(16n+13)W_{N/16}^{nk}\Bigg\}\\
&+W_{N}^{3k}\Bigg\{\sum_{n=0}^{N/16-1}x(16n+3)W_{N/16}^{nk}+W_{N/8}^{k}\sum_{n=0}^{N/16-1}x(16n+11)W_{N/16}^{nk}\\
&+W_{N/4}^{k}\sum_{n=0}^{N/16-1}x(16n+7)W_{N/16}^{nk}+W_{N/4}^{k}\sum_{n=0}^{N/16-1}x(16n+15)W_{N/16}^{nk}\Bigg\} \qquad (3.52)
\end{aligned}
$$

式（3.52）は、長さ N の DFT に式（3.49）の分解の基本式を用いて 2 回分解し、さらに分解後のすべての DFT について長さを $N/16$ に揃えた場合の Split-radix FFT による長さ N の DFT の最終的な演算式となります。式（3.52）で、$N/16=2$ とおけば、$N=32$ の DFT の演算式であり、$N/16=4$ とおけば、$N=64$ の DFT の演算式となります。

これまで説明しましたのが時間間引きの Split-radix 型 FFT となりますが、つづいて周波数間引きの Split-radix 型 FFT アルゴリズムについて説明しましょう。

周波数間引きの Split-radix 型 FFT では分解の基本式が次式のように設定されます。

$$
\begin{aligned}
X(2k)&=\sum_{n=0}^{N/2-1}(x(n)+x(N/2+n))W_{N/2}^{nk}\\
X(4k+1)&=\sum_{n=0}^{N/4-1}\{(x(n)-x(N/2+n))\\
&\quad+W_4^1(x(N/4+n)-x(3N/4+n))\}W_N^nW_{N/4}^{nk}\\
X(4k+3)&=\sum_{n=0}^{N/4-1}\{(x(n)-x(N/2+n))\\
&\quad-W_4^1(x(N/4+n)-x(3N/4+n))\}W_N^{3n}W_{N/4}^{nk}
\end{aligned}
\tag{3.53}
$$

式（3.53）の基本式は長さ N の DFT の式が 3 つの DFT に分解されていることになりますが、さらに式（3.53）の分解構造に則って分解すると、最初の $X(2k)$ の DFT は、$2k\to4k$, $8k+2, 8k+6$ と分解されることから、次のような 3 つの DFT の式に分解されます。

$$
\begin{aligned}
X(4k)&=\sum_{n=0}^{N/4-1}\{(x(n)+x(N/2+n))\\
&\quad+(x(N/4+n)+x(3N/4+n))\}W_{N/4}^{nk}\\
X(8k+2)&=\sum_{n=0}^{N/8-1}[\{(x(n)+x(N/2+n))-(x(N/4+n)+x(3N/4+n))\}\\
&\quad+W_4^1\{(x(N/8+n)+x(5N/8+n))\\
&\quad-(x(3N/8+n)+x(7N/8+n))\}]W_{N/2}^{n}W_{N/8}^{nk}\\
X(8k+6)&=\sum_{n=0}^{N/8-1}[\{(x(n)+x(N/2+n))-(x(N/4+n)+x(3N/4+n))\}\\
&\quad-W_4^1\{(x(N/8+n)+x(5N/8+n))\\
&\quad-(x(3N/8+n)+x(7N/8+n))\}]W_{N/2}^{3n}W_{N/8}^{nk}
\end{aligned}
\tag{3.54}
$$

式（3.53）の他の $X(4k+1), X(4k+3)$ の DFT も同じく

$$
\begin{aligned}
&X(4k+1)\to X(8k+1), X(16k+5), X(16k+13)\\
&X(4k+3)\to X(8k+3), X(16k+7), X(16k+15)
\end{aligned}
$$

と、分解することになります。当然のこと、周波数間引きの Split-radix 型 FFT の場合も、時間間引きの場合と同様に、分解を進めるごとに、各式を構成する DFT の長さが揃いません。したがって、ある段階まで分解したところで、分解後の各式を構成する DFT の長さを整理することが必要になります。ここで、Split-radix 型 FFT と Cooley-Tukey 型 FFT で長さ $N=32$ の DFT をそれぞれ分解したときの分解の様子を比較すると、**表 3-6** のように表されます。この表からも明らかなように、Split-radix 型 FFT による分解では $N=4$ と $N=2$ のそ

表 3-6　Split-radix 型 FFT と Cooley-Tukey 型 FFT との分解構造の違い（N＝32）

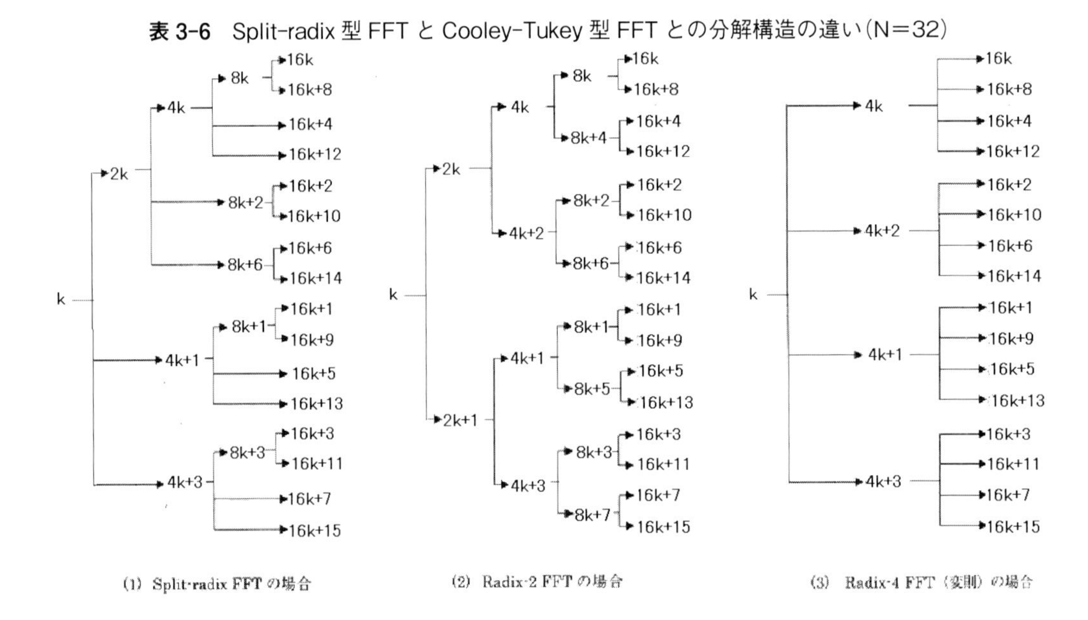

れぞれのバタフライ演算の構成が混在することが分かります。なお、**表 3-6** の Radix-4 FFT に変則と注を記しているのは、一般に Radix-4 FFT は長さ $N=4^m$ と、4 のベキの長さの DFT を対象とするのに対し、$N=32=2\cdot 4^2 \neq 4^m$ だからです。しかし、これまでの説明でも明らかにしてあるように、Radix-4 FFT の対象が $N=4^m$ でなければならないことはないので、念のために変則と注記しました。なお、入力データ列が実数値の場合、つまり実数値離散フーリエ変換（RDFT）の場合、出力項 $X(4k+1)$ と $X(4k+3)$ とは複素数共役対称性を有する項が含まれることから、いずれかの出力項について実質的な演算をすればよいことになります。

Split-radix 型 FFT の信号フロー図

ここで、$N=32$ の DFT を例にして、Split-radix 型 FFT アルゴリズムで分解することによる演算処理の流れを式（3.52）から信号フロー図を求めることにします。式（3.52）は、構成する DFT の長さを $N/16$ に揃えてありますので、$N=32$ とおくとき、例えば、

$$W_{N/4}^{k}\sum_{n=0}^{N/16-1} x(16n+4)\,W_{N/16}^{nk}\Big|_{N=32} = W_8^k \sum_{n=0}^{1} x(16n+4)\,W_2^{nk}$$
$$= W_8^k \sum_{n=0}^{1} x(16n+4)(-1)^{nk} = W_8^k(x(4)+(-1)^k x(20)) \qquad (3.55)$$

のようになります。そこで、式（3.52）で $N=32$ とおくことで、時間間引きの Split-radix 型 FFT によって $N=32$ の DFT を分解した最終の演算式として次式が求められます。

$$
\begin{aligned}
X(k)=&(x(0)+(-1)^k x(16))+W_4^k(x(8)+(-1)^k x(24))\\
&+W_8^k(x(4)+(-1)^k x(20))+W_8^{3k}(x(12)+(-1)^k x(28))\\
&+W_{16}^k\{(x(2)+(-1)^k x(18))+W_4^k(x(10)+(-1)^k x(26))\}\\
&+W_{16}^{3k}\{(x(6)+(-1)^k x(22))+W_4^k(x(14)+(-1)^k x(30))\}\\
&+W_{32}^k\{(x(1)+(-1)^k x(17))+W_4^k(x(9)+(-1)^k x(25))\\
&+W_8^k(x(5)+(-1)^k x(21))+W_8^{3k}(x(13)+(-1)^k x(29))\}\\
&+W_{32}^{3k}\{(x(3)+(-1)^k x(19))+W_4^k(x(11)+(-1)^k x(27))\\
&+W_8^k(x(7)+(-1)^k x(23))+W_8^{3k}(x(15)+(-1)^k x(31))\}
\end{aligned}
\tag{3.56}
$$

式 (3.56) が長さ $N=32$ の DFT を時間間引きの Split-radix FFT アルゴリズムによって得られる最終的な高速演算式ですが、信号フローを描く上で便利なように出力項 $X(k)$ を偶数項 $X(2k)$ と、奇数項 $X(2k+1)$ に分けると、それぞれ次式のようになります。

$$
\begin{aligned}
X(2k)=&\{(x(0)+x(16))+(-1)^k(x(8)+x(24))\}\\
&+W_4^k\{(x(4)+x(20))+(-1)^k(x(12)+x(28))\}\\
&+W_8^k\{(x(2)+x(18))+(-1)^k(x(10)+x(26))\}\\
&+W_8^{3k}\{(x(6)+x(22))+(-1)^k(x(14)+x(30))\}\\
&+W_{16}^k[\{(x(1)+x(17))+(-1)^k(x(9)+x(25))\}\\
&+W_4^k\{(x(5)+x(21))+(-1)^k(x(13)+x(29))\}]\\
&+W_{16}^{3k}[\{(x(3)+x(19))+(-1)^k(x(11)+x(27))\}\\
&+W_4^k\{(x(7)+x(23))+(-1)^k(x(15)+x(31))\}]
\end{aligned}
\tag{3.57}
$$

$$
\begin{aligned}
X(2k+1)=&\{(x(0)-x(16))+(-1)^k W_4^1(x(8)-x(24))\}\\
&+W_4^k\{W_8^1(x(4)-x(20))+(-1)^k W_8^3(x(12)-x(28))\}\\
&+W_8^k W_{16}^1\{(x(2)-x(18))+(-1)^k W_4^1(x(10)-x(26))\}\\
&+W_8^{3k} W_{16}^3\{(x(6)-x(22))+(-1)^k W_4^1(x(14)-x(30))\}\\
&+W_{16}^k W_{32}^1[\{(x(1)-x(17))+(-1)^k W_4^1(x(9)-x(25))\}\\
&+W_4^k\{W_8^1(x(5)-x(21))+(-1)^k W_8^3(x(13)-x(29))\}]\\
&+W_{16}^{3k} W_{32}^3[\{(x(3)-x(19))+(-1)^k W_4^1(x(11)-x(27))\}\\
&+W_4^k\{W_8^1(x(7)-x(23))+(-1)^k W_8^3(x(15)-x(31))\}]
\end{aligned}
\tag{3.58}
$$

なお、式 (3.56) から式 (3.57)、式 (3.58) に整理するのに、次のような関係を利用しています。

$$W_2^k=(-1)^k,\quad W_4^{3k}=W_2^k W_4^k=(-1)^k W_4^k$$

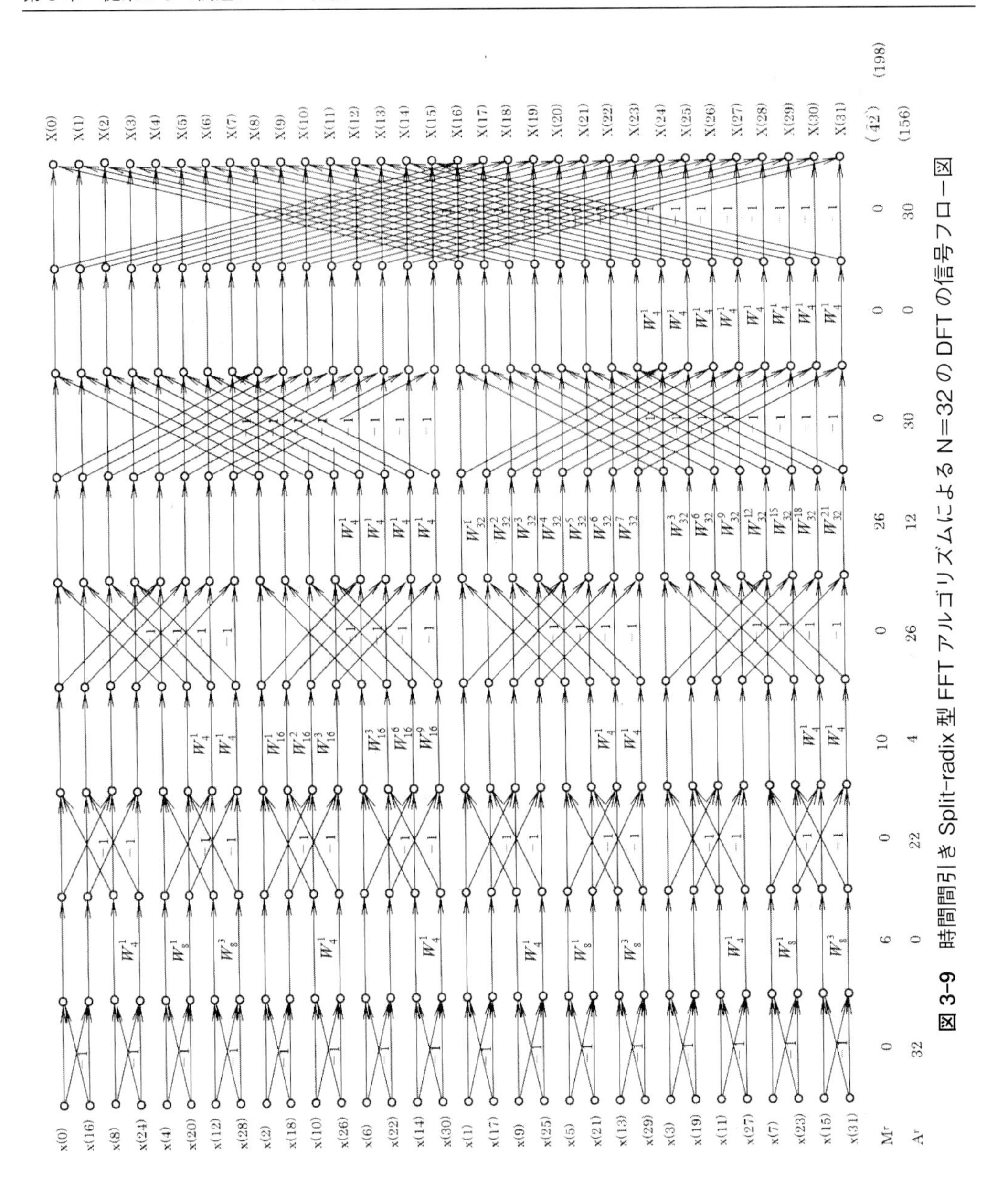

図 3-9　時間間引き Split-radix 型 FFT アルゴリズムによる N=32 の DFT の信号フロー図

式 (3.57)、式 (3.58) で表される $N=32$ の DFT の時間間引き Split-radix 型 FFT による演算処理を信号フロー図の形で表すと**図 3-9** に示すようになります。周波数間引きの Split-radix 型 FFT による演算処理も同様に演算式が求められますが、これまで説明しましたように演算式が複数個になりますので記載は省略し、信号フロー図を**図 3-10** に示します。ここで、同図を用いて、複素数共役対称性について改めて説明しておきます。入力データ列 $x(n)$ が実数値の場合、同図で*印をつけた出力項 $X(k)$ のグループ間には複素数共役対称性が成立しますから、片方のグループの出力項 $X(k)$ について演算すれば、それらの演算結果について

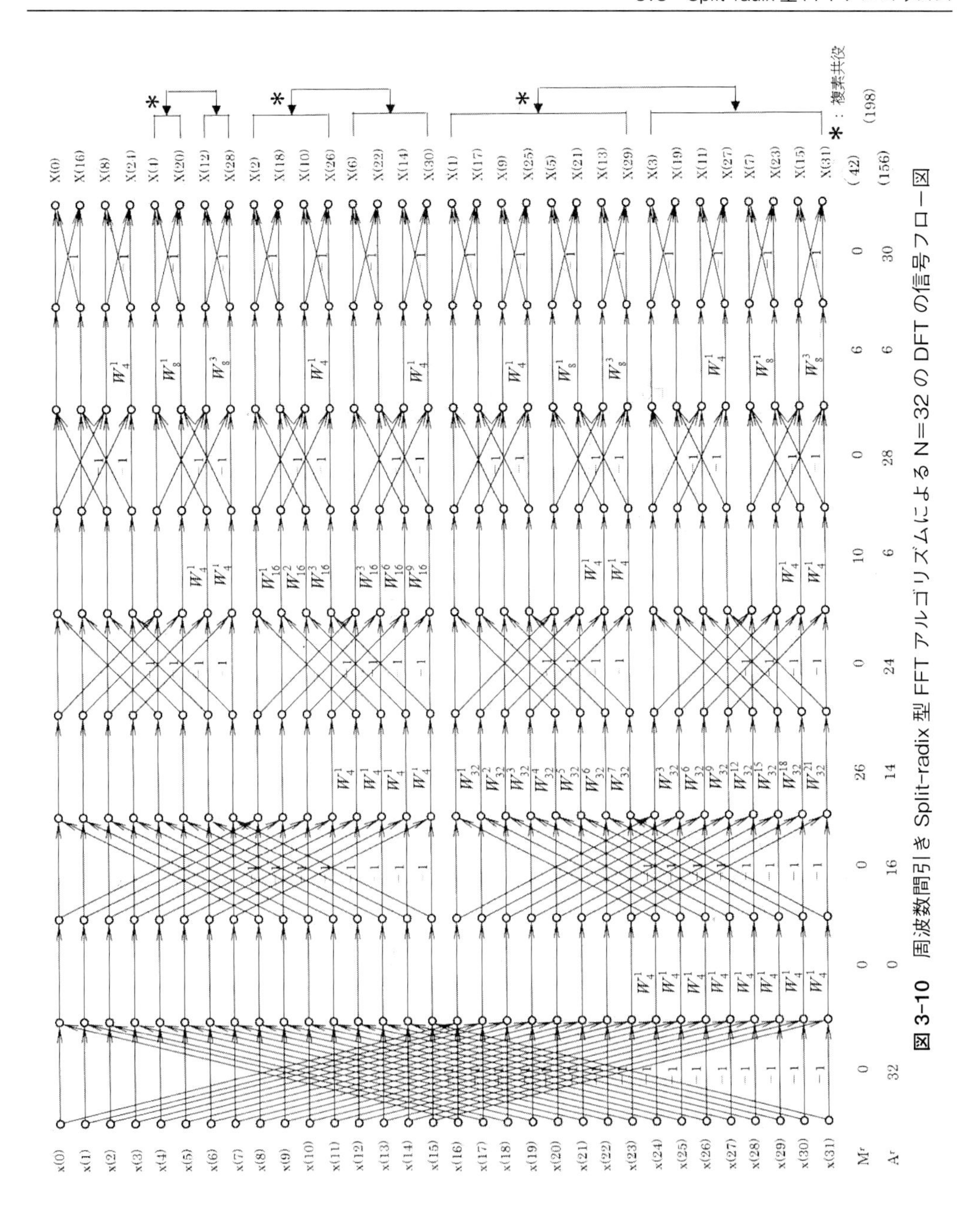

図 3-10 周波数間引き Split-radix 型 FFT アルゴリズムによる N=32 の DFT の信号フロー図

虚部の符号を反転させれば、他方のグループの出力項 $X(k)$ の演算結果とすることができます。ところで、**図 3-11** は、図 3-10 で表示している内容と同じですが、Split-radix 型 FFT アルゴリズムの提案者 Duhamel がアルゴリズムの説明に採用している信号フロー図です。同図の信号フローでは、バタフライ演算の構成の表現が通常とは異なって、同図の左下に注記してありますような表現を採用しています。同図の表現による信号フローでみると、RDFT の場合、複素数共役対称性の関係にある出力項同士のいずれかの出力項のみを実質的な計算をし、

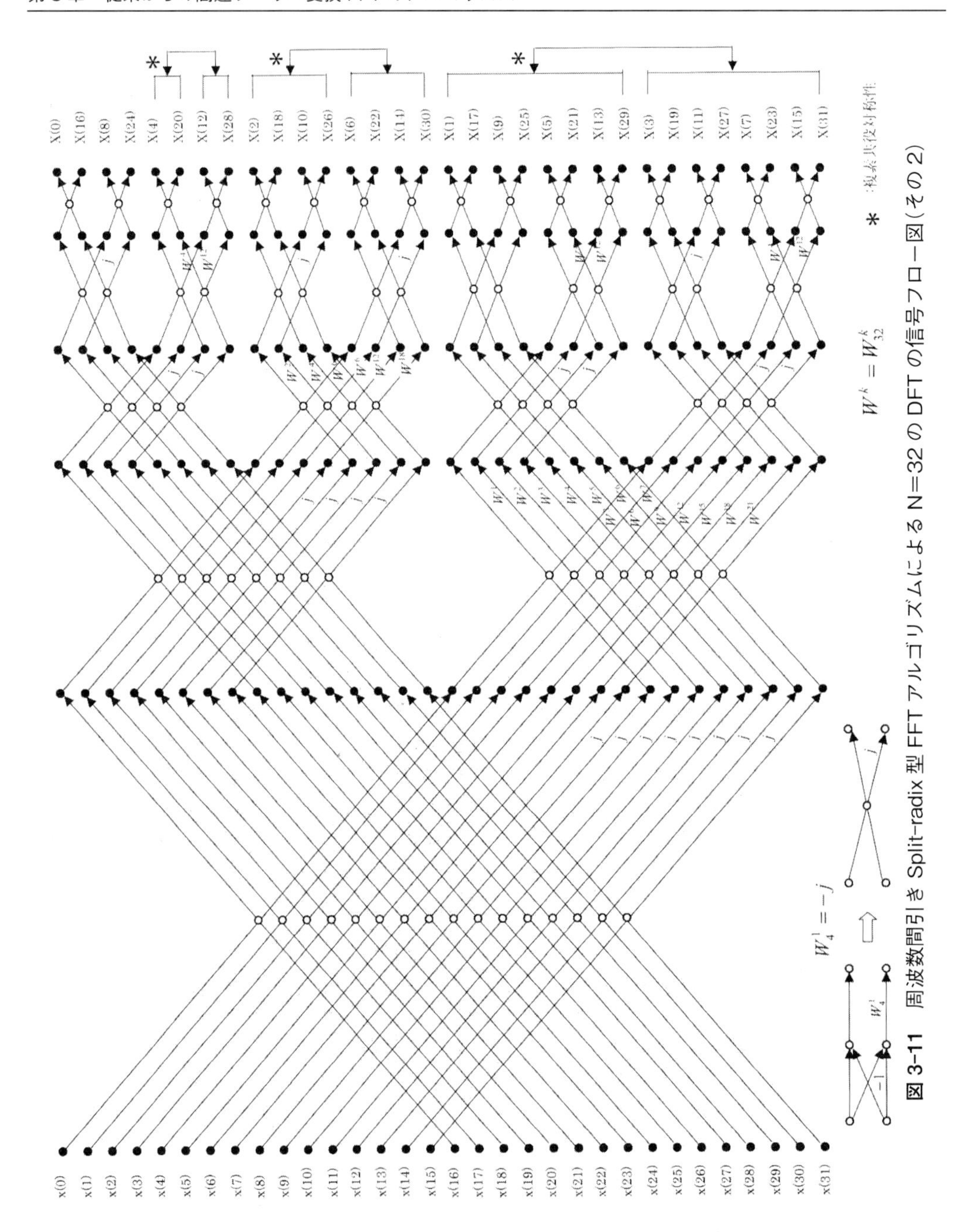

図 3-11　周波数間引き Split-radix 型 FFT アルゴリズムによる N=32 の DFT の信号フロー図(その2)

複素数共役対称性を用いて、他方の出力項の演算結果にすることで、演算の効率化ができる Split-radix 型 FFT の特質をよく表していると思います。

Split-radix 型 FFT の計算量

つづいて、長さ N の DFT を Split-radix 型 FFT で演算する場合の計算量について説明し

表 3-7 Cooley-Tukey 型 FFT と Split-radix 型 FFT との演算量の比較

(1) 複素値 FFT の場合の実数乗算と実数加算の回数

	Cooley-Tukey FFT						Split-radix FFT		
	Radix-2			Radix-4					
N	M	A	$M+A$	M	A	$M+A$	M	A	$M+A$
4	0	16	16	0	16	16	0	16	16
8	4	52	56				4	52	56
16	28	148	176	24	144	168	24	144	168
32	108	388	496				84	372	456
64	332	964	1296	264	920	1184	248	912	1160
128	908	2308	3216				660	2164	2824
256	2316	5380	7696	1800	5080	6880	1656	5008	6664
512	5644	12292	17936				3988	11380	15368
1024	13324	27652	40976	10248	25944	36192	9336	25488	34824
2048	30732	61444	92176				21396	56436	77832
4096	69644	135172	204816	53256	126296	179552	48248	123792	172040

(2) 実数値 FFT の場合の実数乗算と実数加算の回数

	Cooley-Tukey FFT						Split-radix FFT		
	Radix-2			Radix-4					
N	M	A	$M+A$	M	A	$M+A$	M	A	$M+A$
4	0	6	6	0	6	6	0	6	6
8	2	20	22				2	20	22
16	14	60	74	12	58	70	12	58	70
32	54	164	218				42	156	198
64	166	420	586	132	398	530	124	394	518
128	454	1028	1482				330	956	1286
256	1158	2436	3594	900	2286	3186	828	2250	3078
512	2822	5636	8458				1194	5180	7174
1024	6662	12804	19466	5124	11950	17074	4668	11722	16390
2048	15366	28676	44042				10698	26172	36870
4096	34822	63492	98314	26628	59054	85682	24124	57802	81926

M：乗算回数、A：加算回数（複素数計算は 4/2 アルゴリズムを想定）

ましょう。計算量は、Radix-4 FFT など Cooley-Tukey 型 FFT の場合と同様に、長さ N の DFT を演算するのに必要とされる実数乗算回数 $M^{c}_{SR(4/2)}(N)$ と実数加算回数 $A^{c}_{SR(4/2)}(N)$ の総数を計算回数として表します。

いま、入力データ列 $x(n)$ が複素数値とする場合、実数乗算回数 $M^{c}_{SR(4/2)}(N)$、実数加算回数 $A^{c}_{SR(4/2)}(N)$ は、4/2 アルゴリズムを使うとして、それぞれ次のように表されます。

$$
\begin{aligned}
M^{c}_{SR(4/2)}(N) &= (4/3)N(\log_2 N - 19/6) + 6 + (2/9)(-1)^{\log_2 N} \\
A^{c}_{SR(4/2)}(N) &= (8/3)N(\log_2 N - 2/3) + 2 - (2/9)(-1)^{\log_2 N}
\end{aligned}
\tag{3.59}
$$

例えば、DFT の長さ N が $N=1024$ であれば、$1024=2^{10}$ ですから、実数乗算回数 $M^{c}_{SR(4/2)}(1024)$ は 9336 となり、Radix-4 FFT の場合の約 91.1% と、約 9 割になっています。

また、実数加算回数 $A^{c}_{SR(4/2)}(1024)$ は 25488 となり、Radix-4 FFT の場合の 98.2% と、ほぼ同じです。式（3.59）は複素数計算に先に説明した 4/2 アルゴリズムを用いた場合ですが、3/3 アルゴリズムとする場合の計算量を参考までに示しますと、次式のように単純に表すことができます。

$$
\begin{aligned}
&M^{c}_{SR(3/3)}(N)=N(\log_2 N-3)+4 \\
&A^{c}_{SR(3/3)}(N)=3N(\log_2 N-1)+4
\end{aligned}
\tag{3.60}
$$

入力データ列 $x(n)$ が実数値の場合、つまり RDFT を 4/2 アルゴリズムで演算するときの計算量は、次式のように表されます。

$$
\begin{aligned}
&M^{r}_{SR(4/2)}(N)=(2/3)N(\log_2 N-19/6)+3+(1/9)(-1)^{\log_2 N} \\
&A^{r}_{SR(4/2)}(N)=(4/3)N(\log_2 N-17/12)+3-(1/9)(-1)^{\log_2 N} \\
&M^{r}_{SR(4/2)}(N)+A^{r}_{SR(4/2)}(N)=2N(\log_2 N-2)+6
\end{aligned}
\tag{3.61}
$$

表 3-7 は、長さ N の CDFT、RDFT を Split-radix 型 FFT で演算する場合の計算量を式（3.59）、式（3.61）から求め、Cooley-Tukey 型 FFT の場合との比較で表しています。

Cooley-Tukey 型 FFT と Split-radix 型 FFT との比較

Split-radix 型 FFT は、Radix-2 FFT、Radix-4 FFT のいずれよりも計算回数が少なく演算ができることがわかります。そこで、Radix-4 FFT などの Cooley-Tukey 型 FFT と Split-radix 型 FFT との違いを確認しておくことにしましょう。

ここで、先に Radix-2FFT と Radix-4FFT とで回転因子の配置の違いを比較したように、長さ $N=32$ の DFT を例にして、Split-radix 型 FFT と Cooley-Tukey 型 FFT との比較を**図 3-12** に示します。同図（1）の Split-radix 型 FFT では、$N=2$ の DFT と $N=4$ の DFT とが混在して、それぞれが回転因子を挟む形に分解されています。つまり、DFT の分解の各段階で偶数番目の出力項が $N=2$ の DFT に、奇数番目が $N=4$ の DFT に、それぞれ接続していることになります。これに対し、Radix-2 FFT では、当然のこと、$N=2$ の DFT で回転因子を挟む形に分解されています。なお、$N=2$ の DFT、$N=4$ の DFT というのは、いずれも実質的な乗算を伴わず、単に加減算のみで演算できます。説明の繰り返しになりますが、FFT アルゴリズムによる DFT の演算では実質的な乗算は回転因子の部分で処理されます。したがって、Cooley-Tukey 型 FFT と Split-radix 型 FFT など FFT アルゴリズム同士の本質的な違いは、Split-radix 型 FFT の提案者の一人である Duhamel が喝破するように、回転因子を如何に配置するかの問題に帰着すると言えます。

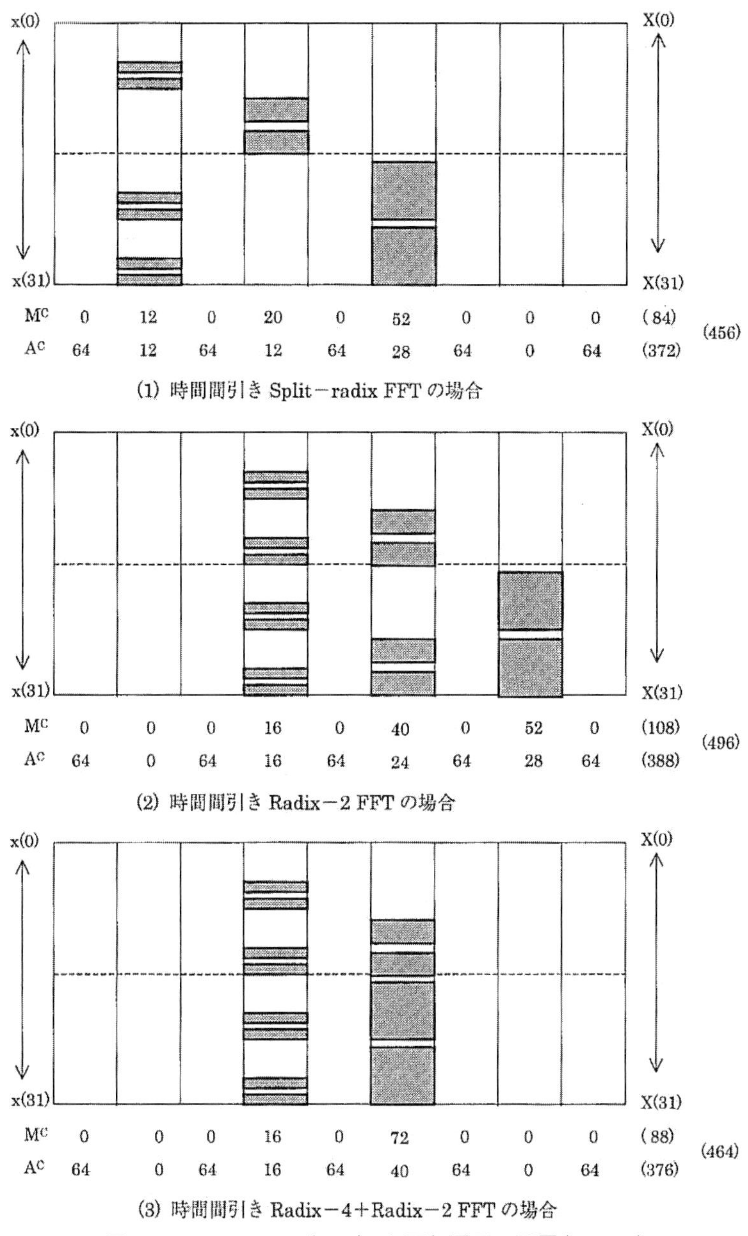

図 3-12 FFT アルゴリズムと回転因子の配置(N=32)

実数乗算回数と実数加算回数の式の算出

ここで、式 (3.59) で表される実数乗算回数 $M^{c}_{SR(4/2)}(N)$、実数加算回数 $A^{c}_{SR(4/2)}(N)$ の算出根拠を辿ることにしましょう。それは、繰り返しになりますが、計算量の式の算出根拠を求めることは、その演算アルゴリズムの理解を深めることになると考えるからです。

式（3.49）で設定される Split-radix 型 FFT の分解の基本式が CDFT とすると、演算に必要な実数乗算回数 $M_{SR(4/2)}^{c}(N)$ は、4/2 アルゴリズムを用いるとして、次式ように表されます。

$$\begin{aligned} M_{SR(4/2)}^{c}(N) &= M_{SR(4/2)}^{c}(N/2)+2M_{SR(4/2)}^{c}(N/4)+2(4(N/4-2)+2) \\ &= M_{SR(4/2)}^{c}(N/2)+2M_{SR(4/2)}^{c}(N/4)+2N-12 \end{aligned} \tag{3.62}$$

上式は、長さ $N/2$ と $N/4$ の３つの CDFT と、回転因子 W_N^k、W_N^{3k} 部分での実数乗算回数の合計になっています。式（3.48）の基本式をさらに Split-radix 型 FFT の分解した場合、式（3.62）は、順次、次のように表されます。

$$\begin{aligned} M_{SR(4/2)}^{c}(N) &= 3M_{SR(4/2)}^{c}(N/4)+2M_{SR(4/2)}^{c}(N/8)+3N-24 \\ &= 5M_{SR(4/2)}^{c}(N/8)+6M_{SR(4/2)}^{c}(N/16)+9N/2-60 \\ &= 11M_{SR(4/2)}^{c}(N/16)+10M_{SR(4/2)}^{c}(N/32)+23N/4-120 \\ &= 21M_{SR(4/2)}^{c}(N/32)+22M_{SR(4/2)}^{c}(N/64)+57N/8-252 \end{aligned} \tag{3.63}$$

式（3.63）でそれぞれの式の最初の項に対応する DFT の長さを $N/2^{a-1}$ とするとき、２項目に対応する DFT の長さは $N/2^a$ となります。そこで、$N/2^a=4$ とすると、長さ $N=4$ の DFT の実数乗算回数はゼロ、つまり $M_{RS(4/2)}^{c}(4)=0$ となりますから、２項目の DFT の長さ $N/2^{a-1}$ は８となり、実数乗算回数 $M_{RS(4/2)}^{c}(8)=4$ となります。このような関係を用いると、式（3.63）から $N=32, 64, 128, 256$ の DFT の実数乗算回数 $M_{RS(4/2)}^{c}(N)$ が次のように求められます。

$$\begin{aligned} M_{RS(4/2)}^{c}(32) &= 3\times4+3\times32-24=84 \\ M_{RS(4/2)}^{c}(64) &= 5\times4+(9/2)\times64-60=248 \\ M_{RS(4/2)}^{c}(128) &= 11\times4+(23/4)\times128-120=660 \\ M_{RS(4/2)}^{c}(256) &= 21\times4+(57/8)\times256-252=1656 \end{aligned} \tag{3.64}$$

それぞれの最初の項の係数 3, 5, 11, 21 は、$3=1\times2+1$、$5=3\times2-1$、$11=5\times2+1$、$21=11\times2-1$ という関係で変化しています。そして、±1 の変化は、式（3.63）のそれぞれの式の最初の項に対応する DFT の長さ $N/2^n$ と $(-1)^n$ との関係になっています。つまり、おおもとの CDFT の長さ N とは $-(-1)^{\log_2 N}$ と結びついていることになり、Split-radix 型 FFT の計算量には、4/2 アルゴリズムを用いるとき、$(-1)^{\log_2 N}$ を係数にする項が含まれることになります。ここで、式（3.64）を用いて、Split-radix 型 FFT の計算量を表す一般式を求めることにします。いま、計算量を表す一般式を次のように仮に設定します。

$$M_{SR(4/2)}^{c}(N)=K_1N\log_2 N+K_2N+K_3(-1)^{\log_2 N}+K_4 \tag{3.65}$$

そして、式（3.64）で得られた結果を式（3.65）に表すと、それぞれ次のように表すことができます。

$$\begin{aligned}84&=32\times 5\times K_1+32\times K_2-K_3+K_4\\248&=64\times 6\times K_1+64\times K_2+K_3+K_4\\660&=128\times 7\times K_1+128\times K_2-K_3+K_4\\1656&=256\times 8\times K_1+256\times K_2+K_3+K_4\end{aligned}\qquad(3.66)$$

式（3.66）を解くと、$K_1=4/3, K_2=-38/9, K_3=2/9, K_4=6$ が得られ、式（3.59）の実数乗算回数 $M^{c}_{SR(4/2)}(N)$ の式が求められます。

続いて、式（3.59）の実数加算回数 $A^{c}_{SR(4/2)}(N)$ を求めてみましょう。

いま、式（3.49）の Split-radix 型 FFT の分解の基本式が CDFT として、演算に必要な実数加算回数 $A^{c}_{SR(4/2)}(N)$ は、4/2 アルゴリズムを用いると、

$$\begin{aligned}A^{c}_{SR(4/2)}(N)&=A^{c}_{SR(4/2)}(N/2)+2A^{c}_{SR(4/2)}(N/4)+3N+4(N/4-1)\\&=A^{c}_{SR(4/2)}(N/2)+2A^{c}_{SR(4/2)}(N/4)+4N-4\end{aligned}\qquad(3.67)$$

のように表すことができます。式（3.67）から、$N=16,32$ の CDFT についての実数加算回数をそれぞれ求めると、次のようになります。

$$\begin{aligned}&A^{c}_{SR(4/2)}(16)=A^{c}_{SR(4/2)}(8)+2A^{c}_{SR(4/2)}(4)+4\times 16-4=144\\&A^{c}_{SR(4/2)}(8)=52,\quad A^{c}_{SR(4/2)}(4)=16\\&A^{c}_{SR(4/2)}(32)=A^{c}_{SR(4/2)}(16)+2A^{c}_{SR(4/2)}(8)+4\times 32-4=372\end{aligned}\qquad(3.68)$$

同様にして、$N=64,128,256,512$ の CDFT の場合についても実数加算回数を求めると、次のようになります。

$$\begin{aligned}&A^{c}_{SR(4/2)}(64)=912,\quad A^{c}_{SR(4/2)}(128)=2164\\&A^{c}_{SR(4/2)}(256)=5008,\quad A^{c}_{SR(4/2)}(512)=11380\end{aligned}\qquad(3.69)$$

そこで、実数乗算回数 $M^{c}_{SR(4/2)}(N)$ の場合のときと同じく、実数加算回数 $A^{c}_{SR(4/2)}(N)$ を表す一般形を

$$A^{c}_{SR(4/2)}(N)=K_1N\log_2 N+K_2N+K_3(-1)^{\log_2 N}+K_4\qquad(3.70)$$

のようにおくこととします。そして、それぞれの長さ N の実数加算回数の式（3.69）、式（3.70）の関係から

$$\begin{aligned}912&=64\times 6\times K_1+64\times K_2+K_3+K_4\\2164&=128\times 7\times K_1+128\times K_2-K_3+K_4\end{aligned}$$

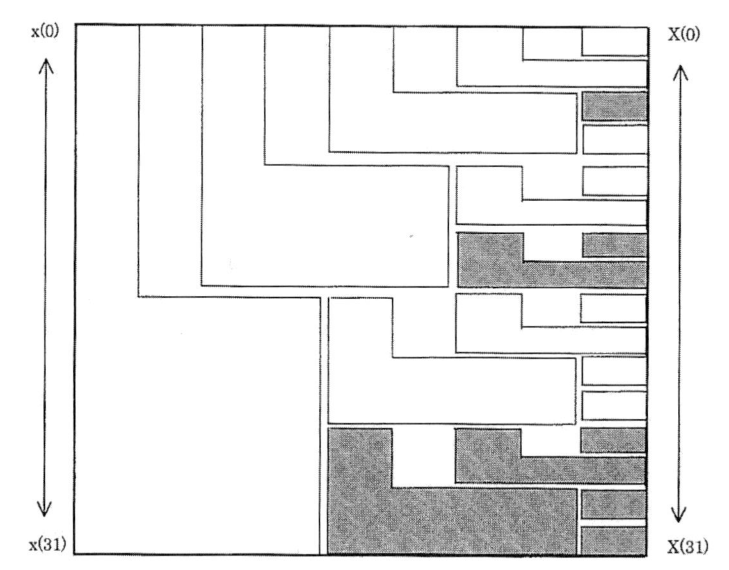

図 3-13　Split-radix 型 FFT アルゴリズムによる DFT の分解構造(N=32)

$$5008=256\times 8\times K_1+256\times K_2+K_3+K_4$$
$$11380=512\times 9\times K_1+512\times K_2-K_3+K_4 \tag{6.71}$$

式 (6.71) を解くと、$K_1=8/3, K_2=-16/9, K_3=-2/9, K_4=2$ が得られ、式 (6.59) の $A^{\xi}_{SR(4/2)}(N)$ の式が求められます。

Split-radix 型 FFT の演算構造～L 字形バタフライ構成

ここで、Split-radix 型 FFT の演算構造とインデックス操作の関係について整理しておきます。Split-radix 型 FFT アルゴリズムでは DFT の式の各段階における分解で偶数番目と奇数番目の出力項とではインデックスが異なる深度で進行します。つまり、$X(k)\rightarrow X(2k)$, $X(4k+1), X(4k+3)$ と分解し、さらに $X(2k)\rightarrow X(4k), X(8k+2), X(8k+6)$ のように分解することになります。

このように DFT を分解することは、基数 2 による分解は 1 段階進み、基数 4 による分解では 2 段階進むことになります。このようにインデックス操作が一様に進行しないことは L 字形バタフライ構成と呼ばれています。これまで、L 字形バタフライ構成は**図 3-13** に示すような形で説明されてきました。この説明は、Split-radix 型 FFT の基本式による DFT の分解過程を表していることになります。そして、このような L 字形バタフライ構成の性質から、「Split-radix 型 FFT は演算の進行が揃わず、インデックス操作が Cooley-Tukey 型 FFT より複雑である」などといわれてきました。しかし、これまでの説明でも明らかなように、Split-radix 型 FFT のインデックス操作を改めて複雑であるという程のことはないと思います。

3.4 従来からのFFTアルゴリズムに採用される基本的な考え方

Radix-4 FFTなどCooley-Tukey型FFT、Split-radix型FFTについての説明が終えたことから、これら従来からのFFTアルゴリズムに採用される基本的な考え方を整理しておきます。なお、Split-radix型FFTは、分解に2つの基数を用いますが、設定した基本式に基づいてDFTの式を反復的に分解する点ではCooley-Tukey型FFTと本質的には同じ系統のアルゴリズムと考え、Cooley-Tukey型FFTに含めて説明することにします。

①分解するごとに回転因子（twiddle-factor）が付加される

Cooley-Tukey型FFTでは長さNのDFTを分解するごとに回転因子が付加され、その回転因子の部分で実質的な乗算計算が必要となります。**図3-14**はRadix-2 FFTでDFTを分解する過程を示しています。同図から明らかなように、DFTを分解するごとに新たな回転因子が付加されます。Cooley-Tukey型FFTは長さが$N=2^m$と、2のべき乗になるDFTを対象にするのに対し、DFTの長さNが2のべき乗はなく、互いに素な因数の積にすることでDFTの分解に際して回転因子が付加されない素因数FFTアルゴリズムなどがあります。DFTの長さが「互いに素な因数の積」というのは、例えば$N=9\times7\times8=504$、$N=9\times5\times7\times4=1260$などのことです。素因数FFTアルゴリズムは、長さ$N$のDFTを互いに素な因数の積になるように多次元のDFTに変換することで構成されます。このような分解は、Cooley-Tukey型FFTの分解と比べると、回転因子が付加されず、分解ごとに必要とされる乗算回数は原理的にゼロになります。だが、その代償として、N_1とN_2を互い素となるように選定しなければなりません。このような事情のもとにCooley-Tukey型FFTは、アルゴリズムとしての解釈性や、プログラム化の容易性に優れていることから、素因数FFTよりも広く活用されるようになってきたといわれています。

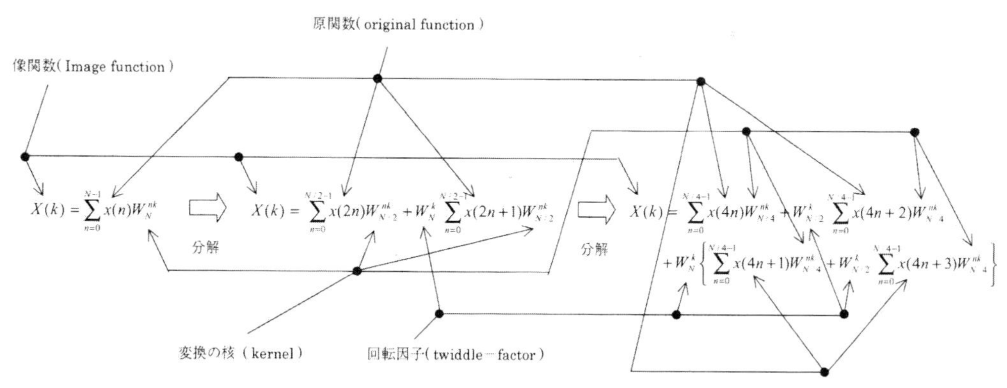

図3-14　DFTの分解構造と回転因子の付加の関係

② DFT の長さ N は「2 つの因数の積」を前提とする

なぜ、Cooley-Tukey 型 FFT では DFT を分解するのに基本式を用いるのかといえば、それは DFT の長さ N を「2 つの因数の積」とすることを前提に構築されたアルゴリズムだからでしょう。例えば、長さ $N=1024=4^5$ のとき、$1024=4\times4\times4\times4\times4$ とおくのではなく、$1024\rightarrow4\times256\rightarrow4\times4\times64\rightarrow4\times4\times4\times16\rightarrow4\times4\times4\times4\times4$ と段階を踏んで反復的に分解するアルゴリズムとなっています。このように DFT の長さ N を「2 つの因数の積」とするのではなく、長さ N を「J 個の因数の積 $N_1N_2N_3\cdots N_J$」と置くことで構築されたアルゴリズムが本書の後半で説明する新しい FFT アルゴリズムです。

③バタフライ演算の構造を構成する

Cooley-Tukey 型 FFT による DFT の演算は、これまでの信号フロー図による説明でも明らかなように、2 つのデータを加算、減算して回転因子で乗算するという演算構造を基本にしています。あるいは、2 つのデータのうち 1 つのデータに回転因子の乗算した後に加算、減算して 2 つのデータにするという演算構造を基本にしています。これらの演算は、構成が蝶の形に似ていることからか、バタフライ（Butterfly）演算と呼ばれています。**図 3-15** には $N=4$ の DFT と回転因子との組み合わせよるバタフライ演算の構成を示しています。バタフライ演算は、先に説明した DFT の対称性の性質を利用することで実現される演算の効率化の手段となっています。

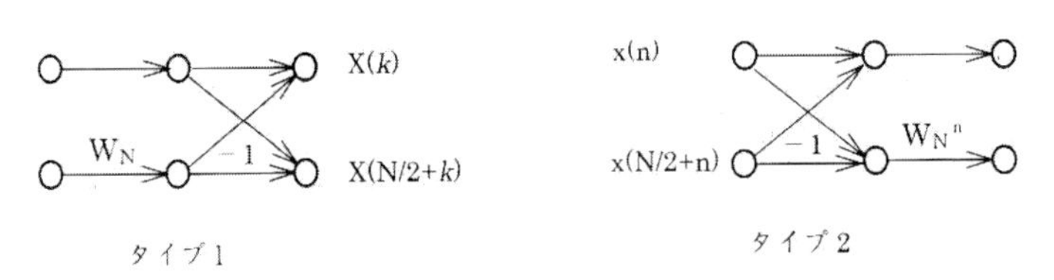

(1)　N＝2 の バタフライ演算

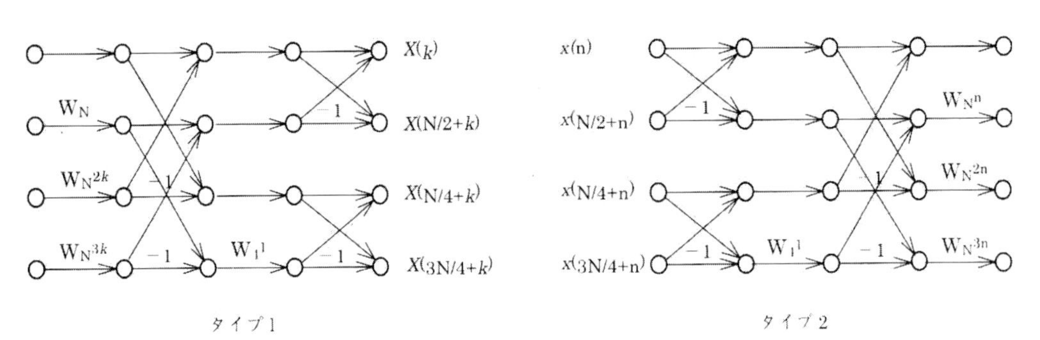

(2)　N＝4 の バタフライ演算

図 3-15　バタフライ演算の構成

④1つの基数でDFTの式を分解する

Cooley-Tukey型FFTは整数である基数rで割り切れる長さNのDFTを長さN/rのr個のDFTに分解するのに、基本式を設定し、その分解構造に則って反復的に分解するアルゴリズムです。Cooley-Tukey型FFTではDFTの分解がはじめから最後まで基数を1つの基数に固定して反復的に行います。

なお、DFTの長さNが4で割り切れなく、8が残るような場合、それを4×2として、$N=2$のバタフライ演算を付加する処理をすることがあり、これを混合基数アルゴリズムとよぶことがあります。しかし、混合基数アルゴリズムにしても、ある特定の基数rで割り切れない場合はどうするかという対処法として提案されたもので、アルゴリズムの性格としては消極的なものと考えています。いずれにしても、Cooley-Tukey型FFTは1つの基数でDFTの式を反復的に分解するアルゴリズムと言えます。これに対し、Split-radix型FFTは積極的に2つの基数を用いて分解するアルゴリズムになっています。

⑤複素数計算による「In-place演算」によって計算する

Cooley-Tukey型FFTの演算構造上の大きな特質の1つに「In-place演算」があります。「In-place演算」による計算というのは、「定位置演算」とも呼ばれるもので、演算の各段階で得られる計算結果のデータ列の長さが入力データ列$x(n)$と同じ長さで演算が進められることをいいます。なお、「In-place演算」による計算には複素数計算による演算と実数計算による演算とがあります。複素数計算によるIn-place演算というのは、**図3-16(1)**に例示するように、演算の各段階の計算結果が複素数値になる計算点と実数値となる計算点とが混在することをいいます。また、実数計算によるIn-place演算というのは**図3-16(2)**に例示するように、演算の最終段を除くすべての計算点の計算結果が実数値となることをいいます。Cooley-Tukey型FFTは複素数計算を基本に実行する演算アルゴリズムですから、複素数計算によるIn-place演算が採用されていることになります。なお、同図（2）に例示した信号フロー図は、実数計算を基本にして$N=8$のDFTを演算するアルゴリズムのもので、複素数計算を基本にするCooley-Tukey型FFTとは異なるものと言えます。なお、In-place演算による計算にならない例を1つ挙げると、比較的小さな長さNのDFTの乗算をNのオーダーで処理できるウイノグラド（Winograd）のショート（長さの短い）DFTのアルゴリズムがあります。**図3-16(3)**に$N=5$のDFTのショートDFTアルゴリズムによる信号フロー図を例示しています。同図の信号フロー図から明らかなように、入力データ列$x(n)$の長さNが5で、出力項$X(k)$の長さNも5ですが、演算の途中で計算結果の長さが6に拡大しています。したがって、このショートDFTの演算アルゴリズムの場合、演算のすべての段階でデータの長さが5に維持されないことから、In-place演算による計算とはいえないことになります。

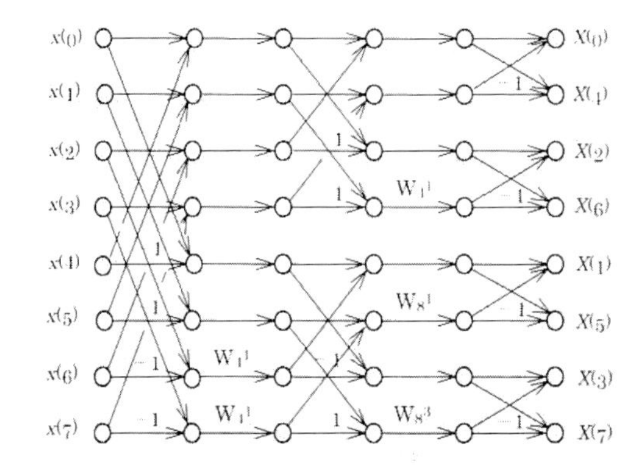

(1) 周波数間引き Radix－2 FFT アルゴリズムによる信号フロー図

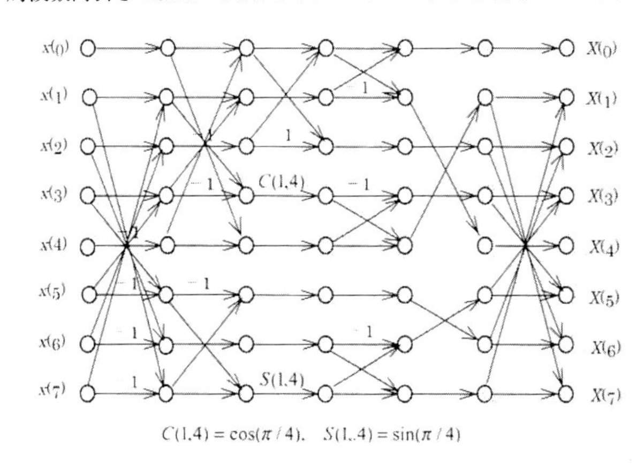

(2) 実数計算を基本にする高速 DFT アルゴリズムによる信号フロー図

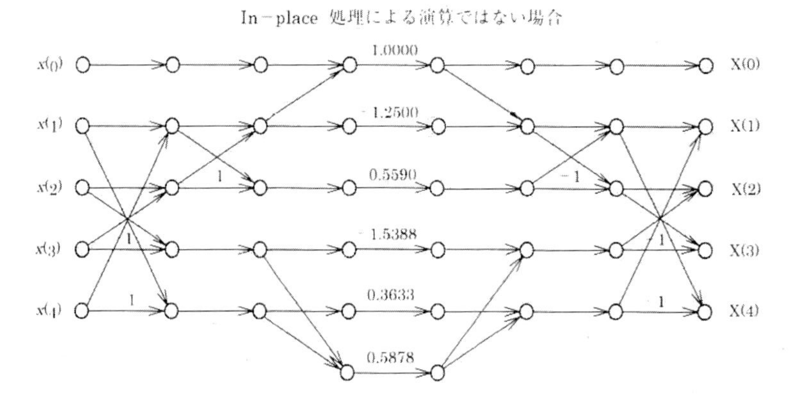

(3) ウイノグラドの Small N DFT アルゴリズムによる信号フロー図（N=5）

図 3-16　In-place 演算による処理と In-place 演算ではない処理の例

⑥ビット反転の操作を必要とする

Cooley-Tukey型FFTアルゴリズムにはビット反転と呼ばれる操作が組み込まれています。ビット反転の操作というのは、入力データ列$x(n)$のインデックスnを0,1,2,3…7とした場合、出力項$X(k)$のインデックスkの並び順を求める操作です。なぜCooley-Tukey型FFTではビット反転の操作が必要になるかというと、それはDFTの反復的な分解にインデックスn,kのいずれか一方のインデックスを間引きの形で利用しますが、他方のインデックスは据え置いたままにして分解を進めるからだと思います。

第4章 高速フーリエ変換FFTの新しいアルゴリズム

4.1 実数値離散フーリエ変換（RDFT）の1＋N/8の性質

高速フーリエ変換FFTの新しいアルゴリズムの説明に入るに先立ち、実数値データ列を対象にする実数値離散フーリエ変換RDFTに潜んでいた驚くべき性質について説明します。それは、例えば、長さ$N=1024$のDFTで実数値データ列を対象にして演算する場合、なんと$1+N/8=1+1024/8=129$の出力項$X(k)$について実質的な乗算計算をすれば1024点の全出力項$X(k)$、$k=0\sim1023$についての演算結果が得られるというものです。実質的な乗算計算とは、説明の繰り返しになりますが、$\pm1, \pm j$を掛けるような些細な形式的な乗算は除くという意味です。$1+N/8$という性質は、FFTの新しいアルゴリズムを構築する作業の中で確認されたもので、電子情報通信学の論文誌A（基礎・境界）に採録された論文「実数値高速フーリエ変換の新しいアルゴリズム（土屋、坂庭）」の中で要旨を展開しています。なお、従来からのFFTアルゴリズムではRDFTの$X(k)=X^*(N-k)$という複素共役対称性を利用することで、$k=0\sim N/2$の出力項$X(k)$について実質的な計算をすれば、それらの結果から$k=0\sim N-1$の全出力項$X(k)$の演算結果が得られるとされてきました。つまり、長さ$N=1024$であれば、全出力項$X(k)$の約半数である513点の出力項について計算すればよいとされてきたのです。では、何故にRDFTでは$1+N/8$点の出力項$X(k)$について実質的な乗算計算をすれば、$k=0\sim N-1$の全出力項$X(k)$の演算結果が得られるのか、その理由を説明しましょう。

いま、DFTの長さNを$N=4\times(N/4)$とし、インデックスn, kを

$$k=(N/4)k_1+k_2,\quad n=4n_2+n_1$$
$$n_1, k_1=0\sim3,\quad n_2, k_2=0\sim N/4-1 \tag{4.1}$$

とおくと、長さNのDFTの式は周波数間引きの形で、

$$X\left(\frac{N}{4}k_1+k_2\right)=\sum_{n_1=0}^{3}W_4^{n_1k_1}W_N^{n_1k_2}\sum_{n_2=0}^{N/4-1}x(4n_2+n_1)W_{N/4}^{n_2k_2}$$
$$=\sum_{n_1=0}^{3}W_4^{n_1k_1}D_{n_1}(k_2) \qquad (4.2)$$

のように分解できます。式 (4.2) は、長さ N の DFT が周波数間引きの形で長さ $N/4$ の 4 つの DFT に分解されたことを表しています。そして、式 (4.2) からは次のような性質を知ることができます。

$$X(k_2)=(D_0(k_2)+D_2(k_2))+(D_1(k_2)+D_3(k_2))$$
$$X(N/2+k_2)=(D_0(k_2)+D_2(k_2))-(D_1(k_2)+D_3(k_2))$$
$$X(N/4+k_2)=(D_0(k_2)-D_2(k_2))-j(D_1(k_2)-D_3(k_2))$$
$$X(3N/4+k_2)=(D_0(k_2)-D_2(k_2))+j(D_1(k_2)-D_3(k_2)) \qquad (4.3)$$

式 (4.3) は、DFT の長さ N が 4 の倍数であるとき、基本的に $k=0\sim N/4-1$ の出力項 $X(k)$ の演算結果から $k=0\sim N-1$ の全出力項 $X(k)$ の演算結果が得られることを示しています。それは、$k=0\sim N/4-1$ の出力項 $X(k)$ の演算結果を得るのに必要な計算量に同式に含まれる $\pm1, \pm j$ の加減算を加えた計算量で $k=0\sim N-1$ の全出力項 $X(k)$ の演算結果が得られるということです。さらに実数値離散フーリエ変換 RDFT の場合は、複素共役対称性が利用できることから、実質的な演算を必要とする出力項 $X(k)$ の項数がさらに少なくて済みます。例えば、$N=32$ の DFT の場合、複素共役対称性から個別の演算が必要な出力項 $X(k)$ は、$X(8k)$、$X(8k+4)$、$X(8k+2)$、$X(8k+1)$、$x(8k+5)$ で $k=0\sim3$ の計 20 点となります。さらに、ここで $N=4\times(N/4)$ と設定すれば、$k=0$ の出力項 $X(k)$ のみを演算すればよく、個別に演算が必要となる出力項 $X(k)$ は 20 点の 1/4 で、5 点の出力項 $X(k)$ になります。つまり、上記 20 点の出力項 $X(k)$ のうち、それぞれ $k=0$ の出力項 $X(k)$ について計算すれば、残り $k=2, 1, 3$ の出力項 $X(k)$ の演算結果は、$k=0$ の出力項 $X(k)$ の演算結果に $\pm1, \pm j$ の些細な加減算で求めることができることになるからです。これは、長さ N の RDFT の場合、個別に演算を必要とする出力項 $X(k)$ の項数を $P(N)$ とすると、出力項 $X(k)$ のうち、偶数項 $X(2k)$ に $P(N/2)$ の項数が必要であり、奇数項 $X(2k+1)$ には複素共役対称性の利用で $N/2$ の半分の $N/4$ が必要となります。そして、$N/4$ に $N=4$ の DFT がいくつ含まれるかを求めると $N/16$ となって、$P(N)=P(N/2)+N/16$ の関係式が成立します。そこで、$P(8)=2$ であることを考慮して、この関係式を整理すると、$P(N)=1+N/8$ となります。つまり、長さ N の RDFT では、$1+N/8$ 点の出力項 $X(k)$ について実質的な乗算計算をすれば、それらの演算結果に $\pm1, \pm j$ の些細な加減算をすることで $k=0\sim N-1$ の全出力項 $X(k)$ の演算結果が求められるということです。これまでの説明は長さ N の DFT を周波数間引きの形に分解する場合ですが、時間間引きの形に分解する場合にも同様の性質が確認できます。念のため、時間間引きの形に分解する場合も説明しておきましょう。いま、RDFT の長さ N を $N=(N/4)\times 4$ とし、インデックス n,k の変換を、それぞれ

$$
\begin{aligned}
&k=(N/4)k_2+k_1,\quad n=4n_1+n_2\\
&\quad n_1,k_1=0\sim N/4-1,\quad n_2,k_2=0\sim 3
\end{aligned}
\tag{4.4}
$$

のように定義すると、長さ N の DFT の式は時間間引きの形で、

$$
\begin{aligned}
X\left(\frac{N}{4}k_2+k_1\right)&=\sum_{n_2=0}^{3}W_4^{n_2k_2}W_N^{n_2k_1}\sum_{n_1=0}^{N/4-1}x(4n_1+n_2)W_{N/4}^{n_1k_1}\\
&=\sum_{n_2=0}^{3}W_4^{n_2k_2}D_{n_2}(k_1)
\end{aligned}
\tag{4.5}
$$

のように表すことができます。そして、式（4.5）からはインデックス n,k の変換を周波数間引きの形で分解する場合と同様に、次のような性質を知ることができます。

$$
\begin{aligned}
X(k_1)&=(D_0(k_1)+D_2(k_1))+(D_1(k_1)+D_3(k_1))\\
X(N/2+k_1)&=(D_0(k_1)+D_2(k_1))-(D_1(k_1)+D_3(k_1))\\
X(N/4+k_1)&=(D_0(k_1)-D_2(k_1))-j(D_1(k_1)-D_3(k_1))\\
X(3N/4+k_1)&=(D_0(k_1)-D_2(k_1))+j(D_1(k_1)-D_3(k_1))
\end{aligned}
\tag{4.6}
$$

$1+N/8$ の性質を利用することで、長さ $N=1024$ の RDFT であれば $1+N/8=129$ 点、長さ $N=2048$ であれば $1+N/8=257$ 点の出力項 $X(k)$ について実質的な乗算計算をすれば、それらの演算結果から 1024 点なり、2048 点なりの全出力項 $X(k)$ の演算結果が求められることになります。しかも、$1+N/8$ という性質を利用する条件は、RDFT の長さ N を $N=N_1\times N_2=4\times(N/4)$ と設定する因数の積におけば済むもので、きわめて簡単です。そして、$N_1=4$ の条件を確保することは、RDFT を周波数間引きの形にしろ、時間間引きの形に分解して演算する場合、それらの演算処理を信号フロー図で見るとき、出力項 $X(k)$ 側からみて最終段のすべてが $N=4$ の DFT に分解されていることに相当します。ところで、Radix-2 FFT は最終的に $N=2$ の DFT になるまで分解するアルゴリズムですので、$N_1=4$ の条件が満たされません。また、Split-radix 型 FFT も、$N=4$ の DFT と、$N=2$ の DFT が混在する形に分解し、部分部分で最終段に $N=2$ の DFT が配置されるので、全体的には $N_1=4$ の条件が満たすことはありません。つまり、RDFT の $1+N/8$ という性質からみれば、Cooley-Tukey 型 FFT など従来からの FFT アルゴリズムには乗算回数を削減できる余地が残っていたことになります。

4.2　DFT の式の直接的な分解による演算公式の導出

これまでの説明で明らかにしたように、Cooley-Tukey 型 FFT や Split-radix 型 FFT は、DFT の長さ N を 2 つの因数の積 $N_1\times N_2$ におくことを前提にして構築されたアルゴリズムです。これに対し、これから説明に入る FFT の新しいアルゴリズムは、DFT の長さ N を 2 つの因数の積ではなく、いきなり J 項の因数の積、つまり $N=N_1\times N_2\times N_3\cdots\cdots\times N_{J-1}\times N_J$ とおくことで、DFT の定義式を直接的に長さの小さな DFT に分解するという考えのもとに構築された高速演算アリゴリズムと言えます。

まず、DFT の長さ N を J 項の因数の積 $N_1N_2N_3\cdots N_{J-1}N_J$ とする一般的な形の演算式を提示する前に、J＝3 の場合、続いて J＝4 の場合、つまり、長さ N を 3 つの因数の積 $N=N_1\times N_2\times N_3$、4 つの因数の積 $N=N_1\times N_2\times N_3\times N_4$ とおくことで、それぞれ DFT の式を分解することにします。長さ N を 2 つの因数の積 $N=N_1\times N_2$ とする J＝2 の場合は、すでに 2 章の DFT のインデックス変換による演算のところで詳しく説明したものです。

J＝3 の場合

いま、DFT の式の長さ N を 3 つの因数の積 $N=N_1\times N_2\times N_3$ とおき、インデックス n,k の変換を

$$
\begin{aligned}
&n=N_1N_2n_3+N_1n_2+n_1,\\
&k=N_2N_3k_1+N_3k_2+k_3,\\
&n_1,k_1=0\sim N_1-1,\quad n_2,k_2=0\sim N_2-1,\quad n_3,k_3=0\sim N_3-1
\end{aligned}
\tag{4.7}
$$

のように定義すると、インデックス n,k の積 nk は、

$$
\begin{aligned}
nk=&N_2N_3n_1k_1+N_3n_1k_2+n_1k_3\\
&+N_1N_2N_3n_2k_1+N_1N_3n_2k_2+N_1n_2k_3\\
&+N_1N_2^2N_3n_3k_1+N_1N_2N_3n_3k_2+N_1N_2n_3k_3
\end{aligned}
\tag{4.8}
$$

となります。そこで、指数法則の 1 つの $W^{A+B}=W^AW^B$ から、長さ N の DFT の変換核 W_N^{nk} は

$$
\begin{aligned}
W_N^{nk}=&W_N^{N_2N_3n_1k_1}W_N^{N_3n_1k_2}W_N^{n_1k_3}\\
&\times W_N^{N_1N_2N_3n_2k_1}W_N^{N_1N_3n_2k_2}W_N^{N_1n_2k_3}\\
&\times W_N^{N_1N_2^2N_3n_3k_1}W_N^{N_1N_2N_3n_3k_2}W_N^{N_1N_2n_3k_3}
\end{aligned}
\tag{4.9}
$$

となります。さらに、変換核 W_N^{nk} の周期性等から

$$
\begin{aligned}
&W_N^{N_2N_3n_1k_1}=W_{N/N_2N_3}^{n_1k_1}=W_{N_1}^{n_1k_1}\\
&W_N^{N_3n_1k_2}=W_{N/N_3}^{n_1k_2}=W_{N_1N_2}^{n_1k_2}\\
&W_N^{N_1N_3n_2k_2}=W_{N/N_1N_3}^{n_2k_2}=W_{N_2}^{n_2k_2}\\
&W_N^{N_1n_2k_3}=W_{N/N_1}^{n_2k_3}=W_{N_2N_3}^{n_2k_3}\\
&W_N^{N_1N_2n_3k_3}=W_{N/N_1N_2}^{n_3k_3}=W_{N_3}^{n_3k_3}\\
&W_N^{N_1N_2N_3n_2k_1}=W_N^{N_1N_2^2N_3n_3k_1}=W_N^{N_1N_2N_3n_3k_2}\equiv 1.0
\end{aligned}
\tag{4.10}
$$

となりますから、式（4.9）の変換核 W_N^{nk} は

$$
W_N^{nk}=W_{N_1}^{n_1k_1}W_{N_1N_2}^{n_1k_2}W_N^{n_1k_3}W_{N_2}^{n_2k_2}W_{N_2N_3}^{n_2k_3}W_{N_3}^{n_3k_3}
\tag{4.11}
$$

のように整理することができます。したがって、長さ N の DFT は、式（4.7）と式（4.11）で表される変換核 W_N^{nk} を用いることで、次式のように表すことができます。

$$
\begin{aligned}
X(N_2N_3k_1+N_3k_2+k_3)=&\sum_{n_1=0}^{N_1-1}W_{N_1}^{n_1k_1}W_{N_1N_2}^{n_1k_2}W_N^{n_1k_3}\sum_{n_2=0}^{N_2-1}W_{N_2}^{n_2k_2}W_{N_2N_3}^{n_2k_3}\\
&\times\sum_{n_3=0}^{N_3-1}x(N_1N_2n_3+N_1n_2+n_1)W_{N_3}^{n_3k_3}\\
k_1=0\sim N_1-1,\quad &k_2=0\sim N_2-1,\quad k_3=0\sim N_3-1
\end{aligned}
\tag{4.12}
$$

式（4.12）は、DFT の式の長さ N を 3 つの因数の積 $N=N_1\times N_2\times N_3$ とおくことで分解された DFT の演算式と言えます。ところで、式（4.12）の出力項 $X(k)$ のインデックス k は周波数間引きの形になっています。そこで、インデックス n,k の変換を式（4.7）とは異なり、出力項 $X(k)$ のインデックス k が順番の整数列になるよう、次のように時間間引きの形に定義します。

$$
\begin{aligned}
&n=N_2N_3n_1+N_3n_2+n_3\\
&k=N_1N_2k_3+N_1k_2+k_1\\
&n_1,k_1=0\sim N_1-1,\quad n_2,k_2=0\sim N_2-1,\quad n_3,k_3=0\sim N_3-1
\end{aligned}
\tag{4.13}
$$

インデックス n,k の変換を式（4.13）のように定義し、DFT の定義式を分解すると、式（4.12）を導いたと同様の手順で次式のように演算式が得られます。

$$
\begin{aligned}
X(N_1N_2k_3+N_1k_2+k_1)=&\sum_{n_3=0}^{N_3-1}W_{N_3}^{n_3k_3}W_{N_2N_3}^{n_3k_2}W_N^{n_3k_1}\sum_{n_2=0}^{N_2-1}W_{N_2}^{n_2k_2}W_{N_1N_2}^{n_2k_1}\\
&\times\sum_{n_1=0}^{N_1-1}x(N_2N_3n_1+N_3n_2+n_3)W_{N_1}^{n_1k_1}\\
k_1=0\sim N_1-1,\quad &k_2=0\sim N_2-1,\quad k_3=0\sim N_3-1
\end{aligned}
\tag{4.14}
$$

式（4.12）、式（4.14）はともに、DFT の長さ N を 3 つの因数の積 $N=N_1\times N_2\times N_3$ とし、

インデックス n, k の変換を定義することで導いた DFT の演算式ということになります。そして、これらの演算式の構造から明らかなように、時間軸、周波数軸のそれぞれのインデックス n, k がともに変換された形式で組み込まれています。したがって、これらの演算式では出力項 $X(k)$ の順列を求めるのにビット反転のような操作を必要としません。つまり、これは、DFT の長さ N を 2 つの因数の積 $N=N_1 \times N_2$ とおくことを前提にする従来からの Cooley-Tukey 型 FFT アルゴリズムとは異なる方法で DFT の式の分解をさらに進めたことになり、新たなアルゴリズムの構築に大きく踏み出す一歩になっています。

J=4 の場合

J=3 の場合と同様にして、J=4 の場合についても DFT の演算式を求めてみることにします。J=4 の場合とは、DFT の長さ N を 4 つの因数の積 $N=N_1 \times N_2 \times N_3 \times N_4$ とおくことであり、インデックス n, k の変換を

$$
\begin{aligned}
&n=N_1N_2N_3n_4+N_1N_2n_3+N_1n_2+n_1 \\
&k=N_2N_3N_4k_1+N_3N_4k_2+N_4k_3+k_4 \\
&n_1, k_1=0 \sim N_1-1\text{、}\ n_2, k_2=0 \sim N_2-1 \\
&n_3, k_3=0 \sim N_3-1\text{、}\ n_4, k_4=0 \sim N_4-1
\end{aligned}
\tag{4.15}
$$

のように、周波数間引きの形に定義することとします。式 (4.15) のように表されるインデックス n, k の変換を用いると、長さ N の DFT の定義式は次式のように分解することができます。

$$
\begin{aligned}
&X(N_2N_3N_4k_1+N_3N_4k_2+N_4k_3+k_4)= \\
&\quad \sum_{n_1=0}^{N_1-1} W_{N_1}^{n_1k_1} W_{N_1N_2}^{n_1k_2} W_{N_1N_2N_3}^{n_1k_3} W_N^{n_1k_4} \sum_{n_2=0}^{N_2-1} W_{N_2}^{n_2k_2} W_{N_2N_3}^{n_2k_3} W_{N_2N_3N_4}^{n_2k_4} \\
&\quad \times \sum_{n_3=0}^{N_3-1} W_{N_3}^{n_3k_3} W_{N_3N_4}^{n_3k_4} \sum_{n_4=0}^{N_4-1} x(N_1N_2N_3n_4+N_1N_2n_3+N_1n_2+n_1) W_{N_4}^{n_4k_4} \\
&k_1=0 \sim N_1-1,\quad k_2=0 \sim N_2-1,\quad k_3=0 \sim N_3-1,\quad k_4=0 \sim N_4-1
\end{aligned}
\tag{4.16}
$$

また、インデックス n, k の変換を

$$
\begin{aligned}
&n=N_2N_3N_4n_1+N_3N_4n_2+N_4n_3+n_4 \\
&k=N_1N_2N_3k_4+N_1N_2k_3+N_1k_2+k_1 \\
&n_1, k_1=0 \sim N_1-1,\quad n_2, k_2=0 \sim N_2-1, \\
&n_3, k_3=0 \sim N_3-1,\quad n_4, k_4=0 \sim N_4-1
\end{aligned}
\tag{4.17}
$$

のように時間間引きの形に定義して、長さ N の DFT を分解すると次式が得られます。

$$
\begin{aligned}
&X(N_1N_2N_3k_4+N_1N_2k_3+N_1k_2+k_1)=\\
&\quad\sum_{n_4=0}^{N_4-1}W_{N_4}^{n_4k_4}W_{N_3N_4}^{n_4k_3}W_{N_2N_3N_4}^{n_4k_2}W_N^{n_4k_1}\sum_{n_3=0}^{N_3-1}W_{N_3}^{n_3k_3}W_{N_2N_3}^{n_3k_2}W_{N_1N_2N_3}^{n_3k_1}\\
&\quad\times\sum_{n_2=0}^{N_2-1}W_{N_2}^{n_2k_2}W_{N_1N_2}^{n_2k_1}\sum_{n_1=0}^{N_1-1}x(N_2N_3N_4n_1+N_3N_4n_2+N_4n_3+n_4)W_{N_1}^{n_1k_1}\\
&k_1=0\sim N_1-1,\quad k_2=0\sim N_2-1,\quad k_3=0\sim N_3-1,\quad k_4=0\sim N_4-1
\end{aligned}
\tag{4.18}
$$

これまでJ=2〜4の場合について、DFTの式のインデックスn, kの変換を定義することでDFTの高速演算が可能となる演算式を説明してきました。これらからDFTの長さNをJ個の因数の積$N_1N_2N_3N_4\cdots N_J$とするとき、インデックスn, kを変換し、Jの値を任意に設定しても高速演算が可能な演算式が求められると言えそうです。だが、ここでDFTの長さNが与えられた場合、Jをいくつに設定すればよいのか、さらに$N_1\sim N_J$の各因数にどのような値を設定すればよいのかが問題となります。そこで、これまでのJ=2〜4の演算式を一般化し、Jを任意の値に設定するときのDFTの高速演算式を説明することにします。

Jの値が任意の場合

はじめにインデックスn, kを周波数間引きの形に変換する場合について説明します。つまり、例えばJ=4の場合であれば、式（4.15）で表されるインデックスn, kの変換のときの演算式を求めることに相当します。

まず、DFTの長さNをJ個の因数の積$N=N_1N_2N_3N_4\cdots N_J$とおくことを次のように表すこととします。

$$
\begin{aligned}
N&=N_1N_2N_3N_4\cdots N_J\\
&=\prod_{j=1}^{J}N_j
\end{aligned}
\tag{4.19}
$$

ここで用いる記号Π（ぱい表記、Pi Notation）は、

$$
\prod_{i=1}^{m}a_i=a_1a_2a_3\cdots a_m \tag{4.20}
$$

として、一般によく使われる簡便な数学記号の表記法です。ここでは、記号ΠをDFTの分解後の最終的な演算式を簡潔に数式表現するために利用します。ただ、記号Πは高校数学では活躍の場がないのか出てこないようです。この記号Πは必ずしもお馴染みの数学記号とは言えないので、念のため読み方を紹介しておきます。式（4.20）は、一般に「a_1からa_mまでの積」とか、「プロダクトa_i、$i=1$からmまで」と読まれます。

インデックス *n*、*k* を周波数間引きの形に変換する場合

DFTの長さNをJ個の因数の積$N=N_1N_2N_3\cdots N_J$とし、出力項$X(k)$のインデックスkを周波数間引きの形に変換する場合、インデックスn,kは次のように定義することになります。

$$n=\sum_{j=1}^{J}\left(\prod_{i=1}^{j-1}N_i\right)n_j,\quad k=\sum_{j=1}^{J}\left(\prod_{i=j+1}^{J}N_i\right)k_j$$

$$k_j,n_j: j=1,2,3\cdots J$$

$$\text{ただし、}\prod_{i=J+1}^{J}N_i=\prod_{i=1}^{0}N_i=1 \tag{4.21}$$

式（4.21）は、インデックスn,kをそれぞれ次のように表すことを意味しています。

$$\begin{aligned}n&=N_1N_2\cdots N_{J-2}N_{J-1}n_J+N_1N_2\cdots N_{J-2}n_{J-1}\\&\quad\cdots+N_1N_2\cdots N_{J-4}n_{J-3}\cdots+\cdots+N_1n_2+n_1\\k&=N_2N_3N_4\cdots N_Jk_1+N_3N_4\cdots N_Jk_2+\cdots\\&\quad\cdots+N_{J-2}N_{J-1}N_Jk_{J-3}+\cdots+N_Jk_{J-1}+k_J\end{aligned}$$

式（4.21）は、J＝3の場合であれば式（4.7）に、J＝4の場合であれば式（4.15）に相当し、それぞれ定義したインデックスn,kの変換の一般形を表していることになります。そして、長さNのDFTの定義式のインデックスn,kを式（4.21）で変換すると、変換核W_N^{nk}は、

$$\begin{aligned}W_N^{nk}=&W_{N_1}^{n_1k_1}W_{N_1N_2}^{n_1k_2}W_{N_1N_2N_3}^{n_1k_3}\cdots W_{N_1N_2N_3\cdot\cdot N_{J-1}}^{n_1k_{J-1}}W_N^{n_1k_J}\\&\times W_{N_2}^{n_2k_2}W_{N_2N_3}^{n_2k_3}\cdots\cdots W_{N_2N_3\cdots N_J}^{n_2k_J}\\&\times W_{N_3}^{n_3k_3}W_{N_3N_4}^{n_3k_4}\cdots W_{N_3N_4\cdots N_J}^{n_3k_J}\\&\quad\cdots\cdots\\&\times W_{N_{J-1}}^{n_{J-1}k_{J-1}}W_{N_{J-1}N_J}^{n_{J-1}k_J}\\&\times W_{N_J}^{n_Jk_J}\end{aligned}\tag{4.22}$$

のように表すことができます。したがって、式（4.21）、式（4.22）から、長さNのDFTの一般的な高速演算式は次式のように表されることになります。

$$\begin{aligned}&X\left(k=\sum_{j=1}^{J}\left(\prod_{i=j+1}^{J}N_i\right)k_j\right)\\&=\sum_{n_1=0}^{N1-1}W_{N_1}^{n_1k_1}W_{N_1N_2}^{n_1k_2}\cdots W_{N_1N_2\cdots N_{J-1}}^{n_1k_{J-1}}W_N^{n_1k_J}\sum_{n_2=0}^{N_2-1}W_{N_2}^{n_2k_2}W_{N_2N_3}^{n_2k_3}\cdots W_{N_2N_3\cdots N_J}^{n_2k_J}\\&\quad\times\sum_{n_3=0}^{N_3-1}W_{N_3}^{n_3k_3}W_{N_3N_4}^{n_3k_4}\cdots W_{N_3N_4\cdots N_J}^{n_3k_J}\end{aligned}$$

$$
\begin{aligned}
&\cdots\cdots \\
&\times\sum_{n_{J-1}=0}^{N_{j-1}-1} W_{N_{J-1}}^{n_{J-1}k_{J-1}} W_{N_{J-1}N_J}^{n_{J-1}k_J} \\
&\times\sum_{n_J=0}^{N_J-1} x\left(n=\sum_{j=1}^{J}\left(\prod_{i=1}^{j-1}N_i\right)n_j\right) W_{N_J}^{n_J k_J} \qquad (4.23)
\end{aligned}
$$

式（4.23）で、例えば、J＝3 とすれば式（4.12）が、また、J＝4 とすれば式（4.16）がそれぞれ得られることになります。

インデックス n、k を時間間引きの形に変換する場合

続いて、インデックス n, k を時間間引きの形に変換する場合について説明しましょう。このときのインデックス n, k の変換は次のように定義することになります。

$$
\begin{aligned}
&n=\sum_{j=1}^{J}\left(\prod_{i=j+1}^{J}N_i\right)n_j, \quad k=\sum_{j=1}^{J}\left(\prod_{i=1}^{j-1}N_i\right)k_j \\
&n_j, k_j : j=1, 2, 3, \cdots J \qquad (4.24)
\end{aligned}
$$

式（4.24）は、インデックス n, k の変換をそれぞれ次のように定義することを意味しています。

$$
\begin{aligned}
n&=N_2N_3N_4\cdots N_Jn_1+N_3N_4\cdots N_Jn_2 \\
&\quad\cdots+N_{J-2}N_{J-1}N_Jn_{J-3}+N_{J-1}N_Jn_{J-2}+N_Jn_{J-1}+n_J \\
k&=N_1N_2\cdots N_{J-1}k_J+N_1N_2\cdots N_{J-2}k_{J-1} \\
&\quad\cdots+N_1N_2\cdots N_{J-4}k_{J-3}+\cdots+N_1k_2+k_1
\end{aligned}
$$

インデックス n, k を式（4.24）で変換すると、変換核 W_N^{nk} は、

$$
\begin{aligned}
W_N^{nk}=&W_{N_J}^{n_Jk_J} W_{N_{J-1}N_J}^{n_Jk_{J-1}} W_{N_{J-2}N_{J-1}N_J}^{n_Jk_{J-2}} \cdots W_{N_2\cdots N_{J-2}N_{J-1}N_J}^{n_Jk_2} W_N^{n_Jk_1} \\
&\times W_{N_{J-1}}^{n_{J-1}k_{J-1}} W_{N_{J-2}N_{J-1}}^{n_{J-1}k_{J-2}} \cdots W_{N_2\cdots N_{J-2}N_{J-1}}^{n_{J-1}k_2} W_{N_1N_2\cdots N_{J-1}}^{n_{J-1}k_1} \\
&\times W_{N_{J-2}}^{n_{J-2}k_{J-2}} W_{N_{J-3}N_{J-2}}^{n_{J-2}k_{J-3}} \cdots W_{N_2\cdots N_{J-3}N_{J-2}}^{n_{J-2}k_2} W_{N_1N_2\cdots N_{J-3}N_{J-2}}^{n_{J-2}k_1} \\
&\cdots\cdots \\
&\times W_{N_2}^{n_2k_2} W_{N_1N_2}^{n_2k_1} \\
&\times W_{N_1}^{n_1k_1} \qquad (4.25)
\end{aligned}
$$

のように表すことができます。したがって、式（4.24）、式（4.25）から、インデックス n, k を時間間引きの形に変換すると、長さ N の DFT の高速演算式は、次式のように表されることになります。

$$
\begin{aligned}
&X\left(k=\sum_{j=1}^{J}\left(\prod_{i=1}^{j-1}N_i\right)k_j\right)\\
&=\sum_{n_J=0}^{N_J-1}W_{N_J}^{n_Jk_J}W_{N_{J-1}N_J}^{n_Jk_{J-1}}W_{N_{J-2}N_{J-1}N_J}^{n_Jk_{J-2}}\cdots W_{N_2\cdots N_{J-2}N_{J-1}N_J}^{n_Jk_2}W_N^{n_Jk_1}\\
&\quad\times\sum_{n_{J-1}=0}^{N_{J-1}-1}W_{N_{J-1}}^{n_{J-1}k_{J-1}}W_{N_{J-2}N_{J-1}}^{n_{J-1}k_{J-2}}\cdots W_{N_2\cdots N_{J-2}N_{J-1}}^{n_{J-1}k_2}W_{N_1N_2\cdots N_{J-1}}^{n_{J-1}k_1}\\
&\quad\times\sum_{n_{J-2}=0}^{N_{J-2}}W_{N_{J-2}}^{n_{J-2}k_{J-2}}W_{N_{J-3}N_{J-2}}^{n_{J-2}k_{J-3}}\cdots W_{N_2\cdots N_{J-3}N_{J-2}}^{n_{J-2}k_2}W_{N_1N_2\cdots N_{J-3}N_{J-2}}^{n_{J-2}k_1}\\
&\quad\cdots\cdots\\
&\quad\times\sum_{n_2=0}^{N_2-1}W_{N_2}^{n_2k_2}W_{N_1N_2}^{n_2k_1}\\
&\quad\times\sum_{n_1=0}^{N_1-1}x\left(n=\sum_{j=1}^{J}\left(\prod_{i=j+1}^{J}N_i\right)n_j\right)W_{N_1}^{n_1k_1}
\end{aligned}
\tag{4.26}
$$

このように、式（4.23)、式（4.26）は、DFT の式の長さ N を J 個の因数の積 $N=N_1N_2N_3\cdots N_{J-1}N_J$ とした場合で、J の値を任意の値に設定したときの高速演算式を表すことになります。つまり、Cooley-Tukey 型 FFT や Split-radix 型 FFT という従来からの FFT アルゴリズムが DFT の式を基本式の分解構造に則って反復的に分解するのに対し、式(4.23)、式（4.26）は DFT の定義式を直接的に分解しています。新しい FFT アルゴリズムは、式（4.23)、式（4.26）で表される高速演算式を DFT の式の直接的な分解による最終形態として、その各因数 N_j に値を設定することで長さ N の DFT の効率的な演算処理が実行できるというものです。端的に言えば、式（4.23)、式（4.26）だけで新しい FFT アルゴリズムの全容を現していることになります。これらの高速演算式は、DFT の変換核 W_N^{nk} の周期性を最大限に追及することで論理的に導かれた関係式で、DFT の演算公式の一般形となっています。

4.3 演算公式の各因数 N_j と Cooley-Tukey 型 FFT の基数 r との関係

ここで、式（4.23)、式（4.26）で表される新しい FFT アルゴリズムによる DFT の演算公式の各因数 N_j と、Cooley-Tukey 型 FFT アルゴリズムの基数 r との関係について整理しておきます。

Cooley-Tukey 型 FFT アルゴリズムでの基数 r は、DFT の式を分解するために設定される基本式が適用されるごとに分解される DFT の数であり、分解ごとに DFT の長さは 1/r となります。基数 r が 4 の Cooley-Tukey 型 FFT アルゴリズムである Radix-4FFT であれば、分解の基本式を適用するごとに長さが 1/4 の 4 つの DFT に分解されることになります。他方、式（4.23)、式（4.26）の演算公式の各因数 N_j は、新しい FFT アルゴリズムで長さ N の DFT

を直接的に分解した後の最終的な演算式を構成する個々のDFTの長さを表すことになります。したがって、基数rと各因数N_jとの間には、式（4.23）、式（4.26）で表される演算公式の各因数N_jを同一の値rと設定するとき、それは、基数rのCooley-Tukey型FFTによるDFTの分解後の最終形態に「相当する」という関係になります。ここで、「相当する」というのは、式（4.23）、式（4.26）のDFTの演算公式は時間軸、周波数軸双方のインデックスn, kが共に変換されるのに対し、Cooley-Tukey型FFTによる分解では片方の軸のインデックスが分解に用いられて変換されますが、他方の軸のインデックスは変換されないまま据え置かれるという大きな違いがあるからです。大きな違いというのは、ビット反転の操作が不要であり、さらに、当然のこと、DFTの定義式の分解による最終形態が簡潔に数式表現されることでしょう。また、導いた演算公式で各因数N_jを設定する上で、$N_1=4$、あるいは$N_J=4$とすることによって$1+N/8$の性質の活用により効果的な演算が可能となります。これに対し、Cooley-Tukey型FFTアルゴリズムにはもともと$1+N/8$という性質が実数値離散フーリエ変換RDFTの演算に組み込まれていませんでした。

4.4　演算公式の各因数N_jの設定

J. CooleyらによるFFTの基礎的な計算量の検討では、乗算回数の式は$r=e=2.718\cdots$で最小となり、それに最も近い整数である3を基数に分解するとき計算量の面で最適であるとしています。つまり、DFTの長さNを$N=3^m$とする場合が複素乗算回数を最も少なくできるとされていました。しかしながら、Cooley-Tukey型FFT、Split-radix型FFTのアルゴリズムでは、多分に実用性が重視され、DFTの長さNを2のべき乗、つまり$N=2^m$としてきました。基数rが2と4の場合は、基数rが3の場合に次いで計算量が少ないが、複素乗算回数は同じであるとされています。しかし、実際には、長さ$N=4$、または$N=2$のDFTは、$\pm1, \pm j$のみの乗算で実行でき、Radix-4 FFTがRadix-2 FFTに比べて実数乗算回数が約3/4で済むことも周知です。そこで、演算公式の各因数N_jの設定は、①$N_j=2$、②$N_j=4$、③$N_j=2$と$N_j=4$との組み合わせのいずれかにN_jの設定の最適解があるものと考えて、①～③の因数を設定する場合の計算量を比較し、各因数N_jの設定値を決めることにしました。各因数N_jの設定については、演算公式を実際に用いる場合の利便性を考えて、Cooley-Tukey型FFTと、Split-radix型FFTとにそれぞれ対応する方法に大別して説明しましょう。

（1）Cooley-Tukey型FFTに対応する各因数N_jの設定

ここで、各因数N_jの設定がCooley-Tukey型FFTに対応する方法とは1つの基数rを用いてDFTの式を分解するというCooley-Tukey型FFTアルゴリズムの特質に対応するものです。この場合、DFTの分解後の最終形態が単一の高速演算式で表されます。

では、式（4.23）を用いて、DFT の長さ N が $N=2\times4^{J-1}$ の場合と、$N=4^J$ の場合に分けて、それぞれの場合における各因数 N_j の設定について説明します。なお、$N=2\times4^{J-1}$ の場合というのは N が 8、32、128、512、2048、…の場合であり、$N=4^J$ の場合とは N が 4、16、64、256、1024、…の場合になります。

まず、$N=2\times4^{J-1}$ の場合、式（4.23）のいずれの因数 N_j に 2 を設定するのが望ましいのかを検討しました。$N=32$ の DFT を用いて、長さ N を因数 4 と 2 との組み合わせに分解し、それぞれの計算量を求め、**表 4-1 (1)** に示す比較結果を得ました。表 4-1（1）に示す計算回数は、実数乗算回数 M と実数加算回数 A とそれらの和 $M+A$ を表しますが、アルゴリズムとしての一般的な性質を知るため、入力データ列 $x(n)$ を複素数値に、つまり複素数値離散フーリエ変換 CDFT としました。

表 4-1（1）からは、$N=32$ の CDFT の場合、32 を 4×2×4、4×4×2、4×2×2×2 と分解

表 4-1　複素 DFT の分解のために設定する各因数と計算量との関係

N=32	M	A	M+A	N=512	M	A	M+A
4×4×2	88	376	464	4×4×4×2×4	4360	11608	15968
4×2×4	88	376	464	4×4×2×4×4	4552	11672	16224
2×4×4	100	380	480	4×2×4×4×4	4600	11688	16288
4×2×2×2	88	376	464	N=2048	M	A	M+A
2×4×2×2	100	380	480	4×4×4×4×2×4	23560	57688	81248
2×2×4×2	108	388	496	4×4×4×2×4×4	24328	57944	82272
2×2×2×4	108	388	496	4×4×2×4×4×4	24000	57752	81752
2×4×2×2×2	108	388	496	4×2×4×4×4×4	24568	58024	82592
N=128	M	A	M+A				
4×4×2×4	712	2200	2912				
4×2×4×4	760	2216	2976				
4×2×2×2×4	856	2280	3136				

M：実数乗算回数　A：実数加算回数

（1）CDFT の分解と演算量との基礎的な検討結果

	① N=2×2…×2			② N=4×4…×4			③ N=4×4…×2×4		
N	M	A	M+A	M	A	M+A	M	A	M+A
32	108	388	496	—	—	—	88	376	464
64	322	964	1296	264	920	1184	—	—	—
128	988	2308	3296	—	—	—	712	2200	2912
256	2316	5380	7696	1800	5080	6880	—	—	—
512	5644	12292	17936	—	—	—	4360	11608	15968
1024	13324	27652	40976	10248	25944	36192	—	—	—
2048	30732	61444	92176	—	—	—	23560	57688	81248

M：実数乗算回数　A：実数加算回数

（2）長さ N の CDFT の分解と演算量との関係

するとき、計算量が最も少ないことが分かります。ここで、32 を 4×2×2×2 と分解するとき、後ろの 2 つの因数 2 による総和 $\sum$ には実質的な乗算が含まれないので、実数加算回数も含め、2×2 は 4 と設定するのと実質的に同じと言えます。続いて、$N=128$ の CDFT の場合、128 を 4×4×2×4、4×2×4×4、2×4×4×4 とそれぞれに分解して計算量を求めたところ、4×4×2×4 として演算するときが最も少ないことがわかりました。そこで、長さ N が $N=2\times4^{J-1}$ の CDFT の場合に、2 を N_{J-1} に設定するときと、N_{J-1} 以外に設定するときに計算量に差異が生じる理由について考察を試みました。

まず、$N=512$ の DFT の場合を例にして、2 を設定する因数 N_j の位置を 4×4×4×2×4、4×4×2×4×4、4×2×4×4 のように変えて、それぞれのときに必要な計算量を求めました。**表 4-2(1)～(3)**に、2 を設定する因数 N_j の位置と計算量との関係を表しています。同表の計算量の比較から明らかなように、$N=512$ の DFT の場合、512 を 4×4×4×2×4 と設定したとき、計算量がもっとも少ないことがわかりました。では、なぜ 512 をこのような因数の積に設定したときに計算量がもっとも少なくなるのか、その理由を少々詳細になりますが説明してみましょう。

いま、長さ $N=512$ の DFT の場合、$J=5$、512=4×4×4×2×4 として、式（4.23）で表される高速演算式を求めると、

$$
\begin{aligned}
&X(128k_1+32k_2+8k_3+4k_4+k_5)\\
&=\sum_{n_1=0}^{3} W_4^{n_1k_1} W_{16}^{n_1k_2} W_{64}^{n_1k_3} W_{128}^{n_1k_4} W_{512}^{n_1k_5} \sum_{n_2=0}^{3} W_4^{n_2k_2} W_{16}^{n_2k_3} W_{32}^{n_2k_4} W_{128}^{n_2k_5}\\
&\quad\times\sum_{n_3=0}^{3} W_4^{n_3k_3} W_8^{n_3k_4} W_{32}^{n_3k_5} \sum_{n_4=0}^{1} (-1)^{n_4k_4} W_8^{n_4k_5}\\
&\quad\times\sum_{n_5=0}^{3} x(128n_5+64n_4+16n_3+4n_2+n_1) W_4^{n_5k_5} \qquad (4.27)
\end{aligned}
$$

のようになります。ここで、式（4.27）で表される高速演算式の出力項 $X(k)$ を偶数項 $X(2k)$ と奇数項 $X(2k+1)$ とに分けることとし、説明の便宜上、同式の変換されたインデックスのうち 1 つである k_5 を

$$
k_5=2k''_5+k''_6 \qquad (4.28)
$$

とおくことで、次式のように変形することができます。

表 4-2 因数の組み合わせと計算回数との関係（N=512）

(1) 4×4×4×2×4

n_5							k_5
0	A	—	64	160	184	(408)	0
	M	—	64	288	360	(712)	
1	A	—	192	192	192	(576)	2
	M	—	320	384	384	(1088)	
2	A	128	192	192	192	(704)	1
	M	128	384	384	384	(1280)	
3	A	128	192	192	192	(704)	3
	M	128	384	384	384	(1280)	
A^r		(256)	(640)	(736)	(760)	2392＋9216(512×2×9)	
M^r		(256)	(1152)	(1140)	(1512)	4360	
					M＋A	15968	

(2) 4×4×2×4×4

n_5							k_5
0	A	—	64	160	184	(408)	0
	M	—	64	288	360	(712)	
1	A	128	128	192	192	(640)	2
	M	128	256	384	384	(1152)	
2	A	192	128	192	192	(704)	1
	M	320	256	384	384	(1344)	
3	A	192	128	192	192	(704)	3
	M	320	256	384	384	(1344)	
A^r		(512)	(448)	(736)	(760)	2456＋9216(512×2×9)	
M^r		(768)	(832)	(1440)	(1512)	4552	
					M＋A	16224	

(3) 4×2×4×4×4

n_5							k_5
0	A	—	128	112	184	(424)	0
	M	—	192	208	360	(760)	
1	A	128	192	128	192	(640)	2
	M	128	384	256	384	(1152)	
2	A	192	192	128	192	(704)	1
	M	320	384	256	384	(1344)	
3	A	192	192	128	192	(704)	3
	M	320	384	256	384	(1344)	
A^r		(512)	(704)	(496)	(760)	2472＋9216(512×2×9)	
M^r		(768)	(1344)	(976)	(1512)	4600	
					M＋A	16288	

$$
\begin{aligned}
&X(128k_1+32k_2+8k_3+4k_4+2k_5''+k_6'')\\
&=\sum_{n_1=0}^{3} W_4^{n_1k_1} W_{16}^{n_1k_2} W_{64}^{n_1k_3} W_{128}^{n_1k_4} W_{256}^{n_1k_5''} W_{512}^{n_1k_6''}\\
&\quad\times\sum_{n_2=0}^{3} W_4^{n_2k_2} W_{16}^{n_2k_3} W_{32}^{n_2k_4} W_{64}^{n_2k_5''} W_{128}^{n_2k_6''} \sum_{n_3=0}^{3} W_4^{n_3k_3} W_8^{n_3k_4} W_{16}^{n_3k_5''} W_{32}^{n_3k_6''}\\
&\quad\times\sum_{n_4=0}^{1} (-1)^{n_4k_4} W_4^{n_4k_5''} W_8^{n_4k_6''}\\
&\quad\times\sum_{n_5=0}^{3} x(128n_5+64n_4+16n_3+4n_2+n_1)(-1)^{n_5k_5''} W_4^{n_5k_6''}
\end{aligned}
\qquad(4.29)
$$

式（4.29）で、$k_6''=0$ とおけば、出力項 $X(k)$ の偶数項 $X(2k)$ を、$k_6''=1$ とおけば奇数項 $X(2k+1)$ をそれぞれ表すことになります。そこで、$k_6''=0$ とおいて、偶数項 $X(2k)$ の場合の演算構造を見ると、n_4 の総和 $\sum$ の後に配置される回転因子における乗算処理が

$$
W_4^{n_4k_5''} W_8^{n_4k_6''}\big|_{k_6''=0} = W_4^{n_4k_5''}
$$

となって、実質的な乗算処理が無くなります。したがって、式（4.29）の演算構造を偶数項 $X(2k)$、奇数項 $X(2k+1)$ とに分けて眺めてみると、奇数項 $X(2k+1)$ の乗算処理が n_1～n_5 のそれぞれの総和 $\sum$ に挟まれて配置される4段の回転因子で乗算処理をするのに対し、偶数項 $X(2k)$ は、奇数項 $X(2k+1)$ より1段少なく、3段の回転因子での乗算処理になります。

次に、因数2を N_{J-1} 以外に設定する例として、512を $4\times4\times2\times4\times4$ とした場合の高速演算式を式（4.23）から求めると、次式のように表されます。

$$
\begin{aligned}
&X(128k_1+32k_2+16k_3+4k_4+k_5)\\
&=\sum_{n_1=0}^{3} W_4^{n_1k_1} W_{16}^{n_1k_2} W_{32}^{n_1k_3} W_{128}^{n_1k_4} W_{512}^{n_1k_5} \sum_{n_2=0}^{3} W_4^{n_2k_2} W_8^{n_2k_3} W_{32}^{n_2k_4} W_{128}^{n_2k_5}\\
&\quad\times\sum_{n_3=0}^{1} (-1)^{n_3k_3} W_8^{n_3k_4} W_{32}^{n_3k_5} \sum_{n_4=0}^{3} W_4^{n_4k_4} W_{16}^{n_4k_5}\\
&\quad\times\sum_{n_5=0}^{3} x(128n_5+32n_4+16n_3+4n_2+n_1) W_4^{n_5k_5}
\end{aligned}
\qquad(4.30)
$$

ここで、式（4.27）の場合と同じく、説明の便宜上、変換されたインデックスのうちの1つである k_5 を式（4.27）のようにおくと、次式のように変形することができます。

$$
\begin{aligned}
&X(128k_1+32k_2+16k_3+4k_4+2k_5''+k_6'')\\
&=\sum_{n_1=0}^{3} W_4^{n_1k_1}W_{16}^{n_1k_2}W_{32}^{n_1k_3}W_{128}^{n_1k_4}W_{256}^{n_1k_5''}W_{512}^{n_1k_6''}\\
&\quad\times\sum_{n_2=0}^{3} W_4^{n_2k_2}W_8^{n_2k_3}W_{32}^{n_2k_4}W_{64}^{n_2k_5''}W_{128}^{n_2k_6''}\\
&\quad\times\sum_{n_3=0}^{1}(-1)^{n_3k_3}W_8^{n_3k_4}W_{16}^{n_3k_5''}W_{32}^{n_3k_6''}\sum_{n_4=0}^{3} W_4^{n_4k_4}W_8^{n_4k_5''}W_{16}^{n_4k_6''}\\
&\quad\times\sum_{n_5=0}^{3} x(128n_5+32n_4+16n_3+4n_2+n_1)(-1)^{n_5k_5''}W_4^{n_5k_6''}
\end{aligned}
\tag{4.31}
$$

式（4.31）において、式（4.29）の場合と同様に、$k_6''=0$ とおけば、出力項 $X(k)$ の偶数項 $X(2k)$ を、また $k_6''=1$ とおけば、奇数項 $X(2k+1)$ をそれぞれ表すことになります。そして、$k_6''=0$ とおいて、偶数項 $X(2k)$ の場合の演算構造を見ると、n_4 の総和 $\sum$ の後に配置される回転因子における乗算処理が

$$
W_8^{n_4k_5''}W_{16}^{n_4k_6''}\big|_{k_6''=0}=W_8^{n_4k_5''}
$$

となって、式（4.29）の場合と異なり、実質的な乗算処理が必要です。したがって、式（4.31）の演算構造を偶数項 $x(2k)$、奇数項 $X(2k+1)$ に分けてみると、奇数項 $X(2k+1)$ における乗算処理が $n_1\sim n_5$ のそれぞれの総和 $\sum$ に挟まれて配置される 4 段の回転因子で乗算処理をするのに対し、偶数項 $X(2k)$ の乗算処理も同じく 4 段の回転因子における乗算処理が必要となります。

このように、$N=512$ の DFT の場合、512 を $4\times4\times4\times2\times4$ としたとき、計算量が最も少なく、その理由も確認できました。さらに $N=2048$ の DFT の場合についても、同様の方法で 2 を設定する因数 N_j の位置と計算量との関係を求め、**表 4-1** に整理しました。

これらの比較検討の結果から、長さ $N=2\times4^{J-1}$ の DFT の場合、$N=4^{J-2}\times2\times4$ に分解することは、式（4.23）の演算公式の構造で見ると、偶数の出力項 $X(2k)$ に関する演算が最初の総和 $\sum$ を含めて $J-2$ 段の総和 $\sum$ に実質的な乗算を必要とする回転因子を配置して実行することになります。これが、例えば、因数 2 を N_{J-2} に設定すると、実質的な乗算を必要とする回転因子の配置が $J-1$ 段の総和に増えます。そして、それは、出力項 $X(k)$ の $k_J=0\sim3$ のうち、$k_J=2$ の出力項に関する計算量が増える結果となります。いま、N_{J-1} に 2 を設定するとき、$k_J=2$ の出力項に連なる回転因子における演算の実数乗算回数 M、実数加算回数 A は、

$$
M=N(5+6(J-3))/8,\quad A=3N(J-2)/8
$$

ですが、N_{J-2} に 2 を設定すると、それぞれ $N/8$ 個の実数乗算回数 M、実数加算回数 A が増えることが分かりました。つまり、$N=512$ の DFT の場合を例にすると、2 を N_4 に設定する

と、$J=5$ですから、

$$M=512(5+6(5-3))/8=1088、A=3\times512(5-2)/8=576$$

となります。これが、2をN_4以外の位置に設定すると、実数乗算回数M、実数加算回数Aがそれぞれ$N/8=512/8=64$だけ増えることになります。$N=2\times4^{J-1}$のDFTの場合、計算量は、$N=4^{J-2}\times2\times4$と分解するのが最も少なくなることを確認するために、さらに$N=32\sim2048$のDFTの場合について、因数N_jの組合せに対する計算量の違いを求めたところ、同じく表4-1（1）に表す結果が得られました。

表4-1（1）から明らかなように、$N=2\times4^{J-1},(J=3,4,5,6)$のDFTの場合、計算量は、長さ$N$を$4^{J-2}\times2\times4$と分解するとき、実数乗算回数$M$が最も少なく、しかも総計算量$M+A$も少なくなります。これらの検討で、2を$N_{J-1}$に設定するときの計算量と同等、あるいは、それよりも少なくなる因数2の設定箇所は確認されませんでした。

続いて、$N=4^J$のDFTの場合について、各因数N_jとして、4を設定する方法と、2を設定する方法を比較しました。各因数N_jに4を設定して、長さ$N=4^J$のDFTを演算することは、式（4.23）の構造から明らかなように、実質的な乗算を伴う回転因子が最初の総和$\sum$を含めて$J-1$段まで配置されることになります。それに対し、各因数N_jに2を設定することは、実質的な乗算を伴う回転因子が$2(J-1)$段の総和$\sum$に配置されることを意味します。例えば、$N=256=4^4$のDFTの場合、各因数N_jに4を設定すると、実質的な乗算を伴う回転因子が3段の総和$\sum$に配置され、各因数N_jが2であれば、実質的な乗算を伴う回転因子が6段の総和$\sum$に配置されることになります。すでに説明しましたように、Cooley-Tukey型FFTでRadix-4 FFTの方がRadix-2 FFTよりも計算量が少なく済むことは明らかになっています。そこで、$N=4^m$のDFTの場合、$N=64\sim1024$について、各因数N_jを4に設定する方法と、2に設定する方法について比較し、その結果を表4-1（2）に示しました。これらの結果から、$N=4^J$のDFTの場合、各因数N_jは4に設定するのが望ましいと結論づけました。

これらの検討結果から、式（4.23）の演算公式の各因数N_jの設定値としては、$N=2\times4^{J-1}$の場合は$N_j=4,j=1\sim J\neq J-1,N_{J-1}=2$とし、$N=4^J$の場合は$N_j=4,j=1\sim J$と、それぞれ設定することにしました。なお、$N_1=4$と設定することでRDFTの複素共役対称性に由来する$1+N/8$の性質を活用できることになります。また、$N_J=4$と設定することは式（4.23）の最後の総和$\sum$を実質的な乗算を含まない入力4点のバタフライ演算の構成にすることになります。そして、$N_{J-1}=4$、または$N_{J-1}=2$と設定することは、入力データ4点のバタフライ構成の後に回転因子を配置し、その後に$N=4$、または$N=2$のDFTをおくことになります。したがって、長さ$N=2\times4^{J-1}$、つまり、$N=32,128,512,2048,\cdots$のDFTの場合、周波数間引き形の演算公式の式（4.23）は次式のように表すことができます。

$$
\begin{aligned}
&X(2\cdot 4^{J-2}k_1+2\cdot 4^{J-3}k_2+\cdots+2\cdot 4k_{J-2}+4k_{J-1}+k_J)\\
&=\sum_{n_1=0}^{3} W_4^{n_1k_1} W_{4^2}^{n_1k_2}\cdots W_{2\cdot 4^{J-2}}^{n_1k_{J-1}} W_{2\cdot 4^{J-1}}^{n_1k_J}\\
&\quad\times\sum_{n_2=0}^{3} W_4^{n_2k_2} W_{4^2}^{n_2k_3}\cdots W_{2\cdot 4^{J-2}}^{n_2k_J}\\
&\quad\times\sum_{n_3=0}^{3} W_4^{n_3k_3} W_{4^2}^{n_3k_4}\cdots W_{2\cdot 4^{J-3}}^{n_3k_J}\\
&\quad\cdots\cdots\\
&\quad\times\sum_{n_{J-1}=0}^{1} (-1)^{n_{J-1}k_{J-1}} W_{2\cdot 4}^{n_{J-1}k_J}\\
&\quad\times\sum_{n_J=0}^{3} x(2\cdot 4^{J-2}n_J+4^{J-2}n_{J-1}+4^{J-3}n_{J-2}+\cdots+4n_2+n_1)\, W_4^{n_Jk_J}\\
&\quad k_j=0,2,1,3\quad j=1\sim J \neq J-1,\quad k_{J-1}=0,1
\end{aligned}
\tag{4.32}
$$

なお、式（4.32）を用いるのに注意すべき点は、インデックス n, k のそれぞれの項を n_1, k_1 からではなく、n_J, k_J から n_{J-1}, k_{J-1} へと順次決めることです。

また、$N=4^J$、つまり $N=64, 256, 1024, \cdots$ の場合、式（4.23）は次式のように表されます。

$$
\begin{aligned}
&X(4^{J-1}k_1+4^{J-2}k_2+\cdots+4^2k_{J-2}+4k_{J-1}+k_J)\\
&=\sum_{n_1=0}^{3} W_4^{n_1k_1} W_{4^2}^{n_1k_2}\cdots W_{4^{J-1}}^{n_1k_{J-1}} W_{4^J}^{n_1k_J}\\
&\quad\times\sum_{n_2=0}^{3} W_4^{n_2k_2} W_{4^2}^{n_2k_3}\cdots W_{4^{J-1}}^{n_2k_J}\\
&\quad\times\sum_{n_3=0}^{3} W_4^{n_3k_3} W_{4^2}^{n_3k_4}\cdots W_{4^{J-2}}^{n_3k_J}\\
&\quad\cdots\cdots\\
&\quad\times\sum_{n_{J-1}=0}^{3} W_4^{n_{J-1}k_{J-1}} W_{4^2}^{n_{J-1}k_J}\\
&\quad\times\sum_{n_J=0}^{3} x(4^{J-1}n_J+4^{J-2}n_{J-1}+\cdots+4^2n_3+4n_2+n_1)\, W_4^{n_Jk_J}\\
&\quad k_j=0,2,1,3\quad j=1\sim J
\end{aligned}
\tag{4.33}
$$

式（4.32）、式（4.33）は、DFT の長さ N が与えられた場合に、$N=2\times 4^{J-1}$、$N=4^J$ によって、いずれかを演算式として用いられることになります。式（4.32）、式（4.33）は、このままで長さ N の CDFT に適用できますが、RDFT の場合には複素共役対称性に由来する $1+N/8$ の性質を活用して、演算が改めて必要となる出力項 $X(k)$ について実質的な乗算を伴う演算を行うことになります。この点については、後ほど $N=32$ の RDFT の信号フロー図を用いて、具体的に説明します。

ところで、式（4.32）、式（4.33）では、変換されたインデックス k_j が 0, 2, 1, 3 のように変化するとしています。これらの演算式が周波数間引きの形に展開された場合だからですが、ここで、誤解が生じないないように、再度、別の方法で説明しておきます。**図 4-1** は、$N=4$ の DFT を $4=2\times2$ としてインデックス変換して求めた演算式と、その演算式に基づく信号フロー図を表しています。同図（1）の信号フロー図から明らかなように、入力データ列 $x(n)$ のインデックス n を $0,1,2,3$ と順番の整数列に並べると、出力項 $X(k)$ のインデックス k は $0,2,1,3$ の順に配列されます。また、同図（2）の信号フロー図から明らかなように、入力データ列 $x(n)$ のインデックス n を $0,2,1,3$ と並べると、出力項 $X(k)$ のインデックス k は $0,1,2,3$ と、順番の整数列に並びます。説明が繰り返しになりますが、式（4.32）、式（4.33）で表される高速演算式は、出力項 $X(k)$ のインデックス k が周波数間引きの形に展開されていることから、図 4-1（1）で表される $N=4$ の DFT の分解を基本にして構成されていることになります。

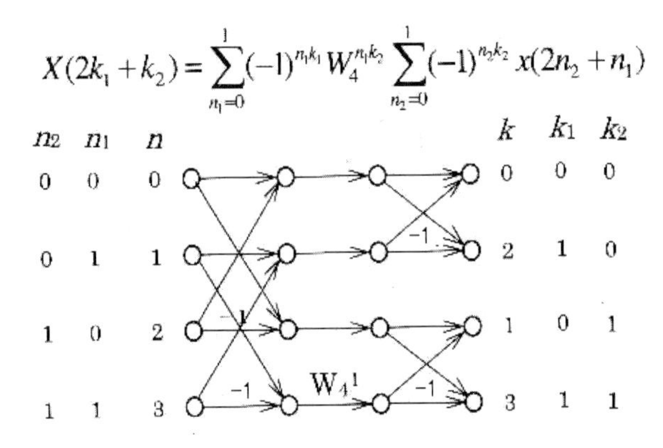

（1）周波数間引きタイプ

$$X(2k_2+k_1)=\sum_{n_2=0}^{1}(-1)^{n_2k_2}W_4^{n_2k_1}\sum_{n_1=0}^{1}(-1)^{n_1k_1}x(2n_1+n_2)$$

（2）時間間引きタイプ

図 4-1　DFT の入出力インデックスの対応

高速演算式の具体例

では、ここでDFTの長さNが与えられた場合に式（4.32）、式（4.33）を用いるときの高速演算式の具体例を求めてみましょう。

まず、式（4.32）を用いる具体例として$N=32$と、$N=2048$のときの高速演算式を求めてみます。DFTの長さ$N=32$のときは、$32=4\times2\times4$とおけばよいことから、$J=3$、$N_1, N_3=4$、$N_2=2$とすると、式（4.32）は次式のように表されます。

$$
\begin{aligned}
&X(8k_1+4k_2+k_3)\\
&=\sum_{n_1=0}^{3} W_4^{n_1k_1} W_8^{n_1k_2} W_{32}^{n_1k_3}\\
&\quad\times\sum_{n_2=0}^{1}(-1)^{n_2k_2} W_8^{n_2k_3} \sum_{n_3=0}^{3} x(8n_3+4n_2+n_1) W_4^{n_3k_3}\\
&\quad k_1, k_3=0, 2, 1, 3 \quad k_2=0, 1
\end{aligned}
\tag{4.34}
$$

次に、$N=2048$のときは、$2048=4\times4\times4\times4\times2\times4$とおけばよいことから、$J=6$、$N_1, N_2, N_3, N_4, N_6=4$、$N_5=2$とすると、式（4.32）は次式のように表されます。

$$
\begin{aligned}
&X(512k_1+128k_2+32k_3+8k_4+4k_5+k_6)\\
&=\sum_{n_1=0}^{3} W_4^{n_1k_1} W_{16}^{n_1k_2} W_{64}^{n_1k_3} W_{256}^{n_1k_4} W_{512}^{n_1k_5} W_{2048}^{n_1k_6}\\
&\quad\times\sum_{n_2=0}^{3} W_4^{n_2k_2} W_{16}^{n_2k_3} W_{64}^{n_2k_4} W_{128}^{n_2k_5} W_{512}^{n_2k_6}\\
&\quad\times\sum_{n_3=0}^{3} W_4^{n_3k_3} W_{16}^{n_3k_4} W_{32}^{n_3k_5} W_{128}^{n_3k_6}\\
&\quad\times\sum_{n_4=0}^{3} W_4^{n_4k_4} W_8^{n_4k_5} W_{32}^{n_4k_6}\\
&\quad\times\sum_{n_5=0}^{1} (-1)^{n_5k_5} W_8^{n_5k_6}\\
&\quad\times\sum_{n_6=0}^{3} x(512n_6+256n_5+64n_4+16n_3+4n_2+n_1) W_4^{n_6k_6}\\
&\quad k_1, k_2, k_3, k_4, k_6=0, 2, 1, 3 \quad k_5=0, 1
\end{aligned}
\tag{4.35}
$$

式（4.35）は、新しいFFTアルゴリズムによる長さ$N=2048$のDFTの高速演算処理のすべてを表していることになります。

続いて、式（4.33）を用いる具体例として$N=64$、$N=1024$のときの高速演算式を求めてみます。まず、$N=64$のときは、$64=4\times4\times4$とおけばよいから、$J=3$、$N_1, N_2, N_3=4$とすると、式（4.33）は次式のように表されます。

$$
\begin{aligned}
&X(16k_1+4k_2+k_3)\\
&=\sum_{n_1=0}^{3} W_4^{n_1k_1} W_{16}^{n_1k_2} W_{64}^{n_1k_3}\\
&\quad\times\sum_{n_2=0}^{3} W_4^{n_2k_2} W_{16}^{n_2k_3}\\
&\quad\times\sum_{n_3=0}^{3} x(16n_3+4n_2+n_1)\, W_4^{n_3k_3}\\
&\quad k_1, k_2, k_3=0, 2, 1, 3
\end{aligned}
\tag{4.36}
$$

次に $N=1024$ のときは、$1024=4\times4\times4\times4\times4$ とおくことで、$J=5$、$N_1\sim N_5=4$ とすると、式（4.33）は次式のようになります。

$$
\begin{aligned}
&X(256k_1+64k_2+16k_3+4k_4+k_5)\\
&=\sum_{n_1=0}^{3} W_4^{n_1k_1} W_{16}^{n_1k_2} W_{64}^{n_1k_3} W_{256}^{n_1k_4} W_{1024}^{n_1k_5}\\
&\quad\times\sum_{n_2=0}^{3} W_4^{n_2k_2} W_{16}^{n_2k_3} W_{64}^{n_2k_4} W_{256}^{n_2k_5}\\
&\quad\times\sum_{n_3=0}^{3} W_4^{n_3k_3} W_{16}^{n_3k_4} W_{64}^{n_3k_5}\\
&\quad\times\sum_{n_4=0}^{3} W_4^{n_4k_4} W_{16}^{n_4k_5}\\
&\quad\times\sum_{n_5=0}^{3} x(256n_5+64n_4+16n_3+4n_2+n_1)\, W_4^{n_5k_5}\\
&\quad k_1\sim k_5=0, 2, 1, 3
\end{aligned}
\tag{4.37}
$$

これまでに示した高速演算式の具体例からも明らかなように、新しい FFT アルゴリズムは、長さ N の DFT の直接的な分解によって最終的形態が極めて簡潔な数式表現として求められることがご理解いただけたと思います。

Cooley-Tukey 型 FFT に対応する新しい FFT アルゴリズムによる演算処理の信号フロー図

ここで、新しい FFT アルゴリズムで $N=32$ の RDFT を演算する場合の信号フロー図について説明しましょう。$N=32$ の DFT の場合、高速演算式は式（4.34）で表されることになりますが、その信号フロー図は、**図 4-2** のように表されます。同図の信号フロー図と式（4.34）との関係は、次のようになります。

式（4.34）の構造は、出力項 $X(k)$ 側から見て、つまり、信号フロー図の右端から見て、まず、8 個の $N=4$ の DFT が組み合わせで出力項の値を決めています。次に、回転因子を挟んで 16 個の $N=2$ の DFT が組み合わされています。さらに回転因子を挟んで、入力データ列

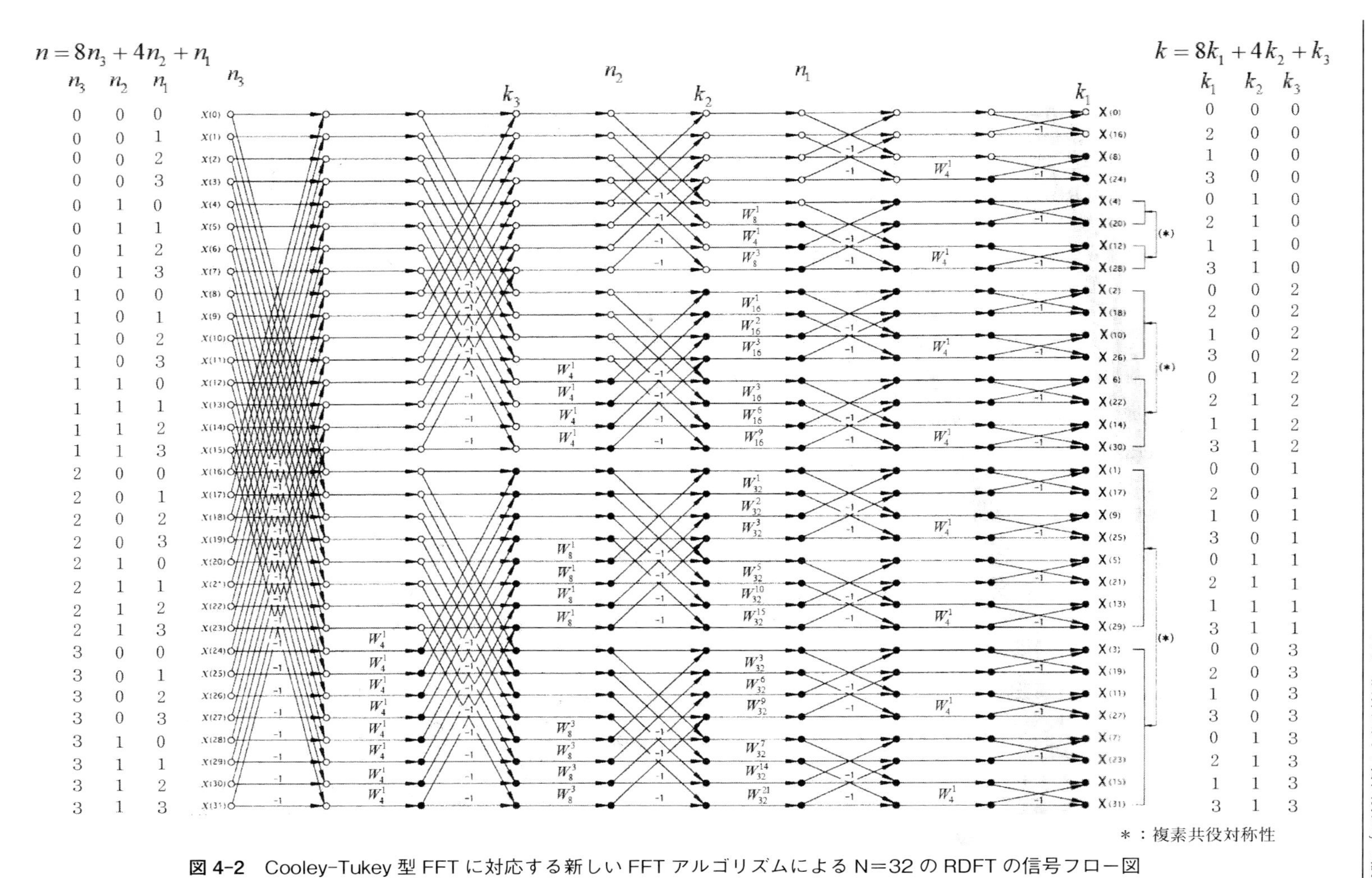

図 4-2　Cooley-Tukey 型 FFT に対応する新しい FFT アルゴリズムによる N=32 の RDFT の信号フロー図

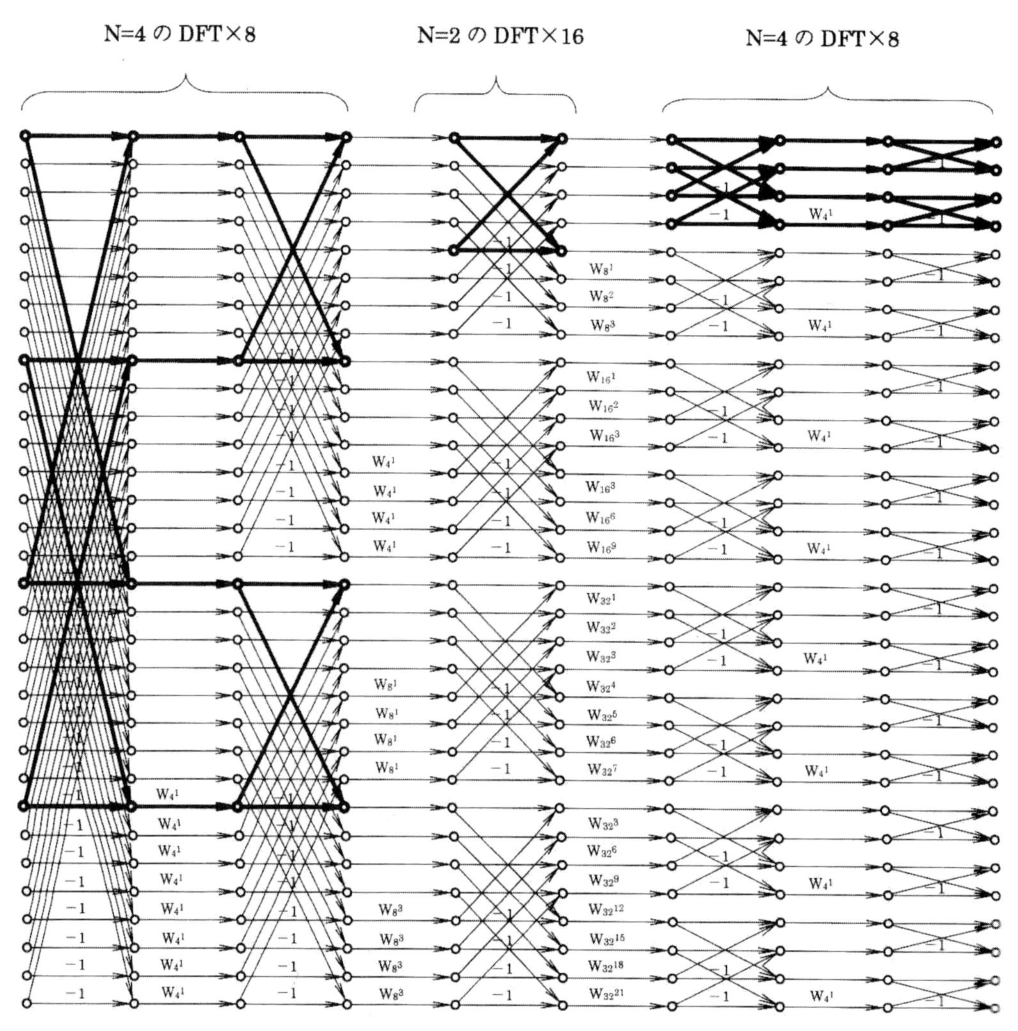

図 4-3　N＝32 の DFT の信号フローを構成する N＝4 の DFT と N＝2 の DFT

$x(n)$ の各入力 4 点のバタフライ演算の構成として 8 個の $N=4$ の DFT の組み合わせとなっています。そして、当然のこととして、DFT の長さ N を $32=4\times2\times4$ の組み合わせで 3 つの因数の積としたことが、$N=4$ の DFT、$N=2$ の DFT、$N=4$ の DFT の配置になっています。つまり、**図 4-3** に示すように、太線で表した $N=4$、$N=2$、$N=4$ のそれぞれの DFT を基本構造に演算処理されることになります。

次に、出力項 $X(k)$、入力データ列 $x(n)$ のそれぞれのインデックス n, k は変換されたそれぞれのインデックス n_j, k_j で表されます。まず、出力項 $X(k)$ のインデックス k は、

$$k=8k_1+4k_2+k_3$$

となっていますが、それぞれのインデックス k_1,k_2,k_3 は図 4-2 の右端に示したように値が変化します。例えば、k_1 の値は 0, 2, 1, 3 の並びを 8 回繰り返しています。これは、信号フロー図の右端に位置する $N=4$ の DFT の出力項を示していることになります。次に、k_2 の値は 0, 0, 0, 0, 1, 1, 1, 1 の並びを 4 回繰り返しています。これらの値は $N=2$ の DFT の加算側を [0]、減算側を [1] とすることに対応しています。また、k_3 の値は 0, 0, ･･0, 2, 2, ･･2, 1, 1, ･･1, 3, 3, ･･3 の並びになっています。これらの値は、入力 4 点で構成される $N=4$ の DFT について、それぞれの出力項に対応していることになります。

続いて、入力データ列 $x(n)$ のインデックス n は

$$n=8n_3+4n_2+n_1$$

のように変換されていることから、それぞれのインデックス n_1, n_2, n_3 は信号フロー図の左端に示したように値が変化します。ここで、n_1 が 0, 1, 2, 3 の並びを 8 回繰り返しますが、これは信号フロー図の右端に位置する $N=4$ の DFT の入力側を指していることになります。次に、n_2 の値は 0, 0, 0, 0, 1, 1, 1, 1 の並びを 4 回繰り返しています。これは、$N=2$ の DFT の入力側について、加算側を [0]、減算側を [1] とすることに対応しています。また、n_3 は 0, 0, ･･0, 1, 1, ･･1, 2, 2, ･･2,3, 3, ･･3 の並びの値になっています。この値の並びは、入力 4 点で構成される $N=4$ の DFT に関するそれぞれの入力データ列 $x(n)$ の並び順に対応しています。

続いて、回転因子の配置について説明します。式（4.34）の構造、信号フロー図の構成から明らかなように、回転因子は同図の右端、左端に位置する $N=4$ の DFT と、$N=2$ の DFT との間の段に配置されています。そして、回転因子は、式（4.34）の構造から明らかなように、インデックス n_1, n_2, n_3 と、インデックス k_1, k_2, k_3 との関係で、それぞれの配置の箇所と値とが決められます。例えば、信号フロー図の右端に位置する $N=4$ の DFT と、$N=2$ の DFT との間で、出力項 $X(18)$ の水平線上に配置される回転因子は、この箇所が $n_1=1$, $k_2=0$, $k_3=2$ であることから、$W_8^{n_1k_2}W_{32}^{n_1k_3}=W_8^0W_{32}^2=W_{16}^1$ となります。他の箇所に配置される回転因子も同様にして求めることができます。このように新しい FFT アルゴリズムでは、与えられた DFT の長さ N にもとづいて、式（4.32）か、式（4.33）を選択することで高速演算式が求められれば、即、高速演算式の構造から信号フロー上の回転因子の配置の箇所と値が極めて容易に決定できることになります。従来からの FFT アルゴリズムである Cooley-Tukey 型 FFT では設定される基本式をもとにプログラム化していたことなどから、出力項 $X(k)$ のインデックス k の並び替えにビット反転の操作を必要としますが、新しい FFT アルゴリズムではそのような操作は必要としません。

長さ N の RDFT を演算するに必要な計算量

長さ N の RDFT を Cooley-Tukey 型 FFT に対応する新しい FFT アルゴリズムで演算す

る場合に必要な計算量について説明しましょう。

まず、入力データ列 $x(n)$ を実数値とする実数値離散フーリエ変換RDFTの場合に、長さ N が $N=4^J, N=2\cdot4^{J-1}$ のRDFTを演算するときに必要となる計算量について説明します。

長さ N が $N=4^J$ の実数値離散フーリエ変換RDFTで必要となる実数乗算回数 $M_{P01}^r(4^J)$ は、長さ $N=4^{J-1}$ のRDFTで必要な実数乗算回数 $M_{P01}^r(4^{J-1})$ からの増分として求めると、次の漸化式で表すことができます。

$$M_{P01}^r(4^J)=M_{P01}^r(4^{J-1})+2\cdot4^{J-3}\{8+\alpha(9J-14)\}$$
$$J\geq3, M_{P01}^r(4^2)=12, (4/2):\alpha=4, (3/3):\alpha=3 \tag{4.38}$$

上式で表される $M_{P01}^r(N)$ の添字のうち、r はRDFTについての実数乗算回数であること、$P01$ は新しいFFTアルゴリズムのうち、Cooley-Tukey型FFTに対応するものであることを示しています。また、α は複素数計算を4/2アルゴリズム、3/3アルゴリズムのどちらで演算するのかで決まる係数で、4/2アルゴリズムのときは $\alpha=4$、3/3アルゴリズムのときは $\alpha=3$ と設定します。

式（4.38）は漸化式ですので、いきなり任意の長さ N のRDFTの実数乗算回数を求めることはできません。長さ N の小さなRDFTから順を追って求めることになります。ここで例として、$N=64$、$N=256$、$N=1024$ のRDFTについて、4/2アルゴリズムを用いるものとして $M_{P01}^r(4^J)$ を求めると、次のようになります。

$$M_{P01}^r(64)=M_{P01}^r(4^3)=M_{P01}^r(4^2)+2\cdot4^0\{8+4(9\times3-14)\}=132$$
$$M_{P01}^r(256)=M_{P01}^r(4^4)=M_{P01}^r(4^3)+2\cdot4^1\{8+4(9\times4-14)\}=900$$
$$M_{P01}^r(1024)=M_{P01}^r(4^5)=M_{P01}^r(4^4)+2\cdot4^2\{8+4(9\times5-14)\}=5124$$

次に、式（4.38）と同様に、長さ N が $N=2\cdot4^{J-1}$ のRDFTを演算するときに必要となる実数乗算回数 $M_{P01}^r(2\cdot4^{J-1})$ は、長さ $N=2\cdot4^{J-2}$ のRDFTの演算で必要な実数乗算回数 $M_{P01}^r(2\cdot4^{J-2})$ からの増分として求めると、次の漸化式で表すことができます。

$$M_{P01}^r(2\cdot4^{J-1})=M_{P01}^r(2\cdot4^{J-2})+4^{J-3}\{10+\alpha(9J-19)\}$$
$$J\geq3, M_{P01}^r(8)=2, (4/2):\alpha=4, (3/3):\alpha=3 \tag{4.39}$$

式（4.39）も漸化式ですので、いきなり任意の長さ N のRDFTの実数乗算回数を求めることはできません。長さ N が小さなRDFTから順を追って求めることになります。例として、$N=32=2\cdot4^2$、$N=128=2\cdot4^3$、$N=512=2\cdot4^4$ について求めてみましょう。

$$M_{P01}^{r}(32)=M_{P01}^{r}(2\cdot 4^2)=M_{P01}^{r}(8)+4^0\{10+4(9\times 3-19)\}=44$$
$$M_{P01}^{r}(128)=M_{P01}^{r}(2\cdot 4^3)=M_{P01}^{r}(32)+4^1\{10+4(9\times 4-19)\}=356$$
$$M_{P01}^{r}(512)=M_{P01}^{r}(2\cdot 4^4)=M_{P01}^{r}(128)+4^2\{10+4(9\times 5-19)\}=2180$$

続いて、実数加算回数について説明します。長さ N が $N=4^J$、$N=2\cdot 4^{J-1}$ の RDFT の演算に必要となる実数加算回数 $A_{P01}^{r}(4^J)$、$A_{P01}^{r}(2\cdot 4^{J-1})$ は、それぞれ長さ N が $N=4^{J-1}$、$N=2\cdot 4^{J-2}$ の RDFT の演算に必要となる実数加算回数 $A_{P01}^{r}(4^{J-1})$、$A_{P01}^{r}(2\cdot 4^{J-2})$ からの増分として、次の漸化式で表されます。

$$A_{P01}^{r}(4^J)=A_{P01}^{r}(4^{J-1})+2\cdot 4^{J-3}\{48J+\beta(9J-14)\}$$
$$J\geq 3,\ A_{P01}^{r}(4^2)=58,\ (4/2):\beta=2,\ (3/3):\beta=3 \tag{4.40}$$

$$A_{P01}^{r}(2\cdot 4^{J-1})=A_{P01}^{r}(2\cdot 4^{J-2})+4^{J-3}\{48J-22+\beta(9J-19)\}$$
$$J\geq 3,\ A_{P01}^{r}(8)=20,\ (4/2):\beta=2,\ (3/3):\beta=3 \tag{4.41}$$

式（4.40）、式（4.41）の β には、4/2 アルゴリズムを採用するときは $\beta=2$、3/3 アルゴリズムのときは $\beta=3$ と設定することとします。

表 4-3 に、4/2 アルゴリズムを用いるとして、式（4.38）～式（4.41）から求めた新しい FFT による実数乗算回数 M と実数加算回数 A とそれらの総計 $M+A$ を従来からの Cooley-Tukey 型 FFT との比較で表しています。同表から明らかなように、新しい FFT アルゴリズムの必要とする総計算回数 $M+A$ は、$N=4^J$ の DFT の演算では Radix-4 FFT アルゴリズム

表 4-3　Cooley-Tukey 型 FFT と新しい FFT アルゴリズムとの計算量の比較

	Cooley-Tukey FFT アルゴリズム						New FFT アルゴリズム-1		
	Radix-2			Radix-4					
N	M	A	M+A	M	A	M+A	M	A	M+A
4	0	6	6	0	6	6	0	6	6
8	2	20	22				2	20	22
16	14	60	74	12	58	70	12	58	70
32	54	164	218				44	158	202
64	166	420	586	132	398	530	132	398	530
128	454	1028	1482				356	974	1330
256	1158	2436	3594	900	2286	3186	900	2286	3186
512	2822	5636	8458				2180	5294	7474
1024	6662	12804	19466	5124	11950	17014	5124	11950	17074
2048	15366	28676	44042				11780	26798	38578
4096	34822	63492	98314	26628	59054	85682	26628	59054	85682

N：RDFT の長さ、M：乗算回数、A：加算回数（複素数計算は 4/2 アルゴリズムを想定）

の総計算回数と一致していることがわかります。Radix-2FFTとの比較では$N=4^J$, $N=2\cdot4^{J-1}$のいずれのDFTの演算でも新しいFFTアルゴリズムの方が総計算回数は少なくなっています。

ところで、式（4.38）～式（4.41）は、長さNのRDFTを演算する場合に必要となる実数乗算回数と実数加算回数を示しています。したがって、DFTの対象にする入力データ列$x(n)$が複素数値の場合、つまり複素数値離散フーリエ変換CDFTを演算する場合に必要となる実数乗算回数は、式（4.38）～式（4.41）から求められるRDFTの場合の実数乗算回数の2倍となります。また、実数加算回数は式（4.33）～式（4.34）から求められるRDFTの場合の実数加算回数に$N-2$を加えた値の2倍になります。

演算構造と計算量との関係

新しいFFTアルゴリズムの各因数N_jをCooley-Tukey型FFTに対応するように設定した場合、必要となる計算量が式（4.38）～式（4.41）で求められるとしましたが、これらの式をいきなり示したのでは唐突感を抱かれても仕方がありません。そこで、これらの式がどのようにして算出したのかを説明することにします。

図4-4(1)は、新しいFFTアルゴリズムの各因数N_jをCooley-Tukey型FFTに対応するように設定し、長さNのRDFTを演算する場合の演算構造を表しています。同図は、長さ$N=4^J$のRDFTを演算するのに必要となる計算量について、$N=2\cdot4^{J-2}$、$N=4^{J-1}$、$N=2\cdot4^{J-1}$のRDFTの場合に必要な計算量からのそれぞれの増加分が発生する構成要素が明らかになるように表現しています。同図の右肩上に$J\geq3$としていますのは、同図に表すようなRDFTの分解の最小単位を$N=8$のRDFTとするという意味です。もちろん、$N=8$のRDFTには$N=4$のRDFTが含まれていますが、説明の便宜上、$N=8$のRDFTを最小単位にしておきます。これらの表現をより具体的に説明するために、同図（2）に$J=3$とした場合の例を表します。つまり、同図では$N=4^J=64$のRDFTを$N=2\cdot4^{J-1}=32$のRDFT、$N=4^{J-1}=16$のRDFTへと分解した場合に、それぞれの演算での計算量の増加分となる構成要素を抽出しています。そこで、$N=8$のRDFTから$N=16$のRDFT、$N=32$のRDFT、$N=64$のRDFTとのそれぞれの段階における計算量の増加分を求めることにします。なお、説明の便宜上、計算量は複素数計算として4/2アルゴリズムを用いることにします。

$N=16$のRDFTの計算量

$N=16$のRDFTの実数乗算回数は、$N=8$のRDFTの実数乗算回数に増加分としての回転因子$W_{16}\times2+W_8$での乗算が加えられたものになります。

ここで、$N=16$のRDFTの演算構造を乗算回数の点から見ると、$N=16$のRDFTの出力項$X(k)$における偶数項は$N=8$のRDFTで処理し、$N=8$のRDFTからの乗算回数の増加

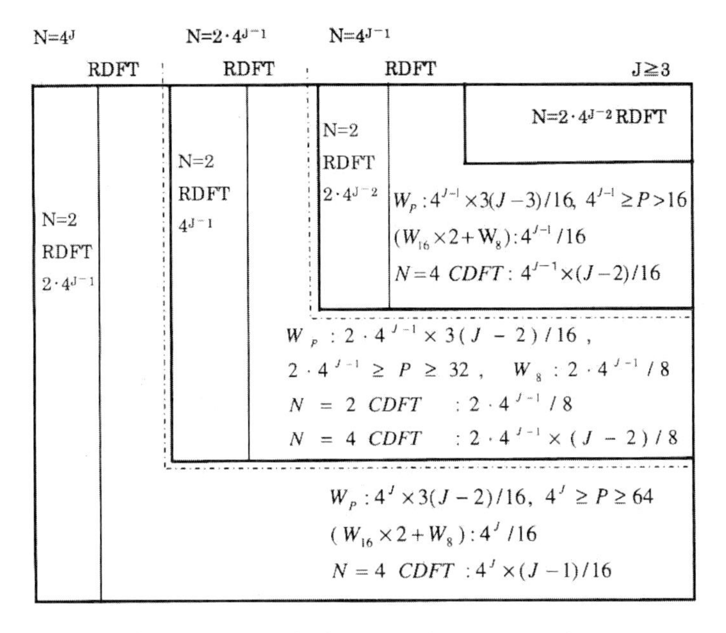

(1) RDFT の演算構造と計算量の構成要素と関係
（J を任意の値におく場合 ）

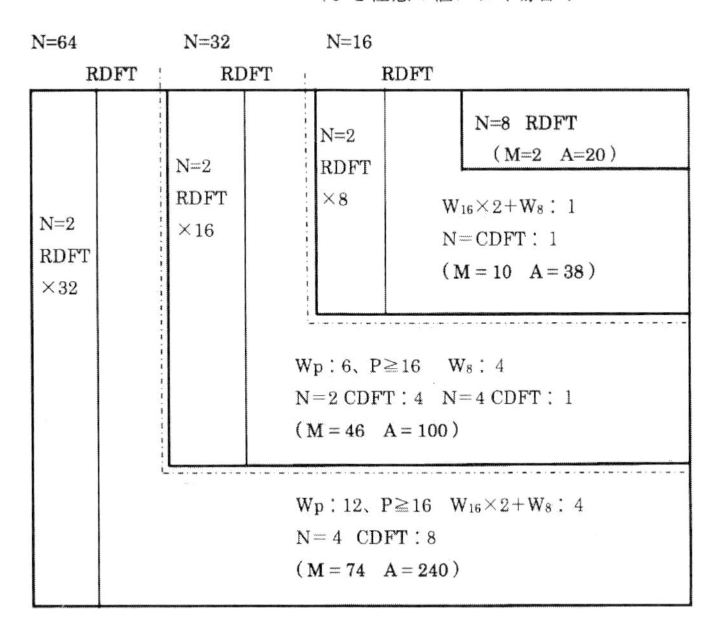

(2) RDFT の演算構造と計算量の構成要素と関係
（J の値を 3 とおいた場合 ）

図 4-4 FFT の新しいアルゴリズムによる RDFT の演算構造と計算量の構成要素との関係

分は $N=16$ の出力項 $X(k)$ の奇数項を求めるものに含まれることになります。回転因子 W_{16} の乗算回数は、4/2 アルゴリズムで処理すれば 4 であり、回転因子 W_8 の乗算回数は 2 となります。このように、$N=16$ の RDFT の実数乗算回数のうち、$N=8$ の RDFT の実数乗算回数からの増加分としての回転因子 $W_{16}\times2+W_8$ における乗算回数は 10 となります。したがって、$N=16$ の RDFT における実数乗算回数は、$N=8$ の RDFT の実数乗算回数 2 に、実数乗算回数の増加分 10 が加わり、計 12 になります。次に、$N=16$ の RDFT の実数加算回数は、$N=8$ の RDFT の実数加算回数 20 に、入力部分にある $N/2=8$ 個の $N=2$ の RDFT における加算回数 $8\times2=16$、回転因子 $W_{16}\times2+W_8$ における加算回数 $3\times2=6$、1 つの $N=4$ の CDFT における実数加算回数 16 が加わり、計 58 になります。

$N=32$ の RDFT の計算量

$N=32$ の RDFT の実数乗算回数は、$N=16$ の RDFT の実数乗算回数 12 に、回転因子 $W_P\times6, P\geq16$ における乗算 4×6 と、$W_8\times4$ における乗算 2×4 が加わり、計 44 となります。また、$N=32$ の RDFT の実数加算回数は、$N=16$ の RDFT の実数加算回数 58 に、入力部分にある $N/2=16$ 個の $N=2$ の RDFT における実数加算回数 $16\times2=32$、回転因子 $W_P\times6+W_8\times4$ での加算回数 $(6+4)\times2=20$、4 つの $N=2$ の CDFT における加算回数 $4\times4=16$、2 つの $N=4$ の CDFT における加算回数 $16\times2=32$ が加わることで計 158 となります。

$N=64$ の RDFT の計算量

$N=64$ の RDFT の実数乗算回数は、$N=32$ の RDFT の実数乗算回数 44 に、回転因子 $W_P\times12, P\geq16$ における乗算 $4\times12=48$ と、$(W_{16}\times2+W_8)\times4$ における乗算 $10\times4=40$ が加わり、計 132 になります。また、$N=64$ の RDFT の実数加算回数は、$N=32$ の RDFT の実数加算回数 158 に、入力部分にある $N/2=32$ 個の $N=2$ の RDFT における加算回数 $32\times2=64$、回転因子 $W_P\times12, P\geq16$ における加算回数 $2\times12=24$, $(W_{16}\times2+W_8)\times4$ における加算回数 $6\times4=24$、8 つの $N=4$ の CDFT における加算回数 $16\times8=128$ が加わり、計 398 となります。このように、RDFT の長さ N を、順次、大きくすることで、計算量の増加分を求めることができます。次に、これらの計算量を表す一般式を求めることにします。

長さ N の RDFT の計算量を表す一般式の導出

では準備が整ったので、図 4-4 (1) に示した新しい FFT アルゴリズムによる長さ N の RDFT の演算構造から計算量を表す一般式としての式 (4.38)～式 (4.41) を求めることにします。

まず、各回転因子での実数乗算回数を整理しておきます。すでに説明してありますように、回転因子 W_P が $P\geq16$ であれば、実数乗算回数は α 回となり、回転因子 W_8 の実数乗算回数は2となります。したがって、長さ $N=4^J$ の RDFT の演算に必要な実数乗算回数は、長さ $N=2\cdot4^{J-1}$ の RDFT の演算に必要な実数乗算回数からの増加分の形で求めますと、次式のように表すことができます。

$$M^r_{P01}(4^J)=M^r_{P01}(2\cdot4^{J-1})+\alpha\times\{4^{J-2}\times3(J-2)+2\times4^{J-2}\}+2\times4^{J-2} \tag{4.42}$$

さらに、長さ $N=2\times4^{J-1}$ の RDFT の演算に必要な実数乗算回数は、長さ $N=4^{J-1}$ の RDFT の演算に必要な実数乗算回数からの増加分の形で求めると、次式のように表すことができます。

$$M^r_{P01}(2\cdot4^{J-1})=M^r_{P01}(4^{J-1})+2\times4^{J-3}\{4+3\alpha\times(J-2)\} \tag{4.43}$$

式（4.42）に式（4.43）を代入して整理すれば、式（4.38）の $M^r_{P01}(4^J)$ が得られます。また、式（4.42）を $M^r_{P01}(4^{J-1})$ に変形して式（4.43）に代入して整理すれば、式（4.39）の $M^r_{P01}(2\cdot4^{J-1})$ が得られます。

続いて、実数加算回数を表す式（4.40）、式（4.41）を求めることにします。まず、回転因子の実数加算回数、$N=4$、$N=2$ の CDFT での実数加算回数を整理しておきましょう。回転因子 W_P が $P\geq16$ であれば、実数加算回数は β 回となります。なお、ここで β は、繰り返しの説明になりますが、4/2 アルゴリズムを用いるときは2に、3/3 アルゴリズムのときは3にそれぞれ設定します。また、$N=4$ の CDFT の実数加算回数は16であり、$N=2$ の CDFT の実数加算回数は4となります。したがって、$N=4^J$ の RDFT の演算に必要な実数加算回数は、$N=2\times4^{J-1}$ の RDFT の演算に必要な実数加算回数からの増加分の形で求めると、次式のように表されます。

$$\begin{aligned}A^r_{P01}(4^J)&=A^r_{P01}(2\cdot4^{J-1})+4^J+3\beta\times(J-2)\times4^{J-2}+2\beta\times4^{J-2}+2\times4^{J-2}+(J-1)\times4^J\\&=A^r_{P01}(2\cdot4^{J-1})+4^{J-2}\{2+16J+\beta\times(3J-4)\}\end{aligned} \tag{4.44}$$

同様に、$N=2\times4^{J-1}$ の演算に必要な実数加算回数は、$N=4^{J-1}$ の演算に必要な実数加算回数からの増加分の形で求めると、次式のように表されます。

$$A^r_{P01}(2\cdot4^{J-1})=A^r_{P01}(4^{J-1})+2\times4^{J-3}\{4(4^J-1)+3\beta\times(J-2)\} \tag{4.45}$$

式（4.44）、式（4.45）をそれぞれ用いることで、式（4.40）の $A^r_{P01}(4^J)$、式（4.41）の $A^r_{P01}(2\cdot4^{J-1})$ が得られることになります。

(2) Split-radix 型 FFT に対応する各因数 N_j の設定

RDFT の長さ N が $N=2^m$ と、2のべき乗の場合、従来からの FFT アルゴリズムの中では Split-radix 型 FFT が Cooley-Tukey 型 FFT のいかなる基数のアルゴリズムよりも効率的に演算できます。それは、Split-radix 型 FFT を提案した P. Duhamel が喝破したように、Cooley-Tukey 型 FFT との回転因子の配置の違いによるものです。そこで、新しい FFT アルゴリズムでも回転因子の配置を積極的にコントロールすることで得られる新たな演算構造を導入することとし、それに対応する高速演算式を因数4と因数2との積による新たな組み合わせで求めることにしました。

新たな演算構造の導入

新しい FFT アルゴリズムの各因数 N_j を Split-radix 型 FFT に対応するように設定するものとして、**図 4-5** に示すような新たな演算構造を導入しました。新たな演算構造は、長さ N の RDFT を長さ $N/4$ の RDFT、CDFT、長さ $N/8$ の CDFT のように分解することを基本にし、$N_1=4$ の条件を確保するというものです。このとき、$N/4$ の RDFT、CDFT の入力は、入力データ列 $x(n)$ を $N=4$ の DFT を通過させたものであり、$N/8$ の CDFT の入力は $N=2$、$N=4$ の DFT を通過させたものになります。なお、同図の演算構造は、これまでの説明と同様に、右端が出力項 $X(k)$、左端が入力データ列 $x(n)$ となります。そして、$N/4$ の RDFT と $N/8$ の CDFT とで偶数番目の出力項 $X(2k)$ を、$N/4$ の CDFT で奇数番目の出力項 $X(2k+1)$ をそれぞれ計算することになります。

ここで、「分解することを基本に」というのは、長さ N の RDFT を $N/4$ の RDFT、CDFT、$N/8$ の CDFT に分解し、さらに分解された $N/4$ の RDFT、CDFT、$N/8$ の CDFT も同様の分解構造に則って分解するということです。そこで、長さ N の RDFT をどこまで分解するかというと、$N=32$ の DFT を分解の最小単位にします。もちろん、新しい演算構造に

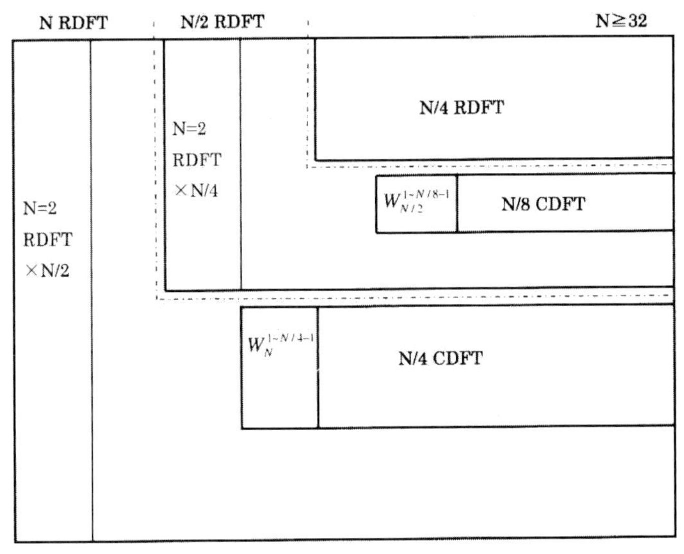

図 4-5　長さ N の RDFT の新しい演算構造

もとづいて分解された $N=32$ の DFT の中には、$N=16$ の DFT も、$N=8$ の DFT、$N=4$ の DFT も含まれていますが、「長さ N の RDFT を $N/4$ の RDFT、CDFT、$N/8$ の CDFT に分解する」という演算構造による分解の最小単位は $N=32$ の DFT にするという意味です。したがって、新しい演算構造による計算量の削減の効果は $N=32$ の RDFT からはじめて現れ、長さ N が $N<32$ の RDFT については計算量の削減の効果は認められません。また、$N_1=4$ の条件は、RDFT の複素数共役対称性に由来する $1+N/8$ の性質を活用するためです。なお、これから説明するのは周波数間引き形の Split-radix 型 FFT に対応するもので、時間間引き形については後で説明します。

まず、長さ N の RDFT を長さ $N/4$ の RDFT、CDFT、長さ $N/8$ の CDFT に分解することは、図 4-5 に表すように、$N/4$ の CDFT の直前に回転因子 $W_N^{1\sim N/8-1}$ が配置されます。そして、$N/8$ の CDFT の直前には回転因子 $W_{N/2}^{1\sim N/8-1}$ が配置されます。また、$N/4$ の RDFT と $N/8$ の CDFT とは、長さ $N/2$ の RDFT を構成することになります。さらに、$N/4$ の RDFT は、$N/16$ の RDFT、CDFT と、$N/32$ の CDFT に分解されることになります。このことは、分解とは逆に、長さ N の RDFT と回転因子 $W_{2N}^{1\sim N/2-1}$ を乗じた $N/2$ の CDFT と、回転因子 $W_{4N}^{1\sim N-1}$ を乗じた長さ N の CDFT の組み合わせで長さ $4N$ の RDFT が造成できることを意味しています。

続いて、具体的な長さ N の RDFT を例にして、新しい演算構造を説明することにします。まず、新しい演算構造の最小単位とする $N=32$ の RDFT からはじめます。長さ $N=32$ の RDFT の場合、新しい FFT アルゴリズムで Split-radix 型 FFT に対応する演算構造は**図 4-6 (1)** のように表されます。同図で、←4→、←2→ のように記入する数字は、RDFT の長さ N を因数の積としたときの個々の因数を表しています。詳しくは、高速演算式の算出のところで説明します。同図で、$N/4$ の RDFT、CDFT に当たるのが $N=8$ の RDFT、CDFT になります。また、$N/8$ の CDFT に当たるのが $N=4$ の CDFT ということになります。$N=8$ の CDFT の先に、つまり、入力データ列 $x(n)$ 側に配置される回転因子 $W_N^{1\sim N/4-1}$ は $W_{32}^{1\sim 7}$ となります。なお、$N=32$ の DFT が RDFT ではなく、CDFT の場合には、入力データ列 $x(n)$ 側に回転因子 $W_{32}^{3\sim 21}$ が配置された $N=8$ の CDFT の演算が加わることになります。そして、$N=8$ の RDFT、CDFT は、新しい演算構造でも $1+N/8$ という性質を活用する $N_1=4$ の条件を確保するため、$8=4\times 2$ と設定することになります。また、$N=4$ の CDFT の先には回転因子 $W_{16}^{1\sim 3}$ が配置されます。$N=32$ の DFT が RDFT ではなく、CDFT の場合であれば、入力データ列 $x(n)$ 側に回転因子 $W_{16}^{3\sim 9}$ が配置された $N=4$ の CDFT の演算が加わることになります。このように回転因子を配置する新しい演算構造のもとで、高速演算式を算出するためには因数の組合せが重要な要素になります。

$N=32$ の RDFT の場合であれば、図 4-6 (1) に表すように、因数の積 $4\times 2\times 4$、$4\times 4\times 2$ という 2 つの組合せを必要とします。

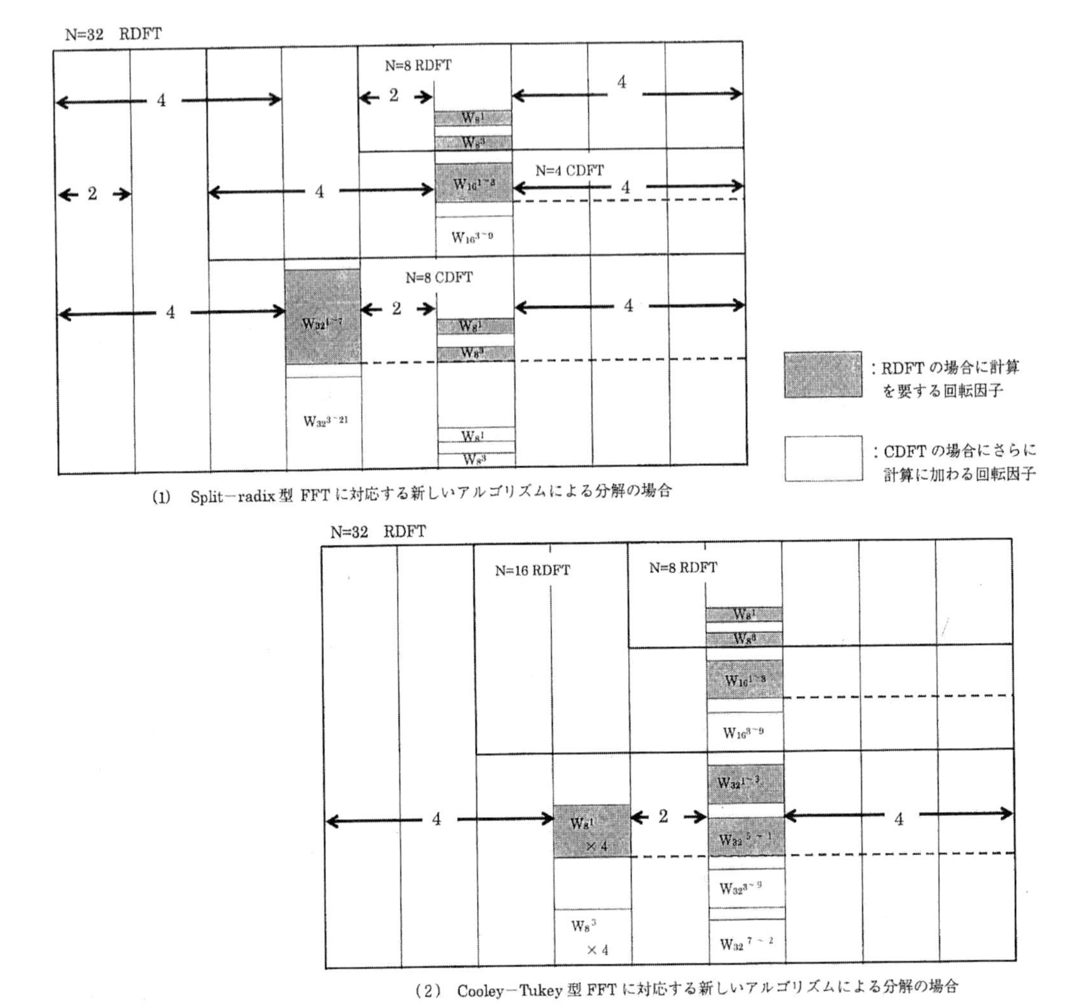

(1) Split−radix型FFTに対応する新しいアルゴリズムによる分解の場合

(2) Cooley−Tukey型FFTに対応する新しいアルゴリズムによる分解の場合

図4-6　N＝32のRDFTの新しいアルゴリズムによる分解と回転因子の配置の関係

では、ここで、先に説明しましたCooley-Tukey型FFTに対応するFFTの新しいアルゴリズムによる演算構造と比較してみることにします。**図4-6(2)**には、Cooley-Tukey型FFTに対応するFFTの新しいアルゴリズムによるN=32のRDFTの演算構造を表しています。この演算構造による場合、RDFTの長さNを32=4×2×4とし、因数の積1つの組合せで高速演算式を求め、回転因子の配置はそのままで、移動することはありません。図4-6 (1)、(2) の演算構造によるそれぞれの実数乗算回数は44回と42回との違いになっています。N=32のRDFTは、新しい演算構造の最小単位ですから、乗算回数の削減数は2と、小さいのですが、何ゆえに回転因子の配置を再設定すると乗算回数が削減されるのかを説明しましょう。乗算回数の違いは出力項$X(k)$のうち奇数項$X(2k+1)$の処理部分に現れています。そこで、乗算回数に違いが現れている演算処理部分の信号フローを抜き出すと、**図4-7(1)**、**(2)**の

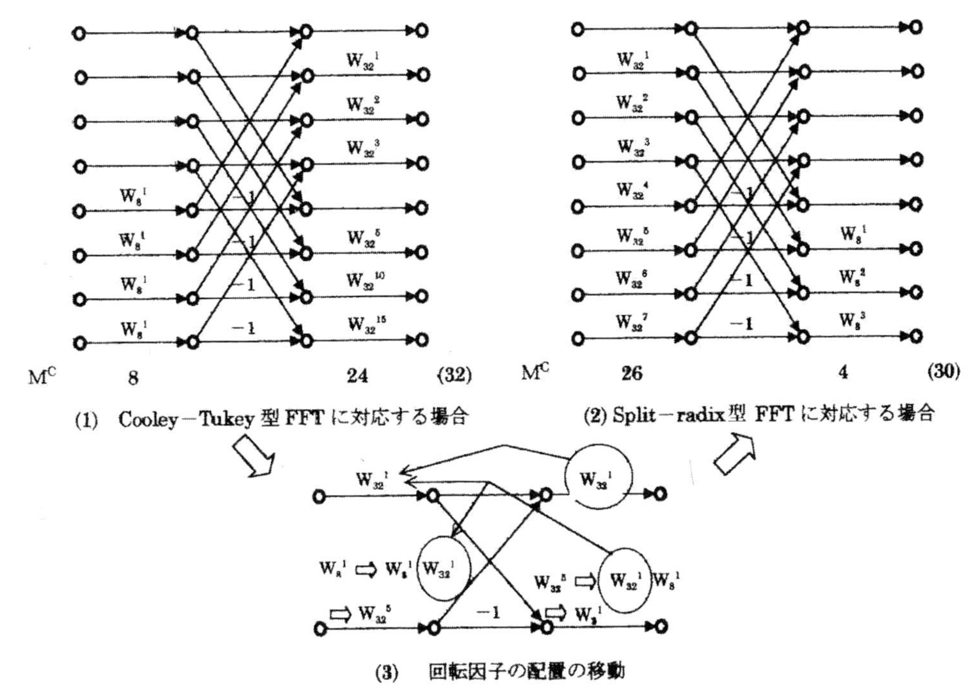

図 4-7 アルゴリズムによる回転因子の配置の比較例

ようになります。そして、同図 (1)、(2) の回転因子の配置の違いは同図 (3) を用いることで説明することができます。

同図 (3) は、同図 (1)、(2) それぞれの上から 2 番目と 6 番目のラインで構成される $N=2$ のバタフライ演算の構成を抜き出しています。2 番目、6 番目以外のラインで構成される $N=2$ のバタフライ演算の構成についても同様に説明ができます。そこで、同図 (1) の構成の実数乗算回数は、入力側の 4 つの回転因子 W_8^1 で 8 回、出力側の 6 つの回転因子 $W_{32}^{1\sim3}$、$W_{32}^{5\sim15}$ で 24 回と、計 32 回となっています。これに対し、同図 (2) の構成の場合には、入力側の 7 つ回転因子 $W_{32}^{1\sim7}$ で 26 回、出力側の 3 つの回転因子 $W_8^{1\sim3}$ のうちの 2 つの回転因子 W_8^1、W_8^3 で 2 回と、計 30 回となっています。なお、W_{32}^4 は、$W_{32}^4=W_8^1$ ですから、乗算回数は 2 回となります。また、$W_8^{1\sim3}$ のうちの W_8^2 は、$W_8^2=W_4^1$ ですから、乗算回数はゼロとなります。このように、新しい演算構造にもとづいて回転因子の配置を再設定することで乗算回数が削減されることがわかります。このように新たな演算構造では、長さ N の DFT を分解するにも、長さ N の DFT からより大きな長さ N の DFT を造成するにしても、回転因子の配置が明確に把握することができます。そして、新たな演算構造による長さ N の RDFT の高速演算式は、回転因子の配置を見込んだ因数の積の組み合わせを用いて、式 (4.23)、式 (4.26) から複数のいわば仮の演算式を導いて、それぞれの演算式で必要な回転因子の位置を移動することで求められます。そして、回転因子の配置を見込んだ因数の積の組み合わせは、長さNのとき、$N/4$のRDFT、CDFTに対応するものを$A(N)$、$N/8$のCDFTに対応するものを$B(N)$とすると、

$$
\begin{aligned}
&A(N)=\{A(N/4), B(N/4)\}^{*}4\\
&B(N)=A(N/2)^{*}2\\
&\quad N\geq 32, N=2^{i}, i=5,6,7,\cdots\\
&\quad A(8), B(8)=\{4\times 2\}, A(16), B(16)=\{4\times 4\}
\end{aligned}
\tag{4.46}
$$

で表されます。上式の$*$は、{ }内の因数の積との積を表します。

ここで$N\geq 32$とするのは、$N_1=4$の条件から、$N/8=4$となる$N=32$のRDFTが新たな演算構造の最小の対象になるからです。もちろん、分解された$N=32$のRDFTの構成には$N=2,4,8,16$のDFTが含まれています。**表4-4**には式（4.46）から求めた、長さNごとの回転因子の配置を見込んだ因数の積の組み合わせを表しています。例えば、$N=128$のRDFTの場合、$N/4$のRDFT、CDFTを演算する高速演算式は、$128/4=32$なので、式（4.46）から、

$$
\begin{aligned}
A(128)&=\{A(32),B(32)\}^{*}4=\{4\times 2\times 4, 4\times 4\times 2\}^{*}4\\
&=4\times 2\times 4\times 4,\ 4\times 4\times 2\times 4
\end{aligned}
$$

表4-4　DFTの長さNと複数個の因数の積との関係

N	32	128	512
(N/4)	4×2×4	4×2×4×4	4×2×4×4×4
(N/8)	4×4×2	4×4×2×4	4×4×2×4×4
		4×4×4×2	4×4×4×2×4
			4×2×4×2×4×2
			4×4×4×4×2
N	64	256	1024
(N/4)	4×4×4	4×4×4×4	4×4×4×4×4
(N/8)	4×2×4×2	4×2×4×2×4	4×2×4×2×4×4
		4×2×4×4×2	4×2×4×4×2×4
		4×4×2×4×2	4×4×2×4×2×4
			4×2×4×4×4×2
			4×4×2×4×4×2
			4×4×4×2×4×2

という、2組の因数の組み合わせから求められます。また、$N/8$ の CDFT を演算するための高速演算式は、式 (4.46) から

$$B(128)=A(64)^{*}2=4\times4\times4\times2$$

という因数の積から求められることになります。

新たな演算構造にもとづく高速演算式の具体例

このように新たな演算構造に対応する高速演算式は、単純に演算公式から求めるものではなく、回転因子の配置の固定という手順が加わることになります。では、$N=128$ の RDFT を例にして、新たな演算構造のもとでの高速演算式を求めてみましょう。

図 4-8 は、$N=128$ の RDFT の場合の回転因子の配置と複数個の因数の積との関係を示しています。$N=128$ の RDFT の場合、すでに例で説明しましたように、$N/4=32$ の RDFT、CDFT と、$N/8=16$ の CDFT とに分解し、高速演算式を求めるのには3つの因数の積が必要となります。

まず、同図の①が示す $4\times4\times2\times4$ という因数の積は、式 (4.46) から明らかなように、$B(32)\times4$ から求められるので、出力項 $X(k)$ 側、つまり同図の右端から見て、$N=32$ の CDFT の先に回転因子 W_{128} が配置されます。次に、$N=32$ の DFT に含まれる回転因子 W_{16} を出力項 $X(k)$ 側から見て、$N=4$ の DFT の先に配置します。そこで、$128=4\times4\times2\times4$ として単純に演算公式から演算式を求めると、次式が得られます。

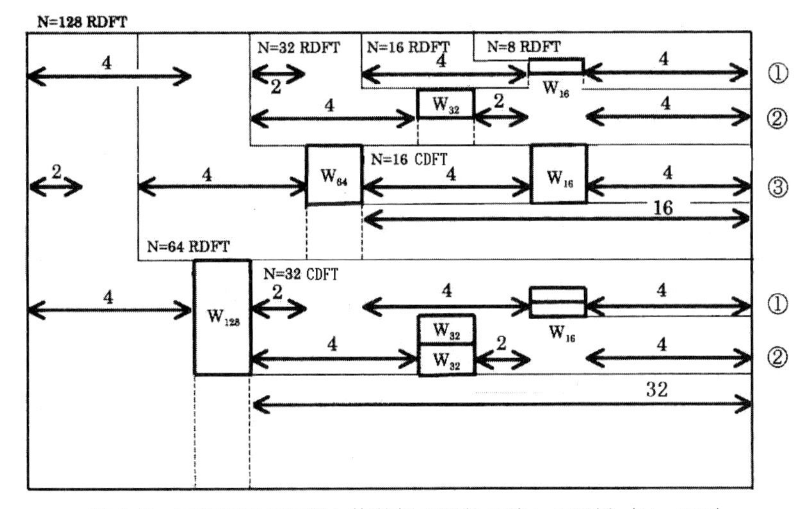

図 4-8　回転因子の配置と複数個の因数の積との関係（$N=128$）

$$\begin{aligned} & X(32k_1+8k_2+4k_3+k_4) \\ & = \sum_{n_1=0}^{3} W_4^{n_1k_1} W_{16}^{n_1k_2} W_{32}^{n_1k_3} W_{128}^{n_1k_4} \\ & \quad \times \sum_{n_2=0}^{3} W_4^{n_2k_2} W_8^{n_2k_3} W_{32}^{n_2k_4} \\ & \quad \times \sum_{n_3=0}^{1} (-1)^{n_3k_3} W_8^{n_3k_4} \\ & \quad \times \sum_{n_4=0}^{3} x(32n_4+16n_3+4n_2+n_1) W_4^{n_4k_4} \\ & \quad k_1, k_2, k_4=0, 2, 1, 3 \quad k_3=0, 1 \end{aligned} \tag{4.47}$$

$N=128$ の RDFT の演算で、128=4×4×2×4 という因数の積で計算するのは図 4-8 で $N/4$ の $N=32$ の RDFT、CDFT のそれぞれの上側半分ですので $k_3=0$ となる部分です。さらに、$k_4=0$ とすると、$N=32$ の RDFT の上側半分が、$k_4=1$ とすると、$N=32$ の CDFT の上側半分をそれぞれ演算できることになります。そこで、式 (4.47) は、$k_3=0$ とおき、$k=32k_1+8k_2+k_4$、$k_1, k_2=0, 2, 1, 3$、$k_4=0, 1$ の出力項 $X(k)$ について計算する演算式となります。

次に、n_1 についての最初の総和 Σ に入っている回転因子 W_{128} と 2 番目の総和 Σ にある回転因子 W_{32} には奇数番目の出力項 $X(k)$ を示すインデックス k_4 が付加されており、この 2 つの回転因子は出力項 $X(k)$ 側からみて $N=32$ の CDFT の先に配置する必要があります。そこで、これらの 2 つの回転因子を 3 番目の総和 Σ に移動し、これらの回転因子の配置を固定すると、次式が得られます。

$$\begin{aligned} & X(32k_1+8k_2+k_4) \\ & = \sum_{n_1=0}^{3} W_4^{n_1k_1} W_{16}^{n_1k_2} \sum_{n_2=0}^{3} W_4^{n_2k_2} \sum_{n_3=0}^{1} W_8^{n_3k_4} W_{32}^{n_2k_4} W_{128}^{n_1k_4} \\ & \quad \times \sum_{n_4=0}^{3} x(32n_4+16n_3+4n_2+n_1) W_4^{n_4k_4} \\ & \quad k_1, k_2=0, 2, 1, 3 \quad k_4=0, 1 \end{aligned} \tag{4.48}$$

同様の手順で、②で示される因数の積 128=4×2×4×4 で演算公式から演算式を求め、必要な回転因子の配置を固定すると、次の演算式が得られます。

$$X(32k_1+16k_2+4k_3+k_4)$$
$$=\sum_{n_1=0}^{3} W_4^{n_1k_1} W_8^{n_1k_2} \sum_{n_2=0}^{1} (-1)^{n_2k_2} W_8^{n_2k_3} W_{32}^{n_1k_3}$$
$$\times \sum_{n_3=0}^{3} W_4^{n_3k_3} W_{16}^{n_3k_4} W_{32}^{n_2k_4} W_{128}^{n_1k_4}$$
$$\times \sum_{n_4=0}^{3} x(32n_4+8n_3+4n_2+n_1) W_4^{n_4k_4}$$
$$k_1, k_3=0, 2, 1, 3 \quad k_2=0, 1 \quad k_4=0, 1 \tag{4.49}$$

式（4.49）は、式（4.48）と同様に、$k_4=0$ とおけば、$N/4=32$ の RDFT の下側半分の演算に対応します。また、$k_4=1$ とおけば、$N/4=32$ の CDFT の下側半分を計算する演算式となります。つまり、出力項 $X(k)$ 側から見て、$N=8$ の DFT の先に回転因子 W_{32} を配置し、さらに、$N=4$ の DFT の先に回転因子 W_{128} が配置されます。

続いて、③で示される $128=4\times4\times4\times2$ の因数の積で演算公式から演算式を求めると次式が得られます。

$$X(32k_1+8k_2+2k_3+k_4)$$
$$=\sum_{n_1=0}^{3} W_4^{n_1k_1} W_{16}^{n_1k_2} W_{64}^{n_1k_3} W_{128}^{n_1k_4} \sum_{n_2=0}^{3} W_4^{n_2k_2} W_{16}^{n_2k_3} W_{32}^{n_2k_4}$$
$$\times \sum_{n_3=0}^{3} W_4^{n_3k_3} W_8^{n_3k_4} \sum_{n_4=0}^{1} x(64n_4+16n_3+4n_2+n_1)(-1)^{n_4k_4}$$
$$k_1, k_2, k_3=0, 2, 1, 3 \quad k_4=0, 1 \tag{4.50}$$

式（4.50）は、出力項 $X(k)$ の偶数番目の項、つまり $k_4=0$ で、$k_3=1$ の出力項 $X(k)$ の演算に用いるので、$k_4=0$ とおいて、さらに回転因子の配置を図 4-8 に示すように移動して固定することで、次の演算式が得られます。

$$X(32k_1+8k_2+2k_3)$$
$$=\sum_{n_1=0}^{3} W_4^{n_1k_1} W_{16}^{n_1k_2} \sum_{n_2=0}^{3} W_4^{n_2k_2} W_{16}^{n_2k_3} W_{64}^{n_1k_3}$$
$$\times \sum_{n_3=0}^{3} W_4^{n_3k_3} \sum_{n_4=0}^{1} x(64n_4+16n_3+4n_2+n_1)$$
$$k_1, k_2, k_3=0, 2, 1, 3 \tag{4.51}$$

式（4.51）は、出力項 $X(k)$ 側から見て、$N=4$ の DFT の先に回転因子 W_{16} があり、さらに $N=4$ の DFT の先に回転因子 W_{64} が配置されていることになります。

これら式（4.48）、式（4.49）、式（4.51）が $N=128$ の RDFT を新しい演算構造のもとで演算する場合に関係する 3 つの高速演算式ということになります。

Split-radix 型 FFT に対応する新たな演算構造による演算処理の信号フロー図

新しい FFT アゴリズムで Split-radix 型 FFT に対応するために新たな演算構造を取り入れましたが、ここで、$N=32$ の RDFT を例にして、演算処理のプロセスを信号フロー図で説明することにしましょう。長さ $N=32$ の RDFT の場合、長さ $N/4=8$ の RDFT、CDFT、長さ $N/8=4$ の CDFT に分解すると、次の 2 つの高速演算式が得られます。なお、式（4.52）の回転因子 $W_{32}^{n_1k_3}$ は、$N=4$ の DFT の後ろから $N=2$ の DFT の後に移動させることで、新しい演算構造に対応させています。

$$
\begin{aligned}
&X(8k_1+4k_2+k_3)\\
&\quad=\sum_{n_1=0}^{3} W_4^{n_1k_1} W_8^{n_1k_2} \sum_{n_2=0}^{1} (-1)^{n_2k_2} W_8^{n_2k_3} W_{32}^{n_1k_3}\\
&\qquad\times \sum_{n_3=0}^{3} x(8n_3+4n_2+n_1) W_4^{n_3k_3}\\
&\qquad k_1,k_3=0,2,1,3 \quad k_2=0,1
\end{aligned}
\tag{4.52}
$$

$$
\begin{aligned}
&X(8k_1+2k_2)\\
&\quad=\sum_{n_1=0}^{3} W_4^{n_1k_1} W_{16}^{n_1k_2} \sum_{n_2=0}^{3} W_4^{n_2k_2} \sum_{n_3=0}^{1} x(16n_3+4n_2+n_1)\\
&\qquad k_1,k_2=0,2,1,3
\end{aligned}
\tag{4.53}
$$

これらの高速演算式は、2 つの因数の積 4×2×4,4×4×2 で分解してあり、いずれも $N_1=4$ となっているので $1+N/8$ の性質が活用でき、実質的な乗算計算が必要な出力項 $X(k)$ は $1+N/8=5$ 点で済むことになります。つまり、式（4.52）で $X(0)$、$X(4)$、$X(1)$、$X(5)$、式（4.53）で $X(2)$ の 5 点の出力項 $X(k)$ について実質的な計算をすれば、他の残りの出力項 $X(k)$ については ±1, $\pm j$ のみで構成されるバタフライ演算の構成で算出できることになります。

式（4.52）、式（4.53）による演算処理の信号フローを**図 4-9** に示します。

新たな演算構造で RDFT を演算するに必要な計算量

続いて、新たな演算構造のもとで長さ N の RDFT を演算処理するときに必要となる実数乗算回数と、必要となる実数加算回数について説明します。

では、新たな演算構造が対象とする DFT の最小単位とする $N=32$ の RDFT から始めます。図 4-6（1）から、$N=32$ の RDFT の演算で必要とする実数乗算回数は、$N=8$ の RDFT、CDFT の実数乗算回数、$N=4$ の CDFT の実数乗算回数、回転因子 W_{32}, W_{16} で乗じ

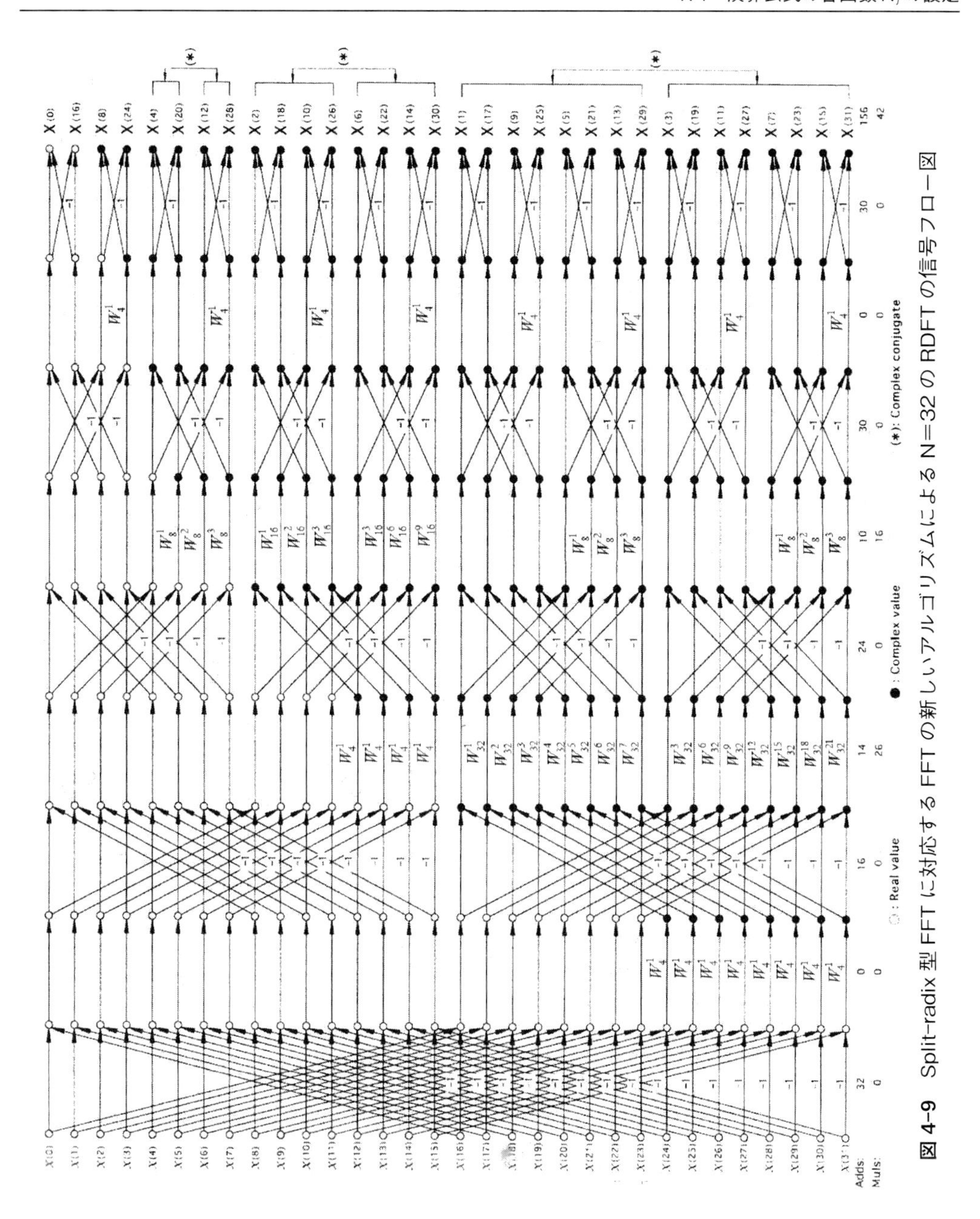

図 4-9 Split-radix 型 FFT に対応する FFT の新しいアルゴリズムによる N=32 の RDFT の信号フロー図

られる実数乗算回数を加えたものとして、

$$M^r_{P02}(32)=M^r_{P02}(8)+M^c_{P02}(8)+M^c_{P02}(4)+8\alpha+4 \tag{4.54}$$

と表すことができます。ここで、M^r_{P02} の P02 は新しい FFF アルゴリズムで新たな演算構造によるものを意味し、他の添え字は Cooley-Tukey 型 FFT のところで用いたものと同じです。このようにして求めると、長さ N の RDFT の演算に必要な実数乗算回数は、新たな演算構造による分解構造に則って実数乗算回数を見積ると、$N \geq 32$ であれば、

$$M_{P02}^{r}(N)=M_{P02}^{r}(N/4)+M_{P02}^{c}(N/8)+\alpha(N/8-2)+2 \\ +M_{P02}^{c}(N/4)+\alpha(N/4-2)+2 \qquad (4.55)$$

と表されます。CDFT の実数乗算回数は、RDFT の実数乗算回数の 2 倍になるので、式 (4.55) を整理すると、漸化式としての次式が得られます。

$$M_{P02}^{r}(N)=3M_{P02}^{r}(N/4)+2M_{P02}^{r}(N/8) \\ +\alpha(3N/8-4)+4, \quad N \geq 32 \\ (4/2):\alpha=4,\ M_{P02}^{r}(16)=12,\ M_{P02}^{r}(8)=2,\ M_{P02}^{r}(4)=0 \qquad (4.56)$$

式 (4.56) が、新たな演算構造のもとで長さ N の RDFT を演算するに必要となる実数乗算回数 $M_{P02}^{r}(N)$ ということになります。式 (4.56) は、漸化式ですので、任意の長さ N の実数乗算回数 $M_{P02}^{r}(N)$ をいきなり求めることはできません。つまり、長さ N の場合の実数乗算回数を求めるには、長さ $N/4$ と、$N/8$ の RDFT の実数乗算回数を求めるなり、事前に把握していることが必要です。そこで、いくつかの長さ N を例として、実数乗算回数 $M_{P02}^{r}(N)$ を求めてみることにしましょう。いま、$N=32$ とし、4/2 アルゴリズムを用いるものとして $\alpha=4$ とすると、式 (4.56) から次のように求められます。

$$M_{P02}^{r}(32)=3M_{P02}^{r}(8)+2M_{P02}^{r}(4)+4(3\times 32/8-4)+4=42$$

次に、この結果を踏まえて、$N=64$、$N=128$ とすると、

$$M_{P02}^{r}(64)=3M_{P02}^{r}(16)+2M_{P02}^{r}(8)+4(3\times 64/8-4)+4=124 \\ M_{P02}^{r}(128)=3M_{P02}^{r}(32)+2M_{P02}^{r}(16)+4(3\times 128/8-4)+4=330$$

となります。式 (4.56) は、漸化式であることから、順を追って求めることになります。

次に、実数加算回数について説明します。$N=32$ の RDFT の演算に必要な実数加算回数は、入力部分でのバタフライ演算の構成での加算回数、$N/4=8$ の RDFT での実数加算回数、$N/8=4$ の CDFT の実数加算回数と、乗じられる回転因子での加算回数、$N/4=8$ の CDFT の実数加算回数と乗じられる回転因子での実数加算回数を加えたもの、つまり、

$$A_{P02}^{r}(32)=(3\times 32)/2+A_{P02}^{r}(8)+A_{P02}^{c}(4) \\ +A_{P02}^{c}(8)+10\beta \qquad (4.57)$$

と表されます。このようにして求めると、長さ N の RDFT の演算に必要な実数乗算回数

$A^r_{P02}(N)$ は、新たな演算構造による分解構造に則って実数乗算回数を見積ると、$N \geq 32$ であれば、

$$A^r_{P02}(N)=3N/2+A^r_{P02}(N/4)+\beta(N/8-1)$$
$$+A^c_{P02}(N/8)+A^c_{P02}(N/4)+\beta(N/4-1) \tag{4.58}$$

のように表されます。ここで、CDFT の実数加算回数は、RDFT の実数加算回数に $N-2$ を加えたものの 2 倍の値になることから、上式を整理すると、漸化式として次式が得られます。

$$A^r_{P02}(N)=3A^r_{P02}(N/4)+2A^r_{P02}(N/8)$$
$$+9N/4-4+\beta(3N/8-4), N \geq 32$$
$$(4/2): \beta=2, A^r_{P02}(16)=58, A^r_{P02}(8)=20, A^r_{P02}(4)=6 \tag{4.59}$$

式（4.59）が、新たな演算構造のもとで長さ N の RDFT を演算するに必要となる実数加算回数ということになります。式（4.59）は、漸化式ですので、実数乗算回数と同様に、任意の長さ N の実数加算回数 $A^r_{P02}(N)$ をいきなり求めることはできません。長さ N の場合の実数加算回数を求めるには、長さ $N/4$ と、$N/8$ の RDFT の実数加算回数を求めるなり、事前に把握していることが必要です。そこで、いくつかの長さ N を例として、実数加算回数 $A^r_{P02}(N)$ を求めてみましょう。いま、$N=32$ とし、4/2 アルゴリズムを用いるものとして $\beta=2$ とすると、式（4.59）から次のように求められます。

$$A^r_{P02}(32)=3A^r_{P02}(8)+2A^r_{P02}(4)+9\times 32/4-4+2(3\times 32/8-4)=156$$

次に、この結果を踏まえて、$N=64$、$N=128$ とすると、

$$A^r_{P02}(64)=3A^r_{P02}(16)+2A^r_{P02}(8)+9\times 64/4-4+2(3\times 64/8-4)=394$$
$$A^r_{P02}(128)=3A^r_{P02}(32)+2A^r_{P02}(16)+9\times 128/4-4+2(3\times 128/8-4)=956$$

となります。このように、式（4.59）は順を追って求めることになります。

表 4-5 に RDFT の長さ N 別に式（4.56）、式（4.59）から求めた実数乗算回数、実数加算回数を proposed-2 として示しています。なお、$N<32$ の RDFT については、$N=32$ の RDFT に含まれる $N<32$ の DFT の乗算回数、加算回数を表しています。表 4-5 から明らかなように、長さ N の RDFT を長さ $N/4$ の RDFT、CDFT、$N/8$ の CDFT の組合せに分解する演算アルゴリズムの実数乗算回数、実数加算回数は、Split-radix 型 FFT アルゴリズムの計算回数と全く一致しています。ところで、式（4.56）、式（4.59）で表される実数乗算回数と実数加算回数の和を長さ N で割り、データ当たりの計算量の値を求め、N の値との変化パターンを整理したところ、Split-radix 型 FFT のところで説明したと同様の次の関係式が得られました。

表 4-5　新しいアルゴリズムと従来からのアルゴリズムとの計算量の比較

新しいアルゴリズム

	Proposed-1			Proposed-2		
N	M	A	M＋A	M	A	M＋A
4	0	6	6	0	6	6
8	2	20	22	2	20	22
16	12	58	70	12	58	70
32	44	158	202	42	156	198
64	132	398	530	124	394	518
128	356	974	1330	330	956	1286
256	900	2286	3186	828	2250	3078
512	2180	5294	7474	1994	5180	7174
1024	5124	11950	17074	4668	11722	16390
2048	11780	26798	38578	10698	26172	36870
4096	26628	59054	85682	24124	57802	81926

従来からのアルゴリズム

	Radix-2			Radix-4 or Radix-2＋Radix-4 †			Split-Radix		
N	M	A	M＋A	M	A	M＋A	M	A	M＋A
4	0	6	6	0	6	6	0	6	6
8	2	20	22	2	20	22	2	20	22
16	14	60	74	12	58	70	12	58	70
32	54	164	218	44	158	202	42	156	198
64	166	420	586	132	398	530	124	394	518
128	454	1028	1482	356	974	1330	330	956	1286
256	1158	2436	3594	900	2286	3186	828	2250	3078
512	2822	5636	8458	2180	5294	7474	1994	5180	7174
1024	6662	12804	19466	5124	11950	17074	4668	11722	16390
2048	15366	28676	44042	11780	26798	38578	10698	26172	36870
4096	34822	63492	98314	26628	59054	85682	24124	57802	81926

†：Radix-4 for $N=2^{2m}$ and Radix-4＋Radix-2 for $N=2^{2m+1}$

柱）新旧アルゴリズムのいずれも 4/2 アルゴリズムの使用を想定

$$M^{r}_{P02}(N)+A^{r}_{P02}(N)=2N(\log_2 N-2)+6 \tag{4.60}$$

式（4.60）は、新たな演算構造のもとでの実数乗算と実数加算との総計算回数を表すことになります。

4.5　新しい FFT アルゴリズムの特徴

これまで長さ N の DFT の公式を直接的に分解し、分解後の最終形態が端的に演算公式として数式表現できる新しい FFT アルゴリズムを説明してきましたが、その特徴を列挙し、整理しておきます。

① DFT の式の直接的な分解に基づいています

従来からの FFT アルゴリズムである Cooley-Tukey 型 FFT、Split-radix 型 FFT は、いずれも入力データ列 $x(n)$、出力項 $X(k)$ のインデックス n, k のいずれかのインデックスを利用する分解の基本式を設定し、それらの基本式の分解構造に則って長さ $N=2$、または $N=4$ の DFT になるまで反復的に分解を繰り返します。その分解に利用しない他方のインデックスは据え置かれたままになります。これに対し、新しい FFT アルゴリズムは、DFT の長さ N を J 個の因数の積と設定することで入力データ列 $x(n)$、出力項 $X(k)$ 双方のインデックス変換を多項で定義し、DFT の定義式を直接的に分解することで導かれる演算公式に基づいて演算処理します。

②演算構造が単純です

長さ N の RDFT を長さ $N/2$ の RDFT と長さ $N=4, 2$ の CDFT の組合せに分解する単純な演算構造を因数の組合せで実現し、Radix-4FFT と同等の演算効率を達成しています。また、長さ N の RDFT を長さ $N/4$ の RDFT、CDFT と、$N/8$ の CDFT の組合せに分解する演算構造を因数の複数の組合せで実現し、Split-radix 型 FFT と同等の演算効率を達成しています。

③分解後の最終形態が簡明に数式表現できます

DFT の定義式の分解による最終形態を演算公式として極めて簡単明瞭に数式表現できるので、高速演算アルゴリズムとして直感的に理解でき、プログラム化にも柔軟性があります。

④ Pruning（枝落し）に適しています

Pruning（枝落し）というのは、全出力項 $X(k)$、$k=0 \sim N-1$ のうち、必要とする出力項のみの値を算出することをいいます。新しい FFT アルゴリズムでは希望する出力項の値を表す演算式が容易に得られますので、FFT の Pruning（枝落し）に適したアルゴリズムといえます。

⑤ In-place（定位置）演算で計算ができます

Cooley-Tukey 型 FFT および Split-radix 型 FFT アルゴリズムと同様に、複素数計算の In-place（定位置）演算で計算ができます。

これまでに挙げた特徴の中で、新しい FFT アルゴリズムの最も大きな特徴は、DFT の定義式を分解した最終形態が演算公式として簡潔に表現できることだと思います。このように新しい FFT アルゴリズムは、実数値離散フーリエ変換の高速演算アルゴリズムとして、汎用性に優れ、極めて実用的なものと言えると思います。

第5章 実数計算を基本にするDFTの高速演算アルゴリズム

これまでDFTの高速演算アルゴリズムとして、Cooley-Tukey型FFT、Split-radix型FFT、DFTの式を直接的に分解する新しいFFTアルゴリズムを説明してきましたが、これらのFFTアルゴリズムに共通するのは、DFTの複素関数である変換核 W_N^{nk} そのものを反復的にしろ、直接的にしろ、長さ N の小さな変換核に分解することでしょう。また、それは、DFTの変換核 W_N^{nk} を複素関数に維持したまま演算することから、「複素数計算を基本にする演算構造」で処理することでもあります。最後に第5章では、これらのFFTアルゴリズムの説明を補完する位置付けで、変換核 W_N^{nk} を何らかの形でcos関数と、sin関数とに分離した後に分解し、「実数計算を基本にする演算構造」で処理するDFTの高速演算アルゴリズムについて説明します。

実数計算を基本にするDFTの演算構造

複素数計算そのものは、当然のこと、実数計算の組合せで処理されますが、「複素数計算を基本にする演算構造」と、「実数計算を基本にする演算構造」との本質的な相違点はDFTの演算処理の各中間段階の計算結果が複素数値となるか、実数値となるかにあります。さらに、DFTの「実数計算を基本にする演算構造」は、DFTをいわば間接的に実数計算で処理する演算アルゴリズムと、DFTを直接的に実数計算する演算アルゴリズムとに大きく分けられます。DFTを間接的に実数計算で演算するアルゴリズムとしては離散ハートレー変換がよく知られています。また、DFTを直接的に実数計算で演算するアルゴリズムとしては、長さ N のDFTを離散コサイン変換（DCT）と離散サイン変換（DST）とに分解することで、それぞれを高速演算するアルゴリズムがあります。

5.1 高速ハートレー変換FHTによるDFTの高速演算

離散ハートレー変換DHTの定義式とDFTとの関係

長さ N の離散ハートレー変換（Discrete Hartley Transform : DHT）は、一般に

$$H(k)=\sum_{n=0}^{N-1} x(n)cas(2\pi kn/N),\quad k=0\sim N-1 \tag{5.1}$$

のように定義されます。そして、その逆変換は

$$x(n)=\frac{1}{N}\sum_{k=0}^{N-1} H(k)cas(2\pi nk/N),\quad n=0\sim N-1 \tag{5.2}$$

のように表されます。ここで、式（5.1)、式（5.2）に用いられる変換核

$$cas(\theta)=\cos(\theta)+\sin(\theta) \tag{5.3}$$

は cas 関数と呼ばれます。そして、離散ハートレー変換 DHT を利用することによる実数値離散フーリエ変換 RDFT の演算構造を説明すると、次のようになります。まず、長さ N の DFT は、一般に

$$X(k)=\sum_{n=0}^{N-1} x(n)W_N^{nk},\quad W_N^{nk}=e^{-j2\pi nk}$$
$$k=0\sim N-1 \qquad (1.4)（再出）$$

のように定義されますが、その変換核 W_N^{nk} と、ハートレー変換の変換核 cas 関数とはそれぞれ

$$W_N^{nk}=\cos(2\pi nk/N)-j\sin(2\pi nk/N)$$
$$cas(2\pi nk/N)=\cos(2\pi nk/N)+\sin(2\pi nk/N) \tag{5.4}$$

のように構成され、複素関数と実数関数と異なっています。そこで、式（1.4）で表される DFT の実部を $\mathrm{Re}\{X(k)\}$、虚部を $\mathrm{Im}\{X(k)\}$ とすれば、式（5.1）の離散ハートレー変換 DHT との間には

$$DHT[x(n)]=\mathrm{Re}\{DFT[x(n)]\}-\mathrm{Im}\{DFT[x(n)]\} \tag{5.5}$$

の関係が成立します。したがって、DFT の入力データ列 $x(n)$ が実数値である実数値離散フーリエ変換 RDFT は、その実部が偶関数で、虚部が奇関数であることから、

$$\begin{aligned}\mathrm{Re}\{DFT[x(n)]\}&=1/2\{DHT[x(N-n)]+DHT[x(n)]\}\\ \mathrm{Im}\{DFT[x(n)]\}&=1/2\{DHT[x(N-n)]-DHT[x(n)]\}\end{aligned} \tag{5.6}$$

の関係式を用いることで、離散ハートレー変換 DHT の演算結果から求められることになります。つまり、式（5.6）で表される関係式を利用することは、「複素数計算を基本に」する DFT の演算が「実数計算を基本に」する離散ハートレー変換の演算に置き換えられることを

意味します。そして、離散ハートレー変換の演算を効率的に実行するものとして、これまでに種々の高速ハートレー変換（Fast Hartley Transform：FHT）のアルゴリズムが提案されています。

離散ハートレー変換 DHT 誕生の背景

離散ハートレー変換 DHT は、Cooley-Tukey 型 FFT がすでに実用化され始めた後に提案された RDFT の演算ツールですので、ここで DHT の前身とされる変換対も含め、誕生の経緯について簡単に説明しておきます。

米国の電子工学研究者 Ralph V.L. Hartley（ラルフ・ハートレー、1888～1970）は、1942 年に伝送路の検討課題に適用できるものとして、次のような変換対を提案しました。

$$\phi(\omega)=\frac{1}{\sqrt{2\pi}}\int_{-\infty}^{\infty}f(t)cas(\omega t)dt$$
$$f(t)=\frac{1}{\sqrt{2\pi}}\int_{-\infty}^{\infty}\phi(\omega)cas(\omega t)d\omega$$
$$cas(\omega t)=\cos(\omega t)+\sin(\omega t) \tag{5.7}$$

このフーリエ変換対に似た積分変換対は、式（5.7）の構造から明らかなように、時間軸の関数 $f(t)$ を周波数軸の関数 $\phi(\omega)$ に変換し、周波数軸の関数 $\phi(\omega)$ を時間軸の関数 $f(t)$ に変換することになります。この積分変換対とフーリエ変換対との明らかな違いは、当然のこととして、変換核にあります。フーリエ変換の変換核が複素関数であるのに対し、式（5.7）の変換核の *cas* 関数は実数関数となっています。*cas* 関数は、**図 5-1** に示すような特性を示します。*cas* 関数の主な性質を整理すると、**表 5-1** のようになります。その後、*cas* 関数を用いた実数積分変換対は、提案者の名に因んでハートレー変換（Hartley Transform：HT）として知られるようになりました。

R.V.L. Hartley によるハートレー変換 HT の提案から約 45 年後の 1983 年に、米国スタンフォード大学の Ronald. N. Bracewell（ロナルド・ブレイスウエル、1921～2007）によって、構造的に実数計算で演算できる離散値変換対として、離散ハートレー変換 DHT が提案され、その高速演算アルゴリズムとして、Cooley-Tukey 型 FFT の Radix-2 FFT に対応する周波数間引き形の Radix-2 の高速ハートレー変換 FHT が提起されました。R.N. Bracewell が提示した離散ハートレー変換は

$$H(k)=\frac{1}{N}\sum_{n=0}^{N-1}f(n)cas(2\pi kn/N),\quad k=0\sim N-1$$
$$f(n)=\sum_{k=0}^{N-1}H(k)cas(2\pi nk/N),\quad n=0\sim N-1 \tag{5.8}$$

のように定義され、時間軸の関数 $f(n)$ を周波数軸の関数 $H(k)$ に変換する側にスケールファ

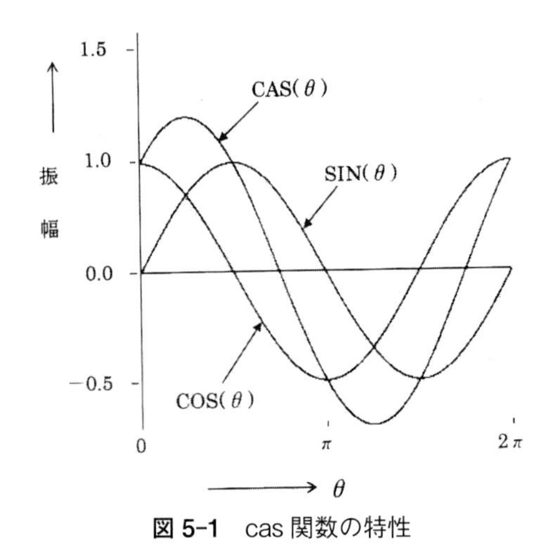

図 5-1　cas 関数の特性

表 5-1　cas 関数の性質

定　義	$cas(\theta)=\cos(\theta)+\sin(\theta)$
cos, sin との関係	$\sin(\theta)=\frac{1}{2}\{cas(\theta)-cas(-\theta)\}$ $\cos(\theta)=\frac{1}{2}\{cas(\theta)+cas(-\theta)\}$ $cas(\theta)=\sqrt{2}\cos(\theta-\pi/4)$ $=\sqrt{2}\sin(\theta+\pi/4)$
倍　角	$\cos(2\theta)=cas(\theta)cas(-\theta)$ $cas(2\theta)=\frac{1}{2}\{cas(\theta)+cas(\theta)\}^2$ $-cas^2(-\theta)$
マクローリン級数	$cas(\theta)=1+\theta-\frac{1}{2!}\theta^2+\frac{1}{3!}\theta^3+\cdots$
微少角時の近似	$cas(\theta)=1+\theta$
微　分	$\frac{dcas(\theta)}{d\theta}=cas(-\theta)$
積　分	$\int cas(\theta)d\theta=-cas(\theta)$
オイラーの公式	$e^{j\theta}=bcas(\theta)+b^*cas(-\theta)$ $b=0.5+j0.5$

クタ $1/N$ が用いられています。しかし、スケールファクタ $1/N$ は変換対にとって本質的なものではないので、DFT の一般的な定義式に倣って、本書では式（5.1）、式（5.2）で表される定義式を用いることにします。

DHT、FHT の提案者 R.N. Bracewell は、論文の中で提案した離散値変換対がハートレー変換 HT を提案した R.V.L. Hartley の基本的な考え方から導かれたものであることから、離散ハートレー変換とし、さらに、その高速演算アルゴリズムは高速ハートレー変換と呼ぶのが相応しいとしています。さらに、R.V.L. Hartley のハートレー発振回路や電話回線に関する業績を紹介しています。R.N. Bracewell の姿勢には、先人の業績に敬意をもって接し、後世に伝えるとともに、自分の研究成果を歴史の中に的確に位置づけるという、研究者精神の原点を見る思いがします。ちなみに米国の IEEE の学会誌では 1994 年にハートレー変換の特集を組んでいます。それにしても、電気電子工学の世界にデジタル信号処理という大きな流れをもたらした理論的な源流は標本化定理だと思いますが、標本化定理が我が国の染谷勲博士の業績（「波形伝送」、修教社、1949）ということが専門書などで伝えられるのが少なくなったのは残念に思います。かつては染谷-シャノンの定理という表現が多く用いられていたのが、最近では単に標本化定理になっているようです。もちろん、標本化定理のもつ性質が数学の世界では内挿公式の一種として古くから知られていたともいわれますが、実践的な定理として導いた染谷勲博士の業績は我が国の電気電子工学の研究史に燦然と輝くものだと思います。染谷勲博士も著書「波形伝送」の冒頭で H.A. Wheeler（ハロルド・アルデン・ウィーラー、1903～1996）の対反響や H.F. Streeker の伝播時間スペクトラムについて詳しく解説することで先人の業績を明らかにするとともに、ご自分の研究成果を歴史の中に的確に位置づけています。

長さ N の小さな離散ハートレー変換 DHT の信号フロー

離散ハートレー変換 DHT は離散フーリエ変換 DFT に比べてお馴染みの演算ツールとは言えないので、DHT の高速演算アルゴリズムである高速ハートレー変換 FHT の説明に入る準備として、長さ N の小さな DHT を用いて、DHT の演算処理の信号フローについて説明することにします。

DHT の長さ N を $N=2$ とすると、式（5.1）は

$$H(k)=\sum_{n=0}^{1}x(n)cas(\pi nk)=x(0)+(-1)^k x(1)$$
$$k=0,1 \tag{5.9}$$

となり、その特性は**図 5-2(1)**のように表されます。次に、$N=4$ とすると、式（5.1）は

$$H(k)=\sum_{n=0}^{3}x(n)cas(\pi nk/2)$$
$$=x(0)+(-1)^k x(2)+(x(1)+(-1)^k x(3))cas(\pi k/2)$$
$$k=0\sim 3 \tag{5.10}$$

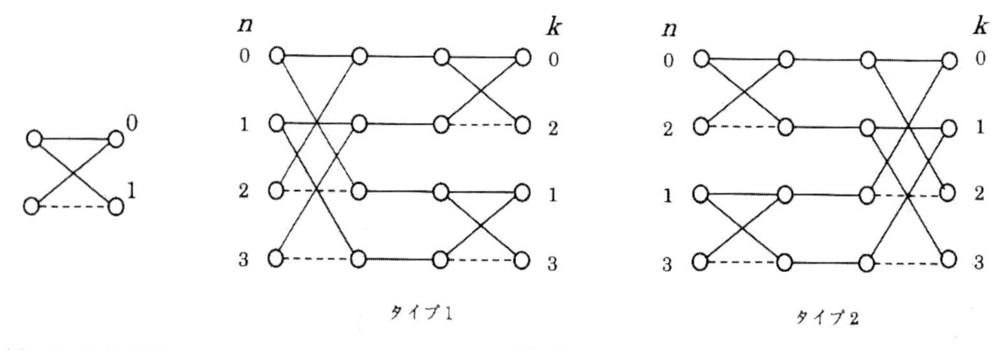

注）破線は－１の伝送ラインを表す

図5-2　長さNの小さな離散ハートレー変換（DHT）の例

のように表されます。さらに、式（5.10）は、次式のようにも表すことができます。

$$H(2k_2+k_1)=x(0)+(-1)^{k_1}x(2)+(-1)^{k_2}(x(1)+(-1)^{k_1}x(3))$$
$$k_1, k_2=0, 1 \tag{5.11}$$

式（5.10）、式（5.11）で表される$N=4$のDHTの演算処理を信号フローで示すと、**図5-2(2)**のように表されます。同図から明らかなように、DFTの場合には$N=4$の信号フローから虚部が現れますが、DHTでは信号フローとしてはDFTによく似ていますが、当然のこと、実部のみの構成で、虚部は現れません。つづいて、DHTの長さNを$N=8$とすると、式（5.1）は、次式のようになります。

$$\begin{aligned}H(k)&=\sum_{n=0}^{7}x(n)cas(2\pi kn/8)\\&=x(0)+(-1)^k x(4)+(x(2)+(-1)^k x(6))cas(\pi k/2)\\&\quad+(x(1)+(-1)^k x(5))cas(\pi k/4)\\&\quad+(x(3)+(-1)^k x(7))cas(3\pi k/4),\quad k=0\sim 7\end{aligned} \tag{5.12}$$

式（5.12）で、出力項$H(k)$を偶数項$H(2k)$、奇数項$H(2k+1)$とに分けると、それぞれ次式のように表されます。

$$\begin{aligned}H(2k)&=(x(0)+x(4))+(-1)^k(x(2)+x(6))\\&\quad+(x(1)+x(5))cas(\pi k/2)+(x(3)+x(7))cas(3\pi k/2)\end{aligned}$$

$$H(2k+1)=(x(0)-x(4))+(-1)^k(x(2)-x(6)) \\ +(x(1)-x(5))cas(\pi(2k+1)/4) \\ +(x(3)-x(7))cas(3\pi(2k+1)/4),\quad k=0\sim 3 \tag{5.13}$$

さらに、長さ $N=8$ の DFT を $N=2$ の DFT まで分解するのと同様に、出力項 $H(k)$ が 2 つの出力項の対を構成するまで分解すると、次式のように表されます。

$$H(4k)=(x(0)+x(4))+(x(2)+x(6)) \\ +(-1)^k\{(x(1)+x(5))+(x(3)+x(7))\} \\ H(4k+2)=(x(0)+x(4))-(x(2)+x(6)) \\ +(-1)^k\{(x(1)+x(5))-(x(3)+x(7))\} \\ H(4k+1)=(x(0)-x(4))+(x(2)-x(6))+(-1)^k\sqrt{2}(x(1)-x(5)) \\ H(4k+3)=(x(0)-x(4))-(x(2)-x(6))+(-1)^k\sqrt{2}(x(3)-x(7)) \tag{5.14}$$

ところで、上式の $H(4k+1)$ の項には $x(3), x(7)$ が、また $H(4k+3)$ の項には $x(1), x(5)$ がそれぞれ見当たりません。それは *cas* 関数の性質によるものですので、その理由を説明しておきます。

まず、*cas* 関数を、

$$cas(\theta)=\cos(\theta)+\sin(\theta)=\sqrt{2}\cos(\theta-\pi/4)$$

のように変形することにします。つまり、

$$cas(2\pi kn/N)=\cos(2\pi kn/N)+\sin(2\pi kn/N) \\ =\sqrt{2}\cos\left(\frac{2\pi kn}{N}-\frac{\pi}{4}\right) \tag{5.15}$$

とおくと、式（5.15）は

$$\frac{2\pi kn}{N}-\frac{\pi}{4}=\frac{\pi}{2}(2m+1),\quad m=1,2,3\cdots$$

の関係があれば、ゼロになります。したがって、上式を整理すると、*cas* 関数の値は、インデックス k, n が次のような組合せになる場合、ゼロになります。

$$kn=\frac{N}{8}(4m+3),\quad m=0,1,2,3,\cdots \tag{5.16}$$

これが式（5-14）の $H(4k+1)$、$H(4k+3)$ の項で入力データ列 $x(n)$ のいくつかが見当たらない理由です。

ここで、式（5.14）を敢えて、式（5.11）のような1つの式で表現すると、次式ように表すことができます。

$$
\begin{aligned}
H(4k_3+2k_2+k_1)=&(x(0)+(-1)^{k_1}x(4))+(-1)^{k_2}(x(2)+(-1)^{k_1}x(6))\\
&+(-1)^{k_3}\left[\left\{\sqrt{2}\frac{(1+(-1)^{k_2})}{2}(1-(-1)^{k_1})+\frac{(1+(-1)^{k_1})}{2}\right\}(x(1)+(-1)^{k_1}x(5))\right.\\
&\left.+\left\{\sqrt{2}\frac{(1-(-1)^{k_2})}{2}(1-(-1)^{k_1})+\frac{(1+(-1)^{k_1})}{2}\right\}(x(3)+(-1)^{k_1}x(7))\right]\\
&k_1,k_2,k_3=0,1
\end{aligned}
\tag{5.17}
$$

ここで、式（5.13）、式（5.14）、式（5.17）で表される長さ$N=8$のDHTの信号フローを図示すると、**図5-3**のように表されます。なお、同図に記したk_1, k_2, k_3は、式（5.17）で用いたインデックスkの各要素を表しています。

$N=2,4,8$という長さNの小さなDHTを例にして、効率的な演算を可能にする定義式の分解を説明しましたが、$N>8$のDHTについても、当然のこととして、原理的には個別の分解が可能と言えます。しかし、DHTの長さNが大きくなるとDHTを効率的に演算するためにどのように分解するかが課題となります。つづいて、高速ハートレー変換FHTのいくつかのアルゴリズムを紹介しましょう。

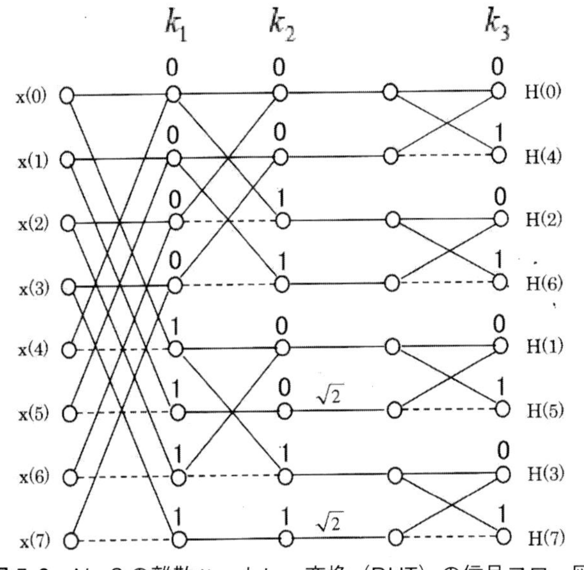

図5-3　$N=8$の離散ハートレー変換（DHT）の信号フロー図

高速ハートレー変換 FHT のアルゴリズム

1983 年に R.N. Bracewell によって DHT, FHT が提案されてから間もなく、1985 年に米国ライス大学の C. Sidney. Burrus 教授らのグループによって FFT の各種アルゴリズムに対応する高速ハートレー変換 FHT の一連のアルゴリズムが提案されました。ここで、R.N. Bracewell が提起した FHT や他の研究者によって提案された FHT を含め、FHT の一連のアルゴリズムについて説明しましょう。

Radix-2 FHT のアルゴリズム

いま、式（5.1）で定義される長さ N の離散ハートレー変換 DHT は入力データ列 $x(n)$ を偶数項 $x(2n)$、奇数項 $x(2n+1)$ に分けると、次式のように表すことができます。

$$
\begin{aligned}
H(k)&=\sum_{n=0}^{N/2-1}x(2n)cas\left(\frac{2\pi}{N/2}kn\right)+\sum_{n=0}^{N/2-1}x(2n+1)cas\left(\frac{2\pi}{N}k(2n+1)\right)\\
&=\sum_{n=0}^{N/2-1}x(2n)cas\left(\frac{2\pi}{N/2}kn\right)+\cos\left(\frac{2\pi}{N}k\right)\sum_{n=0}^{N/2-1}x(2n+1)cas\left(\frac{2\pi}{N/2}kn\right)\\
&\quad+\sin\left(\frac{2\pi}{N}k\right)\sum_{n=0}^{N/2-1}x(2n+1)cas\left(\frac{2\pi}{N/2}(N/2-k)n\right)
\end{aligned}
\qquad (5.18)
$$

ここで、$\theta=2\pi k/N$ とおくと、式（5.18）からは長さ N の DHT の分解に関して、次のような関係が成立します。

$$
\begin{aligned}
H(k)&=H_{2n}(k)+\cos(\theta)H_{2n+1}(k)+\sin(\theta)H_{2n+1}(N/2-k)\\
H(N/2-k)&=H_{2n}(N/2-k)-\cos(\theta)H_{2n+1}(N/2-k)+\sin(\theta)H_{2n+1}(k)\\
H(N/2+k)&=H_{2n}(k)-\cos(\theta)H_{2n+1}(k)-\sin(\theta)H_{2n+1}(N/2-k)\\
H(N-k)&=H_{2n}(N/2-k)+\cos(\theta)H_{2n+1}(N/2-k)-\sin(\theta)H_{2n+1}(k)
\end{aligned}
\qquad (5.19)
$$

そして、式（5.19）を直接的に図解すると、**図 5-4(1)** のように表され、よく DHT のバタフライ構成と説明されるものです。しかし、式（5.19）の直接的な表現となってる**図 5-4(1)** は繁雑に見えますので、これを少し整理すると、**図 5-4(2)** のように表すこともできます。

FFT のアルゴリズムの説明で明らかにしたように、FFT にはバタフライ構成が不可欠となっていますが、DHT の高速演算を考えるにもバタフライ構成という方法が採用されています。ただ、DHT の変換核である *cas* 関数の性質から、FFT の場合の回転因子に相当する係数がやや複雑な現れ方をします。このように、R.N. Bracewell が展開した時間間引き形の Radix-2 FHT は、次式で表される基本式の分解構造に則って、順次、長さ N の DHT を分解することで演算処理するアルゴリズムになっています。

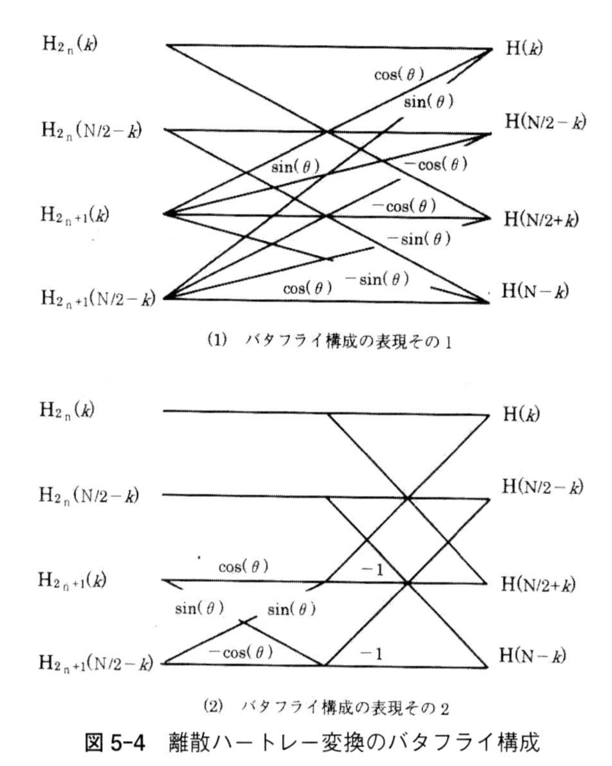

図 5-4　離散ハートレー変換のバタフライ構成

$$
\begin{aligned}
H(k)=&H_{2n}(k)+\cos(2\pi k/N)\cdot H_{2n+1}(k)\\
&+\sin(2\pi k/N)\cdot H_{2n+1}(N/2-k)\\
&k=0\sim N-1
\end{aligned}
\tag{5.20}
$$

なお、C.S. Burrus らは周波数間引き形の Radix-2 FHT として、次式のように長さ N の DHT を分解する基本式を設定し、順次、分解するとしています。

$$
\begin{aligned}
H(2k)=&\sum_{n=0}^{N/2-1}(x(n)+x(N/2+n))cas\left(\frac{2\pi}{N/2}kn\right)\\
H(2k+1)=&\sum_{n=0}^{N/2-1}\left\{(x(n)-x(N/2+n))\cos\left(\frac{2\pi}{N}n\right)\right.\\
&\left.+(x(N/2-n)-x(N-n))\sin\left(\frac{2\pi}{N}n\right)\right\}cas\left(\frac{2\pi}{N/2}kn\right)\\
&k=0\sim N/2-1
\end{aligned}
\tag{5.21}
$$

そして、長さ N の DHT を Radix-2 FHT のアルゴリズムで演算する場合、必要となる計算量を乗算回数と加算回数で表すと、それぞれ次式のように表されます。

表 5-2 高速ハートレー変換アルゴリズムの計算量の比較

	Radix-2			Radix-4			Split-radix		
N	Mults.	Adds.	Mults＋Adds	Mults.	Adds.	Mults＋Adds	Mults.	Adds.	Mults＋Adds
4	0	8	8	0	8	8	0	8	8
8	4	26	30				2	22	24
16	20	74	94	14	70	84	12	64	76
32	68	194	262				42	166	208
64	196	482	678	142	450	594	124	416	540
128	516	1154	1670				330	998	1328
256	1284	2690	3974	942	2498	3440	828	2336	3164
512	3076	6146	9222				1994	5350	7344
1024	7172	13826	20998	5294	12802	18096	4668	12064	16732
2048	16388	30722	47110				10698	26854	37552
4096	36868	67586	104454	27310	62466	89776	24124	59168	83292

Mults.：乗算回数　Adds.：加算回数

$$M_{Radix-2}=N(\log_2 N-3)+4$$
$$A_{Radix-2}=(3/2)N(\log_2 N-1)+2 \qquad (5.22)$$

これらの式から求めた乗算回数M、加算回数Aをそれぞれ**表 5-2**に示します。

ところで、R.N. Bracewellが提示したFHTは基本的にRadix-2 FHTのアルゴリズムですが、具体的な演算処理の例として、長さ$N=16$のDHTの信号フローを表5-3のようなテーブルとして示しています。このようなテーブルで表された信号フローを直接的に図示すると、**図 5-5**のようになり、かなり複雑な構造になります。そこで、信号フローを図5-4(2)に示したバタフライ構成を採用すると、**図 5-6**のようになり、かなりスッキリとした形になっています。DHTの高速演算の信号フローをさらにスッキリとした形に表現できるのに「構造化されたDHT」のアルゴリズムもありますが、これは後ほど説明します。

Radix-4 FHTのアルゴリズム

時間間引き形のRadix-4 FHTのアルゴリズムは、次式のように設定される基本式の分解構造に則って演算処理するとしています。

表 5-3　Radix-2 の高速ハートレー変換（DHT）による演算処理の例（N=16）

$r=\frac{1}{\sqrt{2}}$

入力データの設定	Level-1	Level-2	Level-3	16×DHT
$F(0,0)=x(0)$	$F(1,0)=F(0,0)+F(0,1)$	$F(2,0)=F(1,0)+F(1,2)$	$F(3,0)=F(2,0)+F(2,4)$	$H(4,0)=F(3,0)+F(3,8)C_0+F(3,8)S_0$
$F(0,1)=x(8)$	$F(1,1)=F(0,0)-F(0,1)$	$F(2,1)=F(1,1)+F(0,1)$	$F(3,1)=F(2,1)+rF(2,5)+rF(2,7)$	$H(4,1)=F(3,1)+F(3,9)C_1+F(3,15)S_1$
$F(0,2)=x(4)$	$F(1,2)=F(0,2)+F(0,3)$	$F(2,2)=F(1,0)-F(1,2)$	$F(3,2)=F(2,2)+F(2,6)$	$H(4,2)=F(3,2)+F(3,10)C_2+F(3,14)S_2$
$F(0,3)=x(12)$	$F(1,3)=F(0,2)-F(0,3)$	$F(2,3)=F(1,1)-F(1,3)$	$F(3,3)=F(2,3)-rF(2,7)+rF(2,5)$	$H(4,3)=F(3,3)+F(3,11)C_3+F(3,13)S_3$
$F(0,4)=x(2)$	$F(1,4)=F(0,4)+F(0,5)$	$F(2,4)=F(1,4)+F(1,6)$	$F(3,4)=F(2,0)-F(2,4)$	$H(4,4)=F(3,4)+F(3,12)C_4+F(3,12)S_4$
$F(0,5)=x(10)$	$F(1,5)=F(0,4)-F(0,5)$	$F(2,5)=F(1,5)+F(1,7)$	$F(3,5)=F(2,1)-rF(2,5)-rF(2,7)$	$H(4,5)=F(3,5)+F(3,13)C_5+F(3,11)S_5$
$F(0,6)=x(6)$	$F(1,6)=F(0,6)+F(0,7)$	$F(2,6)=F(1,4)-F(1,6)$	$F(3,6)=F(2,2)-F(2,6)$	$H(4,6)=F(3,6)+F(3,14)C_6+F(3,10)S_6$
$F(0,7)=x(14)$	$F(1,7)=F(0,6)-F(0,7)$	$F(2,7)=F(1,5)-F(1,7)$	$F(3,7)=F(2,3)+rF(2,7)-rF(2,5)$	$H(4,7)=F(3,7)+F(3,15)C_7+F(3,9)S_7$
$F(0,8)=x(1)$	$F(1,8)=F(0,8)+F(0,9)$	$F(2,8)=F(1,8)+F(1,10)$	$F(3,8)=F(2,8)+F(2,12)$	$H(4,8)=F(3,0)+F(3,8)C_8+F(3,8)S_8$
$F(0,9)=x(9)$	$F(1,9)=F(0,8)-F(0,9)$	$F(2,9)=F(1,9)+F(1,11)$	$F(3,9)=F(2,9)+rF(2,13)$ $+rF(2,15)$	$H(4,9)=F(3,1)+F(3,9)C_9+F(3,15)S_9$
$F(0,10)=x(5)$	$F(1,10)=F(0,10)+F(0,11)$	$F(2,10)=F(1,8)-F(1,10)$	$F(3,10)=F(2,10)+F(2,14)$	$H(4,10)=F(3,2)+F(3,10)C_{10}+F(3,14)S_{10}$
$F(0,11)=x(13)$	$F(1,11)=F(0,10)-F(0,11)$	$F(2,11)=F(1,9)-F(1,11)$	$F(3,11)=F(2,11)-rF(2,15)$ $+rF(2,13)$	$H(4,11)=F(3,3)+F(3,11)C_{11}+F(3,13)S_{11}$
$F(0,12)=x(3)$	$F(1,12)=F(0,12)+F(0,13)$	$F(2,12)=F(1,12)+F(1,14)$	$F(3,12)=F(2,8)-F(2,12)$	$H(4,12)=F(3,4)+F(3,12)C_{12}+F(3,12)S_{12}$
$F(0,13)=x(11)$	$F(1,13)=F(0,12)-F(0,13)$	$F(2,13)=F(1,13)+F(1,15)$	$F(3,13)=F(2,9)-rF(2,13)$ $+rF(2,15)$	$H(4,13)=F(3,5)+F(3,13)C_{13}+F(3,11)S_{13}$
$F(0,14)=x(7)$	$F(1,14)=F(0,14)+F(0,15)$	$F(2,14)=F(1,12)-F(1,14)$	$F(3,14)=F(2,10)-F(2,14)$	$H(4,14)=F(3,6)+F(3,14)C_{14}+F(3,10)S_{14}$
$F(0,15)=x(15)$	$F(1,15)=F(0,14)-F(0,15)$	$F(2,15)=F(1,13)-F(0,15)$	$F(3,15)=F(2,11)+rF(2,15)$ $-rF(2,13)$	$H(4,15)=F(3,7)+(3,15)C_{15}+F(3,9)S_{15}$

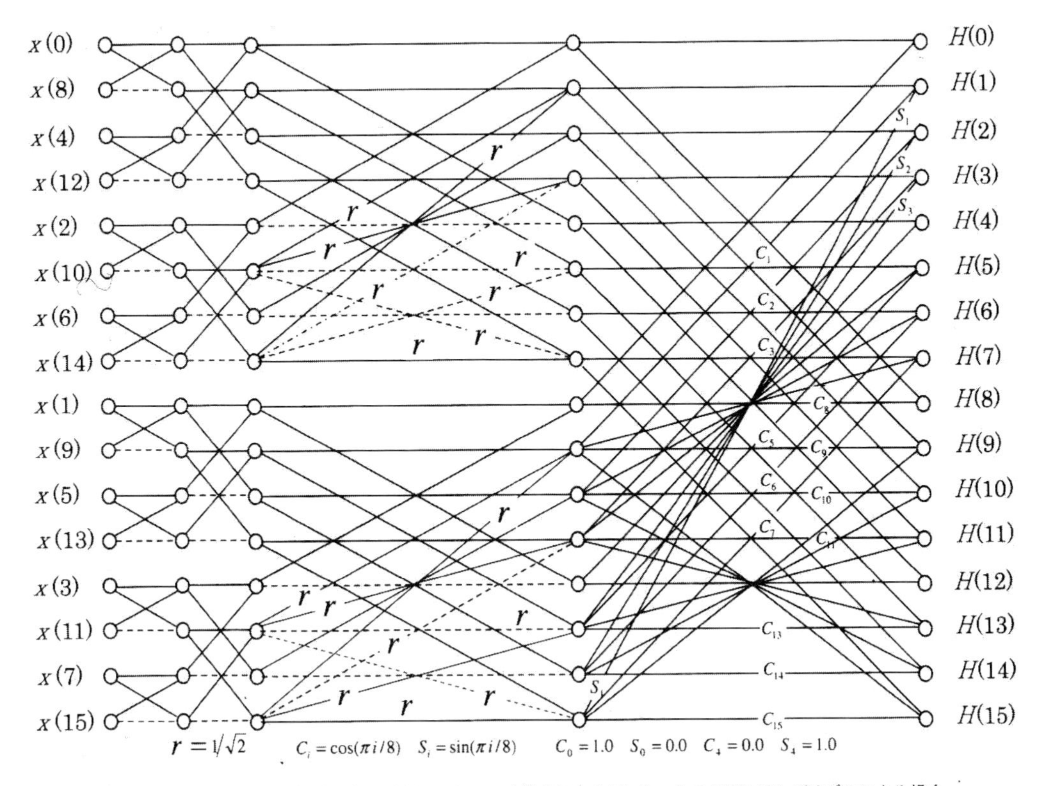

(1) Bracewell が提示した DHT のバタフライ構成による Radix－2 の FHT アルゴリズムによる場合

図 5-5　高速ハートレー変換による N=16 の DHT の信号フロー図

$$
\begin{aligned}
H(k)=&H_{4n}(k)+\cos\left(\frac{2\pi}{N}2k\right)H_{4n+2}(k)+\sin\left(\frac{2\pi}{N}2k\right)H_{4n+2}(N-k)\\
&+\cos\left(\frac{2\pi}{N}k\right)H_{4n+1}(k)+\sin\left(\frac{2\pi}{N}k\right)H_{4n+1}(N-k)\\
&+\cos\left(\frac{2\pi}{N}3k\right)H_{4n+3}(k)+\sin\left(\frac{2\pi}{N}3k\right)H_{4n+3}(N-k)\\
&k=0\sim N-1
\end{aligned}
\tag{5.23}
$$

式（5.23）は、長さ N の DHT を長さ $N/4$ の DHT に分解していることになります。そして、式（5.23）の分解構造に則って分解し、演算する場合、必要となる乗算回数 M と加算回数 A は、それぞれ次式のように表されます。

$$
\begin{aligned}
&M_{Radix-4}=(3/2)N(\log_4 N-14/9)+10/3\\
&A_{Radix-4}=(11/4)N(\log_4 N-5/11)+2
\end{aligned}
\tag{5.24}
$$

これらの式から求めた乗算回数 M と加算回数 A をそれぞれ表 5-2 に示します。

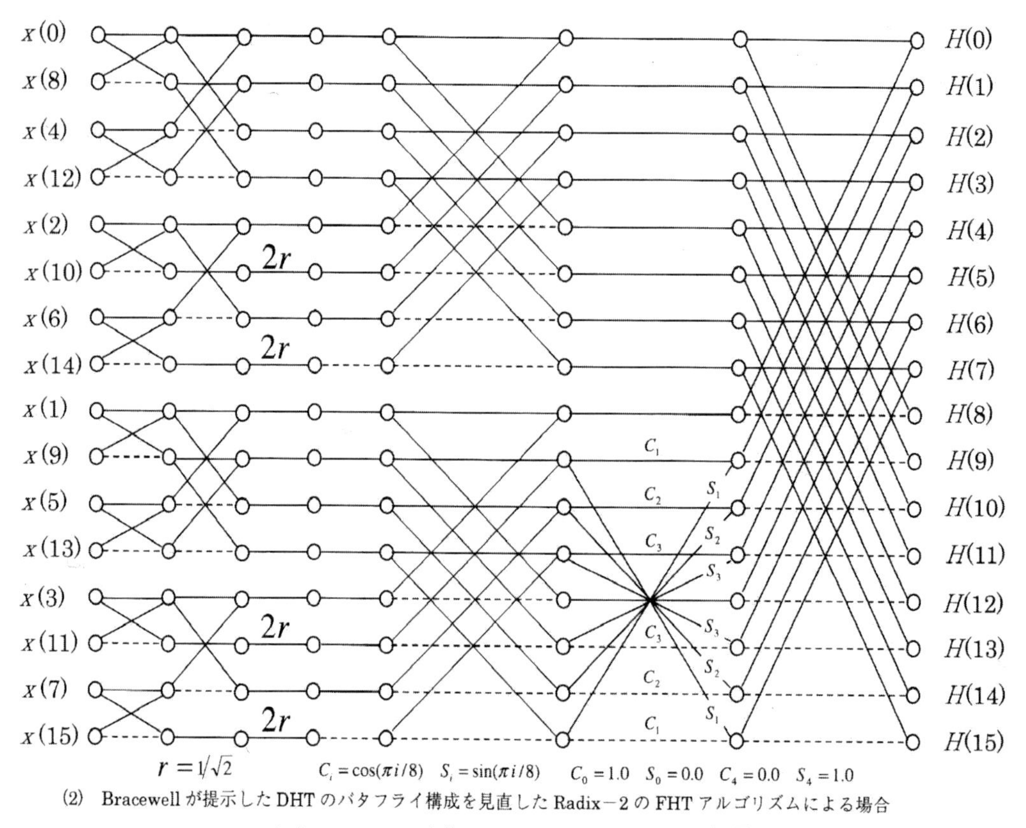

(2)　Bracewellが提示したDHTのバタフライ構成を見直したRadix－2のFHTアルゴリズムによる場合

図5-6　高速ハートレー変換によるN=16のDHTの信号フロー図

Split-radix型FHTのアルゴリズム

DFTのSplit-radix型FFTに対応するものとして提案されたSplit-radix型FHTの分解の基本式は、時間間引き形の場合、次式のように表されます。

$$H(2k)=\sum_{n=0}^{N/2-1}(x(n)+x(N/2+n))cas\left(\frac{2\pi}{N/2}kn\right)$$

$$k=0\sim N/2-1$$

$$H(4k+1)=\sum_{n=0}^{N/4-1}\left\{(x(n)-x(N/2+n)+x(N/4-n)-x(3N/4-n))\times\cos\left(\frac{2\pi}{N}n\right)\right.$$
$$+(x(3N/4+n)-x(N/4+n)+x(N/2-n)-x(N-n))$$
$$\left.\times\sin\left(\frac{2\pi}{N}n\right)\right\}cas\left(\frac{2\pi}{N/4}kn\right),\quad k=0\sim N/4-1$$

$$H(4k+3)=\sum_{n=0}^{N/4-1}\left\{(x(n)-x(N/2+n)+x(3N/4-n)-x(N/4-n))\times\cos\left(\frac{2\pi}{N}3n\right)\right.$$
$$+(x(3N/4+n)-x(N/4+n)-x(N/2-n)+x(N-n))$$
$$\left.\times\sin\left(\frac{2\pi}{N}3n\right)\right\}cas\left(\frac{2\pi}{N/4}kn\right),\quad k=0\sim N/4-1 \qquad (5.25)$$

Split-radix 型 FHT のアルゴリズムは、式（5.25）で表される分解の基本式の分解構造に則って演算処理することになります。そして、長さ N の DHT を演算する場合、必要なる乗算回数 M、加算回数 A は、それぞれ次式ように表されます。

$$M_{Split-radix}=(2/3)N(\log_2 N-19/6)+3+(1/9)(-1)^{\log_2 N}$$
$$A_{Split-radix}=(4/3)N(\log_2 N-7/6)+3+(5/9)(-1)^{\log_2 N} \qquad (5.26)$$

これらの式から求めた乗算回数 M、加算回数 A は、それぞれ表 5-2 に示してあります。

構造化された FHT のアルゴリズム

FHT アルゴリズムのこれまでの説明で明らかなように、Cooley-Tukey 型 FFT や Split-radix 型 FFT のアルゴリズムと異なり、FHT の信号フローには DHT の分解に伴う規則性のようなものがよく現れていません。そこで、これらの問題意識からか、1986 年に香港大学の研究者 C.P. KWONG、K.P. SHIU によって「構造化された高速ハートレー変換アルゴリズム」なるものが提案されました。それは、R.N. Bracewell が提案した Radix-2 FHT と、それによる信号フローをよく観察、信号フロー上の乗算部分を整理することで得られたアルゴリズムだとされています。その演算アルゴリズムは、ハードウエア、ソフトウエアのいずれで実行するにしても演算構造が平易で明快であるとし、構造化された高速ハートレー変換のアルゴリズム「Structured Fast Hartley Transform Algorithm」として提案されています。だが、このアルゴリズムは長さ N の DHT の分解の方法や分解構造に特徴があるのではなく、分解した DHT の表現に特質があるといえるものです。

図 5-7 は、$N=16$ の DHT を時間間引き形の構造化された FHT によって演算処理する場合の信号フローを表しています。また、**図 5-8** には $N=8$ の DHT を周波数間引き形の構造化された FHT によって演算処理する場合の信号フローを表しています。C.P. KWONG らは、構造化された FHT のアルゴリズムが R.N. Bracewell による Radix-2 FHT による演算処理アルゴリズムのテーブルや、それを信号フロー図に転記したものが、DHT の長さ N をさらに大きくする場合のソフトウエア、ハードウエアとして実行するときの規則性が見えなかった。そこで、これらのテーブルや信号フロー図をじっくり観察することで、構造化された FHT アルゴリズムというアイデアにたどり着いたとしています。このように、従来からの演算アルゴリズムによる信号フロー図をじっくり観察することで新しい演算アルゴリズムたどり着いたものと

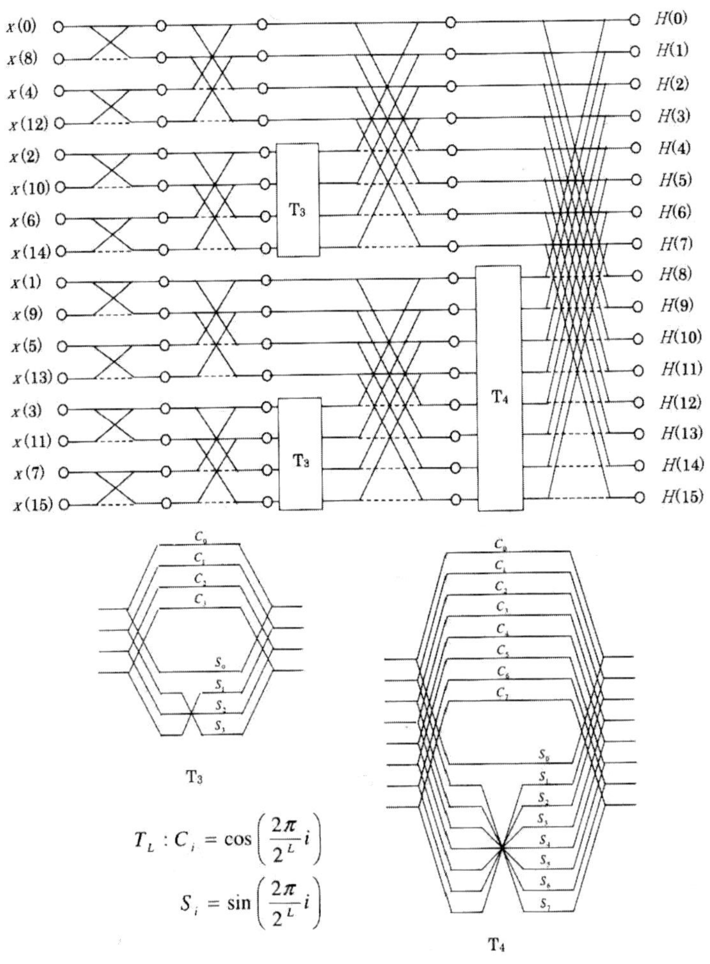

図 5-7　高速ハートレー変換による $N=16$ の DHT の信号フロー図

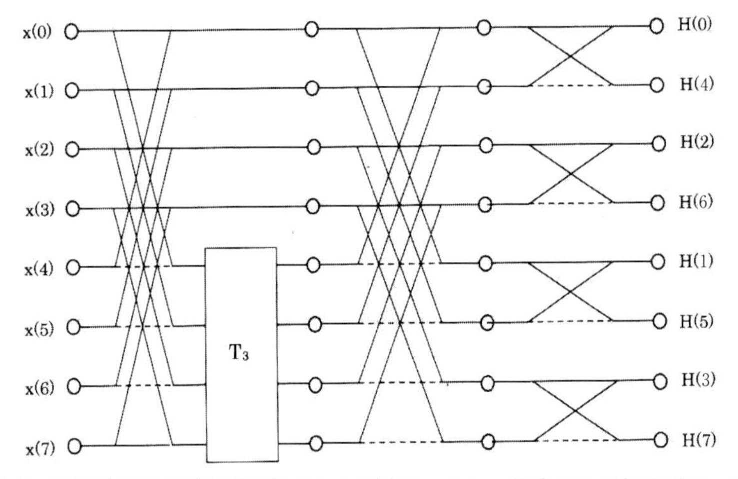

図 5-8　周波数間引き形の構造化された高速ハートレー変換による信号フローの例

して、FFTの場合のSplit-radix型FFTがあります。Split-radix型FFTを提案したP. Duhamelも、従来からのCooley-Tukey型FFTの信号フロー図をじっくりと観察する中で、Split-radix型FFTアルゴリズムのアイデアにたどり着いたと、論文の中で述懐しています。

これまでの説明で離散ハートレー変換DHT、高速ハートレー変換FHTがどのようなものかを明らかにできたと考え、次の項目に移りましょう。

5.2 DFTの直接的な高速演算アルゴリズム

長さNのDFTは、入力データ列$x(n)$が実数値の場合、次式のように表すことができます。

$$
\begin{aligned}
X(k) &= \sum_{n=0}^{N-1} x(n) W_N^{nk}, \quad W_N^{nk} = e^{-j2\pi nk/N} \\
&= \sum_{n=0}^{N-1} x(n) \cos\left(\frac{2\pi nk}{N}\right) - j\sum_{n=1}^{N-1} x(n) \sin\left(\frac{2\pi nk}{N}\right) \\
k &= 0 \sim N-1
\end{aligned}
\tag{5.27}
$$

つまり、長さNのDFTを長さNの$\cos - DFT$と、$\sin - DFT$とに分けた形になっています。Cooley-Tukey型FFTに始まったFFTのアルゴリズムがcos関数とsin関数とが対の形で構成される変換核W_N^{nk}を複素関数のままで演算処理するのに対し、これから説明するのは、変換核W_N^{nk}をcos関数とsin関数に分けることで「実数計算を基本」に演算処理するアルゴリズムということになります。

M. Vetterliらは、式(5.27)について、さらに次のように分解できるとしています。

$$
\begin{aligned}
X(k) = &\sum_{n=0}^{N/2-1} x(2n) \cos\left(\frac{2\pi nk}{N/2}\right) \\
&+ \sum_{n=0}^{N/4-1} (x(2n+1) + x(N-2n-1)) \cos\left(\frac{2\pi(2n+1)k}{4(N/4)}\right) \\
&- j\left\{\sum_{n=1}^{N/2-1} x(2n) \sin\left(\frac{2\pi nk}{N/2}\right)\right. \\
&\left. + \sum_{n=0}^{N/4-1} (x(2n+1) - x(N-2n-1)) \sin\left(\frac{2\pi(2n+1)k}{4(N/4)}\right)\right\} \\
&k = 0 \sim N-1
\end{aligned}
\tag{5.28}
$$

式(5.28)は、入力データ列$x(n)$を偶数項$x(2n)$と、奇数項$x(2n+1)$とに分けることで、長さNのDFTは、偶数項$x(2n)$部分で長さ$N/2$の$\cos - DFT$、$\sin - DFT$に、また、奇数項$x(2n+1)$部分で長さ$N/4$の離散コサイン変換(DCT)、離散サイン変換(DST)に、それぞれ分解できることを意味します。ここで、離散コサイン変換(Discrete Cosine Transform:

DCT）というのは、時間軸の離散値のデータ列を周波数領域に変換する方法の1つで、標準的な方法として8種類あるとされています。式（5.28）に現れているDCTは、

$$\cos\left\{\frac{2\pi(2n+1)k}{4(N/4)}\right\}=\cos\left\{\frac{\pi}{N/4}\left(n+\frac{1}{2}\right)k\right\}$$

のように変形すると、タイプⅡのDCT、あるいはDCT-Ⅱと呼ばれ、信号圧縮などに使われるなど、もっとも一般的なものです。単にDCTとよぶ場合、このタイプⅡのDCTを指すことが多いとされています。DFTは複素関数 W_N^{nk} による変換であることから実数値データ列が複素数値に変換されますが、DCTによる変換では実数値のままとなります。また、離散サイン変換（Discrete Sine Transform : DST）も、DCTと同様に実数値に変換する類似の変換の方法の1つです。なお、離散サイン変換DSTは、すぐ後の式（5.34）で示すように、容易に離散コサイン変換DCTに変形することができます。ところで、式（5.28）による分解では、項の総数が $3N/2-1$ となって、実数計算によるIn-place演算（定位置計算）ができないことになります。ここで、In-place演算とは前にも説明しましたが、演算の各段階における計算結果のデータ列の長さが入力データ列 $x(n)$ と同じ長さで演算処理を進行させることをいいます。また、実数計算によるIn-place演算というのは、DFTの演算の最終段を除く、中間段階のすべての計算結果が実数値になることであり、すでに説明した高速ハートレー変換FHTアルゴリズムや、これから説明する演算アルゴリズムが採用するものです。

高速離散フーリエ変換FDFTのアルゴリズム

ここで、入力データ列 $x(n)$ が実数値の場合、実数計算によるIn-place演算が可能になるDFTの1つの分解の方法を説明しましょう。

これから説明する演算アルゴリズムは、本書の著者土屋が電子情報通信学会の論文誌A（基礎・境界）に採録された論文「実数値データ列に適用する離散フーリエ変換（DFT）の新しい高速演算アルゴリズム」で展開した方法です。それは、DFTの変換核 W_N^{nk} をcos関数とsin関数とに分離して漸化的に分解するもので、第3、4章で説明したFFTアルゴリズムとは大きく異なることから、仮に高速離散フーリエ変換（Fast Discrete Fourier Transform : FDFT）と命名して説明を進めることにします。

いま、DFTの変換核 W_N^{nk} について、$n=N/2\pm m$ とおくことで、

$$\begin{aligned}W_N^{(N/2\pm m)k}&=\cos\left(\frac{2\pi(N/2\pm m)k}{N}\right)-j\sin\left(\frac{2\pi(N/2\pm m)k}{N}\right)\\&=(-1)^k\left\{\cos\left(\frac{\pi mk}{N/2}\right)\mp j\sin\left(\frac{\pi mk}{N/2}\right)\right\}\end{aligned}\tag{5.29}$$

の関係式が得られます。次に、入力データ列 $x(n)$ について、$n=N/2$ に関して、偶対称成分

$d(m)$ と、奇対称成分 $e(m)$ とに分離します。つまり、

$$d(m)=x(N/2-m)+x(N/2+m)$$
$$d(0)=x(N/2),\quad d(N/2)=x(0)$$
$$e(m)=x(N/2-m)-x(N/2+m) \tag{5.30}$$

式（5.29）、式（5.30）を用いることで、長さ N の DFT は次式のように分解することができます。

$$X(k)=\sum_{n=0}^{N-1}x(n)W_N^{nk},\quad W_N^{nk}=e^{-j2\pi nk/N}$$
$$=(-1)^k\left\{\sum_{m=0}^{N/2}d(m)\cos\left(\frac{\pi mk}{N/2}\right)+j\sum_{m=1}^{N/2-1}e(m)\sin\left(\frac{\pi mk}{N/2}\right)\right\}$$
$$k=0\sim N-1 \tag{5.31}$$

さらに、式（5.31）は次式のように分解できます。

$$X(k)=(-1)^k\left[\left\{\sum_{m=0}^{N/4}d(2m)\cos\left(\frac{\pi mk}{N/4}\right)\right.\right.$$
$$\left.+\sum_{m=0}^{N/4-1}d(2m+1)\cos\left(\frac{\pi(2m+1)k}{2(N/4)}\right)\right\}$$
$$+j\left\{\sum_{m=1}^{N/4-1}e(2m)\sin\left(\frac{\pi mk}{N/4}\right)\right.$$
$$\left.\left.+\sum_{m=0}^{N/4-1}e(2m+1)\sin\left(\frac{\pi(2m+1)k}{2(N/4)}\right)\right\}\right]$$
$$k=0\sim N-1 \tag{5.32}$$

式（5.31）、式（5.32）は、いずれも項の総数が N となるように分解されていることから、実数計算による In-Place 演算が可能となります。つまり、式（5.31）は、長さ N の DFT が長さ $N/2+1$ の cos−*DFT* と、長さ $N/2-1$ の sin−*DFT* に分解され、全体としての長さが N になっています。また、式（5.32）は、長さ N の DFT が、実部としての長さ $N/4+1$ の cos−*DFT* と長さ $N/4$ の DCT に、虚部としては長さ $N/4-1$ の sin−*DFT* と長さ $N/4$ の DST に分解され、実部と虚部との長さ合計、つまり、項の総数が N となっています。

高速離散フーリエ変換 FDFT の分解と演算構造

つづいて、長さ N の DFT を式（5.32）のように分解することで実現できる DFT の演算構造について説明します。

ここで、式（5.32）を構成するそれぞれの項を次のようにおくこととします。

$$D_1(k)=\sum_{m=0}^{N/4} d(2m)\cos\left(\frac{\pi mk}{N/4}\right)$$

$$E_1(k)=\sum_{m=1}^{N/4-1} e(2m)\sin\left(\frac{\pi mk}{N/4}\right)$$

$$D_2(k)=\sum_{m=0}^{N/4-1} d(2m+1)\cos\left(\frac{\pi(2m+1)k}{2(N/4)}\right)$$

$$E_2(k)=\sum_{m=0}^{N/4-1} e(2m+1)\sin\left(\frac{\pi(2m+1)k}{2(N/4)}\right) \tag{5.33}$$

なお、上式の離散サイン変換 DST の項 $E_2(k)$ は、

$$E_2(N/4-k)=\sum_{m=0}^{N/4-1}(-1)^m e(2m+1)\cos\left(\frac{\pi(2m+1)k}{2(N/4)}\right) \tag{5.34}$$

のように変形することができ、データ列が $(-1)^m e(2m+1)$ の長さ $N/4$ の DCT として扱うことができます。また、

$$X_1(k)=(-1)^k(D_1(k)+jE_1(k))$$

$$X_2(k)=(-1)^k(D_2(k)+jE_2(k))$$

$$X(k)=X_1(k)+X_2(k) \tag{5.35}$$

とおくと、$D_1(k), E_1(k), D_2(k), E_2(k)$ について、次のような性質を導くことができます。

$$D_1(k)=D_1(N-k)=D_1(N/2-k)=D_1(N/2+k)$$

$$E_1(k)=-E_1(N-k)=-E_1(N/2-k)=E_1(N/2+k)$$

$$D_2(k)=D_2(N-k)=-D_2(N/2-k)=-D_2(N/2+k)$$

$$E_2(k)=-E_2(N-k)=E_2(N/2-k)=-E_2(N/2+k) \tag{5.36}$$

$$D_1(0)=D_1(N/2)=\sum_{m=0}^{N/4} d(2m)=\sum_{m=0}^{N/8} d(4m)+\sum_{m=0}^{N/8-1} d(4m+2)$$

$$D_1(N/4)=\sum_{m=0}^{N/4}(-1)^m d(2m)=\sum_{m=0}^{N/8} d(4m)-\sum_{m=0}^{N/8-1} d(4m+2)$$

$$E_1(0)=E_1(N/2)=E_1(N/4)=0$$

$$D_2(0)=-D_2(N/2)=\sum_{m=0}^{N/4-1} d(2m+1)$$

$$D_2(N/4)=0, \quad E_2(0)=E_2(N/2)=0$$

$$E_2(N/4)=\sum_{m=0}^{N/4-1}(-1)^m e(2m+1)$$

$$X_1(N/2+k)=X_1(k), \quad X_2(N/2+k)=-X_2(k) \tag{5.37}$$

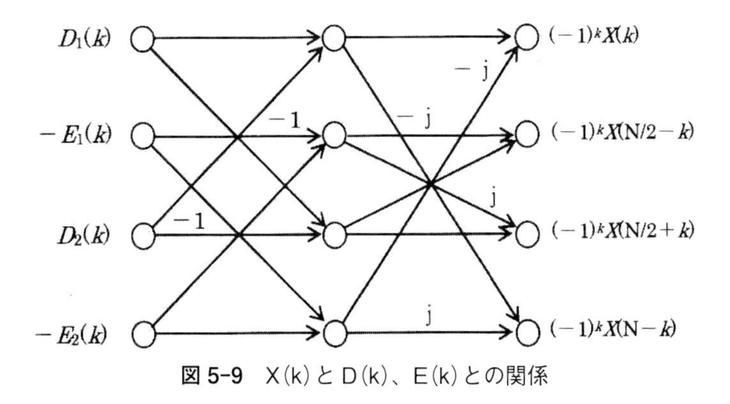

図 5-9 X(k) と D(k)、E(k) との関係

式（5.36）、式（5.37）は、実数値のデータ列 $x(n)$ を対象にする長さ N の DFT を式（5.32）に示すように分解するとき、それぞれの成分がどのような性質をもつかを明らかにしています。そこで、長さ N の DFT を式（5.32）のように分解したとき、$X(k)$ と、それぞれの項 $D_1(k), E_1(k), D_2(k), E_2(k)$ との関係を式（5.36）から整理すると、**図 5-9** のように表すことができます。

DFT の漸化形分解の構造

つづいて、長さ N の DFT を式（5.32）に示すような分解の構造として表すと、**図 5-10** のようになります。つまり、実数値のデータ列 $x(n)$ を対象にする DFT は、データ列 $x(n)$ の偶数項 $x(2n)$ に係る長さ $N/2$ の DFT と、奇数項 $x(2n+1)$ に係る長さ $N/4$ の 2 つの DCT に分解できることになります。さらに、長さ $N/2$ の DFT は、長さ $N/4$ の DFT と、長さ $N/8$ の 2 つの DCT に分解できることになります。このような分解の手順を繰り返すことで、長さの小さな DFT、DCT へと分解できます。なお、長さ N の DCT は、次式で表される関係式で、長さ N の cos−DFT と、sin−DFT とに変換することができます。

$$\begin{bmatrix} DCT(k,N) \\ DCT(N-k,N) \end{bmatrix} = \begin{bmatrix} \cos(2\pi k/4N) & -\sin(2\pi k/4N) \\ \sin(2\pi k/4N) & \cos(2\pi k/4N) \end{bmatrix} \begin{bmatrix} \cos-DFT(k,N) \\ \sin-DFT(k,N) \end{bmatrix} \tag{5.38}$$

逆離散フーリエ変換 IDFT の分解

つづいて、実数値のデータ列 $x(n)$ を対象にする DFT を分解したと同様に、DFT の逆変換である逆離散フーリエ変換 IDFT についても高速演算ができるように分解することができます。

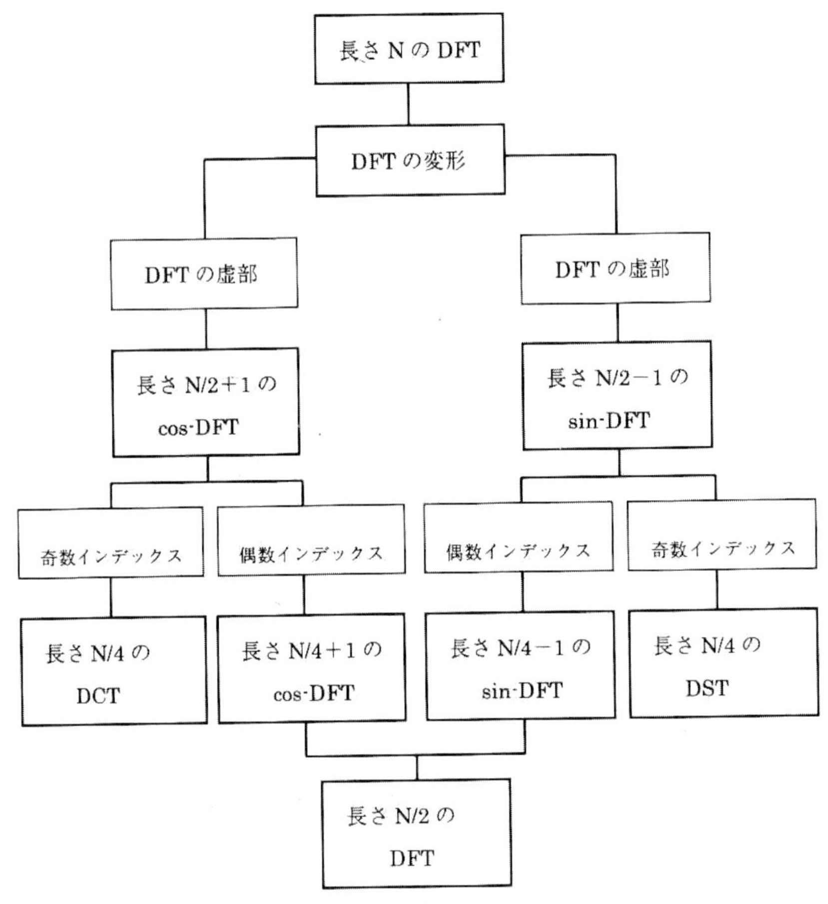

図5-10　DFTの漸化形分解の構造

逆離散フーリエ変換IDFTは、式（1.6）で示したように、次のように表されます。

$$x(n)=\frac{1}{N}\sum_{k=0}^{N-1}X(k)W_N^{-nk},\quad n=0\sim N-1$$

ここで、対象にするデータ列$x(n)$が実数値であれば、離散フーリエ変換$X(k)$には

$$X(k)=X^*(N-k) \tag{5.39}$$

という複素共役対称性の関係が成立します。そこで、いま、$X(k)$を$k=N/2$に関して、偶対称成分と、奇対称成分とに分けると、それは$X(k)$の実部$r(l)$と、虚部$js(l)$とに分離することになります。つまり、

$$r(l)=X(N/2-l)+X(N/2+l),\quad r(0)=X(N/2), r(N/2)=X(0)$$
$$js(l)=X(N/2-l)-X(N/2+l),\quad js(0)=js(N/2)=0 \tag{5.40}$$

となります。そこで、再出の式（1.6）で表される IDFT は、式（5.39）、式（5.40）を用いることで、次式のように分解することができます。

$$x(n)=\frac{(-1)^n}{N}\left\{\sum_{l=0}^{N/2}r(l)\cos\left(\frac{\pi nl}{N/2}\right)+\sum_{l=1}^{N/2-1}s(l)\sin\left(\frac{\pi nl}{N/2}\right)\right\} \tag{5.41}$$

$$\begin{aligned}&=\frac{(-1)^n}{N}\left[\left\{\sum_{l=0}^{N/4}r(2l)\cos\left(\frac{\pi nl}{N/4}\right)+\sum_{l=1}^{N/4-1}s(2l)\sin\left(\frac{\pi nl}{N/4}\right)\right\}\right.\\&\quad+\left\{\sum_{l=0}^{N/4-1}r(2l+1)\cos\left(\frac{\pi n(2l+1)}{2(N/4)}\right)\right.\\&\quad\left.\left.+\sum_{l=0}^{N/4-1}s(2l+1)\sin\left(\frac{\pi n(2l+1)}{2(N/4)}\right)\right\}\right]\\&n=0\sim N-1\end{aligned} \tag{5.42}$$

ここで、$N\geq 4$ であれば、式（5.42）から次式が得られます。

$$x(0)=\frac{1}{N}\sum_{l=0}^{N/2}r(l)$$

$$x(N/2)=\frac{1}{N}\sum_{l=0}^{N/2}(-1)^l r(l)=\frac{1}{N}\left\{\sum_{l=0}^{N/4}r(2l)-\sum_{l=0}^{N/4-1}r(2l+1)\right\}$$

$$\begin{aligned}x(N/2\pm m)&=\frac{(-1)^m}{N}\left\{\sum_{l=0}^{N/2}(-1)^l r(l)\cos\left(\frac{\pi ml}{N/2}\right)\pm\sum_{l=0}^{N/2-1}(-1)^l s(l)\sin\left(\frac{\pi ml}{N/2}\right)\right\}\\&=\frac{(-1)^m}{N}\left[\left\{\sum_{l=0}^{N/4}r(2l)\cos\left(\frac{\pi ml}{N/4}\right)\pm\sum_{l=1}^{N/4-1}s(2l)\sin\left(\frac{\pi ml}{N/4}\right)\right\}\right.\\&\quad-\left\{\sum_{l=0}^{N/4-1}r(2l+1)\cos\left(\frac{\pi m(2l+1)}{2(N/4)}\right)\right.\\&\quad\left.\left.\pm\sum_{l=0}^{N/4-1}s(2l+1)\sin\left(\frac{\pi m(2l+1)}{2(N/4)}\right)\right\}\right]\\m&=1\sim N/2-1\end{aligned} \tag{5.43}$$

このように、IDFT についても DFT の場合と同様に、項の総数を DFT の長さ N と同じくなるように分解することができ、演算の各段階のすべての計算結果が実数値となり、実数計算による In-Place 演算で処理できることになります。

信号フロー図によるアルゴリズムの表現

ここで、実数計算によるIn-Place演算のアルゴリズムを長さ$N=8$のDFTの信号フロー図で説明してみましょう。いま、長さ$N=8$のDFTを式（5.32）のように分解すると、次式のように表されます。

$$
\begin{aligned}
X(0)&=(d(0)+d(4))+d(2)+(d(1)+d(3))\\
X(1)&=-(d(0)-d(4))-je(2)\\
&\quad -(d(1)-d(3))\cos(\pi/4)-j(e(1)+e(3))\sin(\pi/4)\\
X(2)&=(d(0)+d(4))-d(2)+j(e(1)-e(3))\\
X(3)&=-(d(0)-d(4))+je(2)\\
&\quad +(d(1)-d(3))\cos(\pi/4)-j(e(1)+e(3))\sin(\pi/4)\\
X(4)&=(d(0)+d(4))+d(2)-(d(1)+d(3))\\
X(5)&=X^*(3),\quad X(6)=X^*(2),\quad X(7)=X^*(1)
\end{aligned}
\tag{5.44}
$$

式（5.44）を信号フロー図で示すと、**図5-11**のように表されます。同様に、長さ$N=32$のDFTについての信号フロー図を求めると、**図5-12**のように表されます。

ところで、実数値のデータ列を対象にする長さのDFTを式（5.32）のように分解することは、長さNのDFTを長さ$N/2$のDFTと、長さ$N/4$の2つのDCTに分解することであり、その演算構造を簡単に信号フローの形で示すと**図5-13**のように表されます。なお、同図における最終段のバタフライ構造の後に虚数単位jを係数とするバタフライ構造がおかれますが、計算量に影響を与えないので、記載を省略してあります。

次に、図5-13のように、入力データ列$x(n)$を偶数項$x(2n)$と奇数項$x(2n+1)$とに分離す

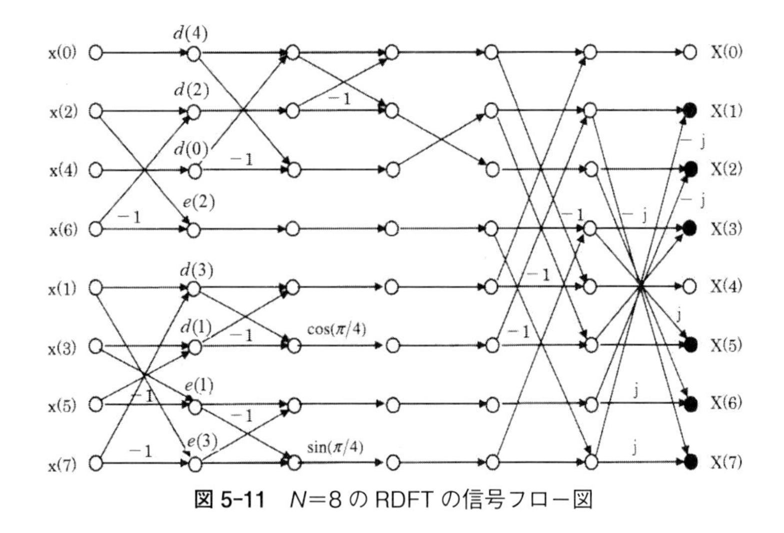

図5-11　$N=8$のRDFTの信号フロー図

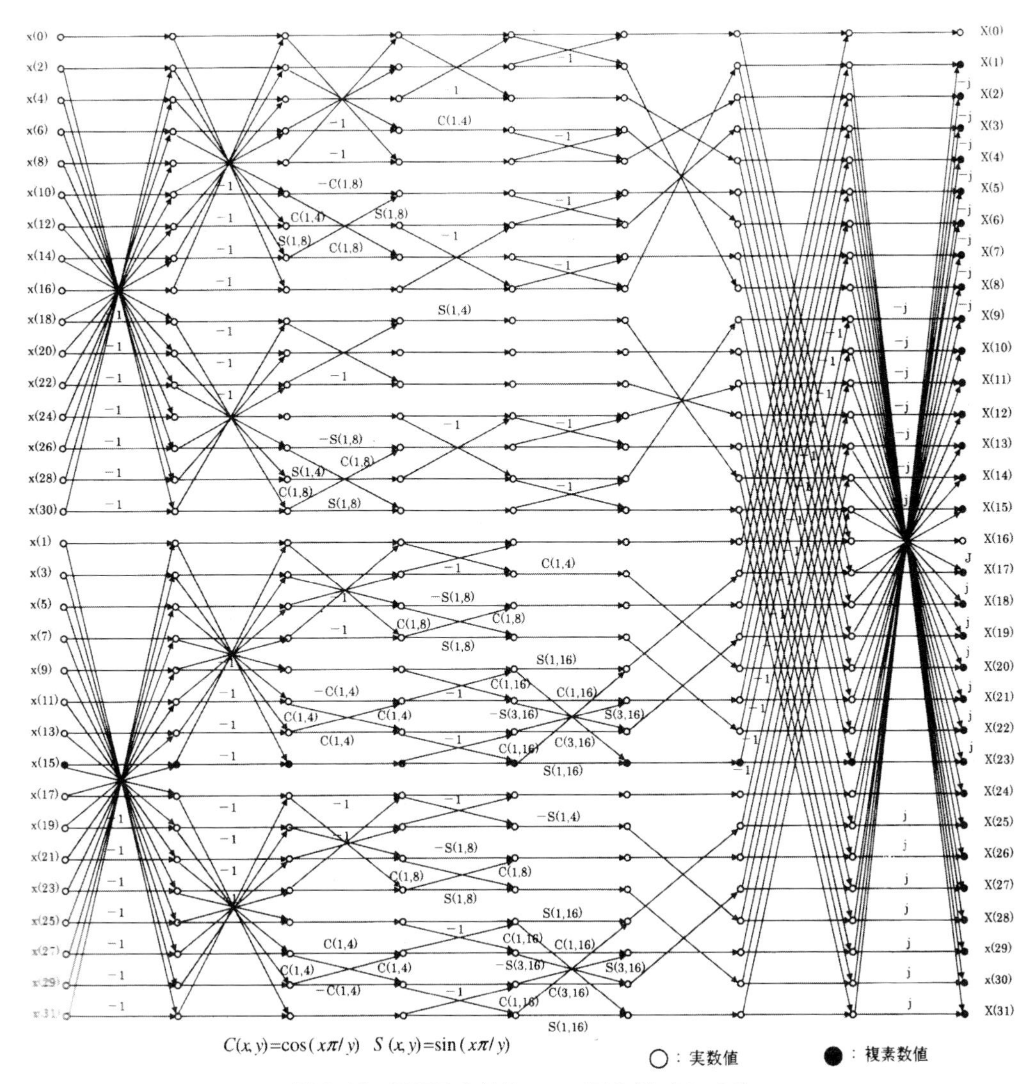

図 5-12　RDFT の信号フロー図の例（N=32）

ることなく、入力データ列 $x(n)$ のインデックス n を 0～$N-1$ まで順番の整数列に並べた信号フロー図を表してみましょう。**図 5-14(1)** は、N=8 の DFT の場合に、入力データ列 $x(n)$ のインデックス n を n=0～7 と、順番の整数列にしたときの信号フロー図です。また、**図 5-14(2)** は、N=8 の IDFT の信号フロー図です。同図(1)、(2)から明らかなように DFT と IDFT とは信号フローが基本的に同じく、演算の各段階における計算結果が実数値となるように演算処理できることが分かります。

ここで、同図 (1) の信号フローを最上段から、Ⅰ、Ⅱ、Ⅲ、Ⅳと、4 分割すると、各段はそれぞれ次のように性格づけられます。まず、上段のⅠ、Ⅱは、出力項 $X(k)$ の実部を演算す

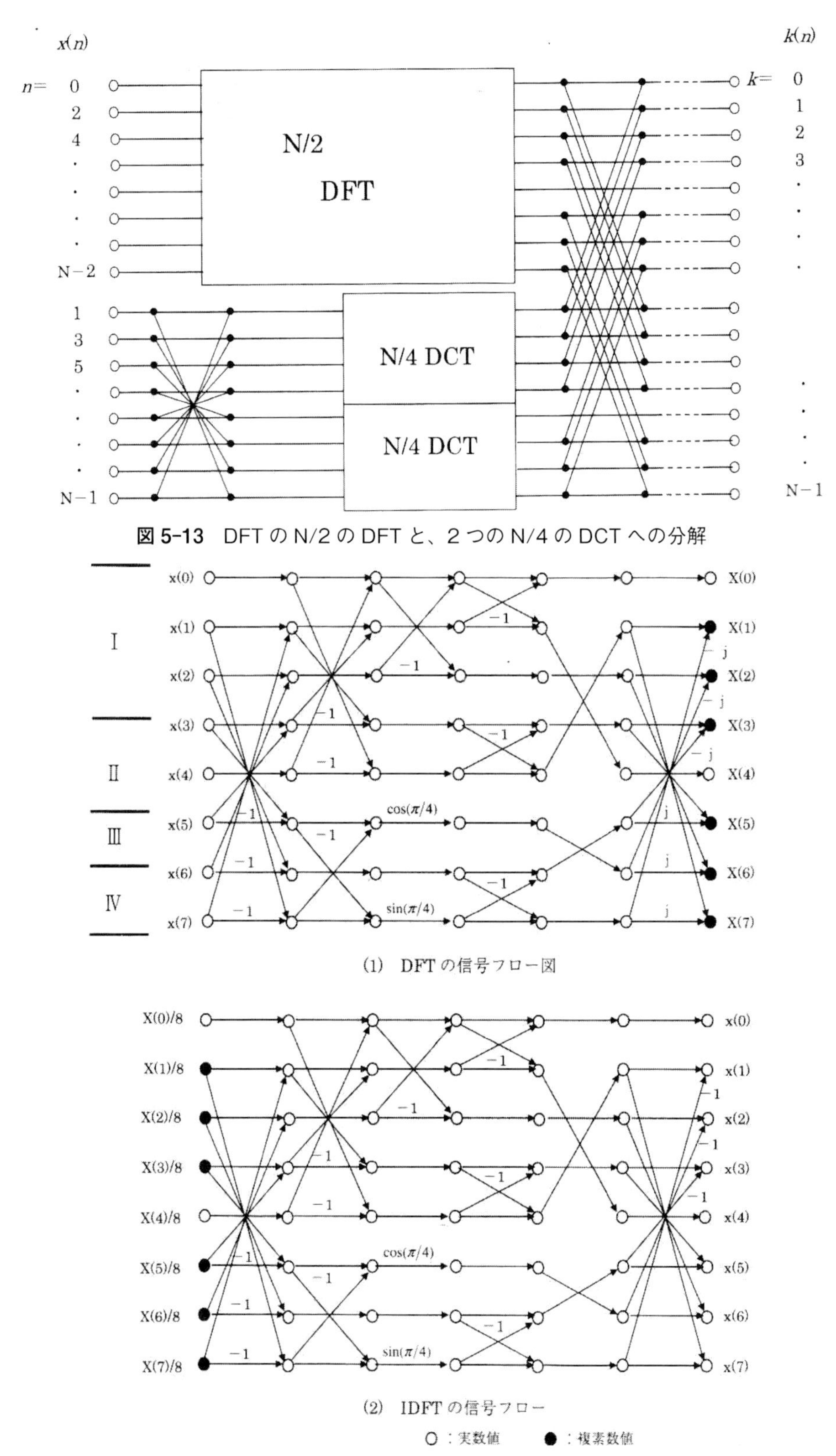

図5-13　DFTのN/2のDFTと、２つのN/4のDCTへの分解

図5-14　DFT、IDFTの信号フロー図（$N=8$）

る信号フローであり、そのうちⅠは$X(k)$の偶数項、Ⅱは奇数項を演算するフローにそれぞれ対応しています。また、下段のⅢ、Ⅳは出力項$X(k)$の虚部を演算する信号フローであり、そのうちⅢは偶数項、Ⅳは奇数項を演算するそれぞれの信号フローに対応しています。このように、同図（1）の信号ローは、出力項$X(k)$の実部、虚部が分離され、各段階のすべての計算点における結果が実数値になるように演算処理されています。そして、実質的な演算処理を伴わない最終段ではじめて複素数値の出力項$X(k)$になっています。

乗算回数と加算回数

実数値の入力データ列$x(n)$に適用される長さNのDFTを式（5.32）で分解し、演算する場合、必要となる乗算回数Mと、加算回数Aは、図5-13を参照することで、それぞれ次式のように表すことができます。

$$
\begin{aligned}
&M[DFT(N)]=M[DFT(N/2)]+2M[DCT(N/4)] \\
&A[DFT(N)]=A[DFT(N/2)]+2A[DCT(N/4)]+3N/2-2
\end{aligned}
\tag{5.45}
$$

ここで、$M[DFT(N)]$、$M[DFT(N/2)]$は、長さN、$N/2$のDFTをそれぞれ演算するのに必要とされる乗算回数です。$A[DFT(N)]$、$A[DFT(N/2)]$は、長さN、$N/2$のDFTをそれぞれ演算するに必要とされる加算回数です。また、$M[DCT(N/4)]$、$A[DCT(N/4)]$は、それぞれ長さ$N/4$のDCTを演算するのに必要とされる乗算回数と、加算回数です。

式（5.45）から明らかなように、長さNのDFTを演算するのに必要とされる乗算回数、加算回数は、DCTの演算に採用するアルゴリズムで決まることになります。そこで、乗算回数が用いるDCTの演算に採用するアルゴリズムだけで決まることをより明確にするために、長さNのDFTを長さ$N/2$のDFTと、2つの長さ$N/4$のDCTに分解する演算構造からさらに分解を進め、乗算回数と加算回数を表す式を求めることにします。まず、式（5.32）で表される分解構造に則って、DFTの分解をさらに進めると、式（5.45）で表される乗算回数Mは、次式のように表されることになります。

$$
\begin{aligned}
M[DFT(N)]&=M[DFT(N/4)]+2M[DCT(N/8)] \\
&\quad+2M[DCT(N/4)] \\
&=M[DFT(N/8)]+2M[DCT(N/16)] \\
&\quad+2M[DCT(N/8)]+2M[DCT(N/4)]
\end{aligned}
\tag{5.46}
$$

このように分解を進めると、

$$
M[DFT(N)]=M[DFT(N/2^J)]+2\sum_{m=1}^{J}M[DCT(N/4\cdot 2^{m-1})] \tag{5.47}
$$

が求められます。ここで、$N=8$ の DFT は乗算回数が 2 で演算できることに着目して、式 (5.47) の第 1 項で $N/2^J=8$ とおき、整理すれば次式が得られます。

$$M[DFT(8\cdot 2^J)]=2\left\{1+\sum_{m=1}^{J}M[DCT(2^{J+2-m})]\right\} \tag{5.48}$$

つまり、式 (5.48) は、DFT の長さ N が $N=8\cdot 2^J$ の場合、必要な乗算回数 M が DCT の演算に採用するアルゴリズムで決まることを端的に表しています。では、ここで、DCT の演算の具体的なアルゴリズムで式 (5.48) を表してみることにしましょう。DCT の高速演算アルゴリズムは、これまでに数多く提案されています。まず、Wen-Hsing Chen らのアルゴリズムで長さ N の DCT を演算する場合の乗算回数 $M(N)$ は

$$M(N)=N(\log_2 N-3/2)+4 \tag{5.49}$$

で表されます。式 (5.49) は、$N=2^{J+2-m}$ とおくと、

$$M(2^{J+2-m})=2^{J-m}(4(J-m)+2)+4 \tag{5.50}$$

となり、これを式 (5.48) に代入すれば次式が得られます。

$$M_{WHC}[DFT(8\cdot 2^J)]=2\left\{1+4J+\sum_{m=1}^{J}2^{J-m}(4(J-m)+2)\right\} \tag{5.51}$$

これが長さ $N=8\cdot 2^J$ の DFT を DCT に Wen-Hsing Chen らのアルゴリズムを採用して演算した場合に必要となる乗算回数ということになります。例えば、$N=128=8\times 2^4$ の DFT とすれば、$J=4$ ですから、

$$M_{WHC}(128)=2\left\{17+\sum_{m=1}^{4}2^{4-m}(18-4m)\right\}=366 \tag{5.52}$$

となります。次に、DCT の演算に Lee のアルゴリズムを採用する場合を考えてみましょう。Lee のアルゴリズムによって長さ N の DCT を演算する場合の乗算回数 $M(N)$ は

$$M(N)=(N/2)\log_2 N \tag{5.53}$$

となります。そこで、Wen-Hsing Chen らのアルゴリズムの場合と同様に、式 (5.53) で $N=2^{J+2-m}$ とおき、式 (5.48) に代入することで、DCT の演算に Lee のアルゴリズムを採用する場合の乗算回数 $M_{Lee}(N)$ として、次式が求められます。

$$M_{Lee}(8\cdot 2^J)=2\left\{1+\sum_{m=1}^{J}2^{J-m+1}(J-m+2)\right\} \tag{5.54}$$

ここで、例えば $N=128=8\times 2^4$ N の DFT とすれば、$J=4$ ですから、

$$M_{Lee}[DFT(128)]=2\left\{1+\sum_{m=1}^{4}2^{5-m}(6-m)\right\}=258 \tag{5.55}$$

となります。

続いて、加算回数についても、DFT の分解を進めることで、採用する DCT のアルゴリズムのみで表現する式を求めてみましょう。式（5.45）の加算回数 A は、DFT の分解を進めることで、次式のように表せることになります。

$$\begin{aligned}A[DFT(N)]&=A[DFT(N/4)]+2A[DCT(N/8)]\\&\quad+2A[DCT(N/4)]+9N/4-4\\&=A[DFT(N/8)]+2A[DCT(N/16)]\\&\quad+2A[DCT(N/8)]+2A[DCT(N/4)]+21N/8-6\end{aligned} \tag{5.56}$$

このように分解を進めると、

$$\begin{aligned}A[DFT(N)]&=A[DFT(N/2^J)]+2\sum_{m=1}^{J}A[DCT(N/4\cdot 2^{m-1})]\\&\quad+(3N/2)(2^J-1)/2^{J-1}-2J\end{aligned} \tag{5.57}$$

となります。ここで、$N=8$ の DFT は、採用する DCT のアルゴリズムに関係なく、加算回数が 20 であることに着目して、式（5.57）の 1 項で $N/2^J=8$ とおけば、次式が得られます。

$$A[DFT(8\cdot 2^J)]=2\sum_{m=1}^{J}A[DCT(2^{J+2-m})]+24(2^J-1)-2J+20 \tag{5.58}$$

まず、DCT の演算に Wen-Hsing Chen らのアルゴリズムを採用する場合、加算回数は

$$A(N)=(3N/2)(\log_2 N-1)+2 \tag{5.59}$$

のように表されますので、上式で $N=2^{J+2-m}$ とおくと、

$$A(2^{J+2-m})=3\times 2^{J+1-m}(J+1-m)+2 \tag{5.60}$$

となります。そこで、式（5.60）を式（5.58）に代入して整理することで、次式が得られます。

$$A_{WHC}[DFT(8\cdot 2^J)]=6\sum_{m=1}^{J}2^{J+1-m}(J+1-m)+24(2^J-1)+2J+20 \tag{5.61}$$

例えば、$N=128=8\times 2^4$ とすれば、$J=4$ ですから、

$$A_{WHC}[DFT(128)]=6\sum_{m=1}^{4}2^{5-m}(5-m)+388=976 \tag{5.62}$$

となります。

次に、DCTの演算にLeeのアルゴリズムを採用する場合の加算回数を求めてみましょう。Leeのアルゴリズムで長さ N のDCTを演算する場合の加算回数 $A(N)$ は

$$A(N)=(3N/2)(\log_2 N-2/3)+1 \tag{5.63}$$

で表されます。そこで、式（5.63）で $N=2^{J+2-m}$ とおくことで、式（5.58）は

$$A_{Lee}[DFT(8\cdot 2^J)]=2\sum_{m=1}^{J}2^{J+1-m}(3(J+1-m)+1)+24(2^J-1)+20 \tag{5.64}$$

となります。例えば、$N=128=8\times 2^4$ とすれば、$J=4$ なので、

$$A_{Lee}[DFT(128)]=2\sum_{m=1}^{4}2^{5-m}(16-3m)+380=1028 \tag{5.65}$$

となります。

表5-4 にDCTの演算にWen-Hsing Chenらのアルゴリズム、**表5-5** にはLeeのアルゴリズムをそれぞれ採用する場合の乗算回数、加算回数、それらを合計した総計算回数を示しています。このように、長さ N のDFTを長さ $N/2$ のDFTと長さ $N/4$ の２つのDCTとに分解することを基本にする演算構造ではDCTの演算に採用するアルゴリズムで所要の計算回数が大きく左右されます。DCTのLeeのアルゴリズムは、Wen-Hsing Chenらのアルゴリズムよりも乗算回数が少ないが、信号フローで見ると、かなり複雑な形状になっています。DCT-Ⅱは、音声や画像信号の高能率符号化のために開発され、対象にするデータ列の長さが比較的小さなことから、乗算回数の削減にともなうアルゴリズムの複雑さが実行上問題になることが少ないといえます。これに対し、DFTの場合は、対象にするデータ列が小さいとはいえず、一般に庞大なデータ列を対象にすることも少なくありません。このため、乗算回数の削減は、それが演算構造の全体の形態に及ぼす複雑さとの兼ね合いで、DCTの演算アルゴリズムを選択することが重要になると考えます。

表 5-4　高速離散フーリエ変換と高速ハートレー変換との計算量の比較　その 1

	高速離散フーリエ変換 Proposed DFT Algorithm			高速ハートレー変換による DFT の演算 DFT using Radix-2 FHT				DCT の計算回数 (Wen-Hsing Chen Algorithm)		
N	Mults.	Adds.	Mults＋Adds	Mults.	Adds.	2N	Mults＋Adds ＋2N	Mults.	Adds.	Mults＋Adds
4	0	6	6	0	8	8	16	6	8	14
8	2	20	22	4	26	16	46	16	26	42
16	14	58	72	20	74	32	126	44	74	118
32	46	156	202	68	194	64	326	116	194	310
64	134	398	532	196	482	128	806	292	482	774
128	366	976	1342	516	1154	256	1926	708	1154	1862
256	950	2322	3272	1284	2690	512	4486	1668	2690	4358
512	2366	5396	7762	3076	6146	1024	10246	3844	6146	9990

Mults.：乗算回数　Adds.：加算回数

表 5-5　高速離散フーリエ変換と高速ハートレー変換との計算量の比較　その 2

	高速離散フーリエ変換 Proposed DFT Algorithm			高速ハートレー変換による DFT の演算 DFT using Split-radix FHT				DCT の計算回数 (Lee's Algorithm)		
N	Mults.	Adds.	Mults＋Adds	Mults.	Adds.	2N	Mults＋Adds ＋2N	Mults.	Adds.	Mults＋Adds
4	0	6	6	0	8	8	16	5	9	14
8	2	20	22	4	22	16	42	12	29	41
16	10	60	70	12	64	32	108	32	81	113
32	34	164	198	42	166	64	272	80	209	289
64	98	420	518	124	416	128	668	192	513	705
128	258	1028	1286	330	998	256	1584	448	1217	1665
256	642	2436	3078	828	2336	512	3676	1024	2817	3841
512	1538	5636	7174	1994	5350	1024	8368	2304	6401	8705

Mults.：乗算回数　Adds.：加算回数

高速離散フーリエ変換 FDFT と高速ハートレー変換 FHT との関係

これまで説明した長さ N の DFT を長さ $N/2$ の DFT と長さ $N/4$ の 2 つの DCT とに分解する演算構造のもとで、実数計算を基本に演算する高速離散フーリエ変換 FDFT と、高速ハートレー変換 FHT との比較を説明しておきましょう。

長さ N の離散ハートレー変換 $H(k)$ は、長さ N の DFT の変換核 W_N^{nk} を cos 関数と sin 関数とに分離した式（5.31）に準じた形にすると、次式のように表すことができます。

$$H(k)=\sum_{n=0}^{N-1}x(n)cas\left(\frac{2\pi kn}{N}\right),\quad k=0\sim N-1 \qquad \text{(再出)}\ (5.1)$$

$$=(-1)^k\left\{\sum_{m=0}^{N/2}d(m)\cos\left(\frac{\pi km}{N/2}\right)-\sum_{m=1}^{N/2-1}e(m)\sin\left(\frac{\pi km}{N/2}\right)\right\} \qquad (5.66)$$

ここで、式（5.66）を式（5.31）と比べてみると、違いは第２項のsin関数の前にある“$+j$”と、“$-$”との違いです。しかも、高速離散フーリエ変換による演算は、演算の最終段階まで実部と、虚部とに分離して、それぞれ別個に演算することになります。したがって、実数値の入力データ列$x(n)$を対象にするDFTの演算に高速ハートレー変換を用いる場合と、高速離散フーリエ変換で演算する場合とを比較することは、高速ハートレー変換自体の演算結果をDFTの演算結果に換算するための式（5.6）で表される加減算回数を加えたものを比較することになります。表5-4に、長さNのDFTを高速離散フーリエ変換で演算する場合と、高速ハートレー変換による場合の計算量の比較を示しています。なお、同表の高速離散フーリエ変換の場合はDCTの演算にWen-Hsing Chenらのアルゴリズムを採用しています。また、表5-5には、高速離散フーリエ変換のDCTの演算にLeeのアルゴリズムを採用した場合と、Split-radix型高速ハートレー変換によるDFTの演算との比較を示しています。いずれにしても、長さNのDFTの演算を高速ハートレー変換で計算すれば、その演算結果をDFTの演算結果として置き換える加減算回数$2N$が多く必要となるのはやむをえないことです。

高速離散フーリエ変換FDFTと高速フーリエ変換FFTとの関係

続いて、実数値の入力データ列$x(n)$を対象にする長さNのDFTをFFTアルゴリズムで演算する場合と、高速離散フーリエ変換で演算する場合について比較してみることにします。

入力データ列$x(n)$が実数値であれば、DFTは

$$X(0),X(N/2):\text{実数}\qquad X(k)=X^*(N-k)$$

となります。実数値高速フーリエ変換（RFFT）では、$1\leq k\leq N/2-1$の範囲で$X(k)$と、$X(N-k)$とは複素数共役対称性の関係から、DFTの演算に必要な計算回数、演算結果を蓄積するメモリーは約半分で済むことを利用しています。これに対し、高速離散フーリエ変換（FDFT）のアルゴリズムでは、式（5.34）〜式（5.36）から、

$$X(0)=D_1(0)+D_2(0),\quad X(N/2)=D_1(0)-D_2(0)$$
$$(-1)^kX(k)=\{D_1(k)+D_2(k)\}+j\{E_1(k)+E_2(k)\}$$
$$1\leq k\leq N/4$$

となります。そして、$X(N/2-k)$、$X(N/2+k)$、$X(N-k)$も、つまり、$0\leq k\leq N-1$の$X(k)$が$0\leq k\leq N/4-1$の$D_1(k)$、$D_2(k)$、$E_1(k)$、$E_2(k)$から求められることになります。これ

が、複素数計算を基本にする従来からの Cooley-Tukey 型 FFT との演算構造上の違いといえます。$1+N/8$ の性質を利用する新しい FFT アルゴリズムでは事情が異なってきますが、高速離散フーリエ変換を提案した段階では新しい FFT アルゴリズムはまだ提案されていませんでしたので、Cooley-Tukey 型 FFT との比較に止めました。

ところで、実数値 FFT に限らず、複素数計算を基本にする FFT アルゴリズムでは、原理的に In-Place（定位置）演算で処理することができますが、その In-Place 演算は複素数計算によるものです。複素数計算で具体的に計算点ごとの演算結果を求めるには 4/2 アルゴリズムや 3/3 アルゴリズムの選択で実数乗算、実数加算の計算回数が増減できるものの、いずれにしても計算点ごとの演算結果は基本的に複素数値になります。これに対し、高速離散フーリエ変換 FDFT による演算は、DFT の直接的な変形に基づく演算構造によるものですが、DFT の演算に高速ハートレー変換 FHT を用いる方法と同じく、構造的に演算の最終段を除く、各中間段階のすべての計算点の結果が実数値となります。つまり、実数計算による In-Place 演算で処理することになります。

表 5-6 に、長さ N の RDFT を演算するのに、DCT の演算に Lee のアルゴリズムを採用する高速離散フーリエ変換による演算と、Split-radix 型 FFT による場合との実数乗算回数と実数加算回数との比較を示しています。また、**表 5-7** には、DCT の演算に Wen-Hsing Chen らのアルゴリズムを採用する高速離散フーリエ変換によると場合と、Cooley-Tukey 型 FFT による場合との比較を示しています。表 5-6、5-7 の比較から、実数値の入力データ列を対象にする長さの DFT を高速離散フーリエ変換で演算する場合、少なくとも、原理的には従来からの実数値 FFT が達成していた演算効率とほぼ同等のものを実数計算のみで達成できるということになります。複素数計算を基本にする実数値 FFT アルゴリズムが、各計算点の演算結果

表 5-6　高速離散フーリエ変換と Split-Radix 型 FFT との計算量の比較

	高速離散フーリエ変換 Proposed DFT Algorithm			Split-radix FFT アルゴリズム Split-radix FFT Algorithm			DCT の計算回数 (Lee's Algorithm)		
N	Mults.	Adds.	Mults + Adds	Mults.	Adds.	Mults + Adds	Mults.	Adds.	Mults + Adds
4	0	6	6	0	6	6	5	9	14
8	2	20	22	2	20	22	12	29	41
16	10	60	70	10	60	70	32	81	113
32	34	164	198	34	164	198	80	209	289
64	98	420	518	98	420	518	192	513	705
128	258	1028	1286	258	1028	1286	448	1217	1665
256	642	2436	3078	642	2436	3078	1024	2817	3841
512	1538	5636	7174	1538	5636	7174	2304	6401	8705
1024	3586	12804	16390	3586	12804	16390	5120	14337	19457

Mults.：乗算回数　Adds.：加算回数

(FFT の複素乗算は 3 回の実数乗算と 3 回の実数加算の 3/3 アルゴリズムを想定)

表5-7　高速離散フーリエ変換とCooley-Tukey型FFTとの計算量の比較

	高速離散フーリエ変換			Cooley-Tukey型FFT						DCTの計算回数		
	Proposed DFT Algorithm			Radix-4＋Radix-2 FFT			Radix-2 FFT			(Wen-Hsing Chen Algorithm)		
N	Mults.	Adds.	Mults＋Adds	Mults.	Adds.	Mults＋Adds	Mults.	Adds.	Mults＋Adds	Mults.	Adds.	Mults＋Adds
4	0	6	6				0	6	6	6	8	14
8	2	20	22	2	20	22	2	20	22	16	26	42
16	12	58	70	12	58	70	14	60	74	44	74	118
32	44	156	200	44	158	202	54	164	218	116	194	310
64	132	398	530	132	398	530	166	420	586	292	482	774
128	364	976	1340	356	974	1330	454	1028	1482	708	1154	1862
256	948	2322	3270	900	2286	3186	1158	2436	3594	1668	2690	4358
512	2364	5396	7760	2180	5294	7474	2822	5836	8458	3844	4146	9990
1024	5700	12310	18010	5124	11950	17074	6662	12804	19466	8708	13826	22534

(FFTの複素乗算は4回の実数乗算と2回の実数加算の4/2アルゴリズムを想定)

Mults.：乗算回数　Adds.：加算回数

として実部、虚部の2つの数値データからなる複素数値を扱うのに比べ、演算の最終段を除く、すべての計算点の演算結果を実数値で扱えるということは、実数計算のみで処理できるという演算処理上の簡便さや、ハード化する場合の演算アルゴリズムとして優位性が考えられます。これらのことは、高速ハートレー変換FHTのアルゴリズムが繰り返し提案されていることからも裏付けられます。そのような観点に立てば、高速離散フーリエ変換FDFTは、DFTの式を直に変形するもので、FHTよりもアルゴリズムとしての簡明さ、加減算回数の少なさの点で優位といえると考えます。

5.3 離散コサイン変換DCTの高速演算アルゴリズム

高速離散フーリエ変換FDFTと高速ハートレー変換FHTの優劣の判断を横におくとして、FDFT、FHTのいずれにしても離散コサイン変換DCTの高速演算アルゴリズムの理解は欠かせません。そこで、これまでに引用しましたDCTの高速演算アルゴリズムで、タイプⅡのDCTの代表的なアルゴリズムとされているWen-Hsing Chenらのアルゴリズムと、Leeのアルゴリズムのあらましを説明しておきましょう。

Wen-Hsing ChenらのDCTアルゴリズム

1977年に米国IEEE論文誌上で提案されたWen-Hsing Chenらのアルゴリズムは、DCTを疎な行列に分解することから、疎行列分解による計算と呼ばれることがあります。なお、疎な行列（sparse matrix）というのは、大部分の要素が0となる行列のことをいいます。疎な行列で0の要素が多ければ、多いほど乗算回数が削減されるということになります。タイプⅡのDCT は、これまで何度か説明しましたように、DCT、IDCT は次式のように定義されます。

$$X(k)=\sqrt{\frac{2}{N}}C(k)\sum_{n=0}^{N-1}x(n)\cos\left\{\frac{\pi k(2n+1)}{2N}\right\},\quad k=0\sim N-1$$
$$x(n)=\sqrt{\frac{2}{N}}\sum_{k=0}^{N-1}C(k)X(k)\cos\left\{\frac{\pi(2n+1)k}{2N}\right\},\quad n=0\sim N-1$$
$$C(k)=\begin{cases}\dfrac{1}{\sqrt{2}}, & k=0\\ 1, & k\neq 0\end{cases} \tag{5.67}$$

いま、式（5.67）で表されるタイプⅡの DCT を行列で表現するとして、スケールファクタの係数を除いた部分を A_N とします。つまり

$$X(k)=\sqrt{\frac{2}{N}}A_N[x(n)],\ n,k=0\sim N-1 \tag{5.68}$$

のように表すことにします。A_N は、例えば、$N=2,4$ とすれば、次式のように表されることになります。なお、行列の要素としての記号 C_y^x、S_y^x は、それぞれ

$$C_y^x=\cos\left(\pi\frac{x}{y}\right),\quad S_y^x=\sin\left(\pi\frac{x}{y}\right) \tag{5.69}$$

を意味し、表記の簡略化を図っています。

$$A_2=\begin{bmatrix}\frac{1}{\sqrt{2}} & \frac{1}{\sqrt{2}}\\ C_4^1 & C_4^3\end{bmatrix}=\begin{bmatrix}\frac{1}{\sqrt{2}} & \frac{1}{\sqrt{2}}\\ C_4^1 & -S_4^1\end{bmatrix} \tag{5.70}$$
$$A_4=\begin{bmatrix}\frac{1}{\sqrt{2}} & \frac{1}{\sqrt{2}} & \frac{1}{\sqrt{2}} & \frac{1}{\sqrt{2}}\\ C_8^1 & C_8^3 & C_8^5 & C_8^7\\ C_8^2 & C_8^6 & C_8^{10} & C_8^{14}\\ C_8^3 & C_8^9 & C_8^{15} & C_8^{21}\end{bmatrix}=\begin{bmatrix}\frac{1}{\sqrt{2}} & \frac{1}{\sqrt{2}} & \frac{1}{\sqrt{2}} & \frac{1}{\sqrt{2}}\\ C_8^1 & C_8^3 & -C_8^3 & -C_8^1\\ C_4^1 & C_4^3 & C_4^3 & C_4^1\\ C_8^3 & -C_8^1 & C_8^1 & -C_8^3\end{bmatrix} \tag{5.71}$$

ここで、A_2、A_4 は、C_y^x の周期性を利用することで、表現を整理してあります。さらに、式（5.71）は、疎な行列による置換行列を用いることで、次のように変形することができます。置換行列は、行列の要素を置き換える働きをします。

$$A_4=\begin{bmatrix}1&0&0&0\\0&0&0&1\\0&1&0&0\\0&0&1&0\end{bmatrix}\begin{bmatrix}\frac{1}{\sqrt{2}}&\frac{1}{\sqrt{2}}&\frac{1}{\sqrt{2}}&\frac{1}{\sqrt{2}}\\C_4^1&C_4^3&C_4^3&C_4^1\\C_8^3&-C_8^1&C_8^1&-C_8^3\\C_8^1&C_8^3&-C_8^3&-C_8^1\end{bmatrix} \tag{5.72}$$

さらにバタフライ行列を用いることで、次のように展開できます。

$$A_4=\begin{bmatrix}1&0&0&0\\0&0&0&1\\0&1&0&0\\0&0&1&0\end{bmatrix}\begin{bmatrix}\frac{1}{\sqrt{2}}&\frac{1}{\sqrt{2}}&0&0\\C_4^1&-S_4^1&0&0\\0&0&-C_8^1&S_8^1\\0&0&C_8^3&S_8^3\end{bmatrix}\begin{bmatrix}1&0&0&1\\0&1&1&0\\0&1&-1&0\\1&0&0&-1\end{bmatrix} \tag{5.73}$$

式（5.73）の構成は、置換行列 P_4、バタフライ行列 B_4 を用いることで、次式のように表すことができます。

$$A_4=P_4\begin{bmatrix}A_2&0\\0&\tilde{R}_2\end{bmatrix}B_4 \tag{5.74}$$

ここで、置換行列というのは、式（5.71）、式（5.72）の比較でわかるように、行列の要素の並び方を都合のよい形に並び変える行列といえます。また、バタフライ行列というのは、入力データ列をバタフライ演算の構成になるようにする行列といえます。例えば、式（5.73）のバタフライ行列 B_4 を例にすれば、

$$B_4\begin{bmatrix}x(0)\\x(1)\\x(2)\\x(3)\end{bmatrix}=\begin{bmatrix}1&0&0&1\\0&1&1&0\\0&1&-1&0\\1&0&0&-1\end{bmatrix}\begin{bmatrix}x(0)\\x(1)\\x(2)\\x(3)\end{bmatrix}=\begin{bmatrix}x(0)+x(3)\\x(1)+x(2)\\x(1)-x(2)\\x(0)-x(3)\end{bmatrix}$$

のようになります。ところで、式（5.74）の A_2 は式（5.70）で表される $N=2$ の変換行列であり、また、$\tilde{R}_2$ は乗数をもつ 2×2 の行列です。そして、DCTの長さが2のべき、つまり $N=2^m$ であれば、式（5.74）を一般化すると、次式のように表すことができるとされています。

$$A_N=P_N\begin{bmatrix}A_{N/2}&0\\0&\tilde{R}_{N/2}\end{bmatrix}B_N \tag{5.75}$$

ここで、バタフライ行列 B_N は単位行列 E_N と、その逆対角の単位行列によって、

$$B_N=\begin{bmatrix} E_{N/2} & \widetilde{E}_{N/2} \\ \widetilde{E}_{N/2} & E_{N/2} \end{bmatrix} \tag{5.76}$$

のように表されます。また、行列 $[R_N]$ は、行 x、列 y が与えられたときに、それぞれの要素 $r_{x,y}$ が

$$r_{x,y}=\cos\left(\frac{\pi(2x+1)(2y+1)}{2N}\right), \quad x, y=0\sim N/2-1 \tag{5.77}$$

で決められる行列で、式 (5.76) の中には、行と列の両方の順序を逆転した形で設定されます。例えば、式 (5.73) の場合であれば、$N/2=2$ とおくことで、

$$r_{x,y}=\cos\left(\frac{\pi(2x+1)(2y+1)}{2\times4}\right), \quad x, y=0, 1 \tag{5.78}$$

となることから、

$$[R_2]=\begin{bmatrix} C_8^1 & C_8^3 \\ C_8^3 & C_8^9 \end{bmatrix}=\begin{bmatrix} C_8^1 & C_8^3 \\ C_8^3 & -C_8^1 \end{bmatrix}\Rightarrow[\widetilde{R}_2]=\begin{bmatrix} -C_8^1 & C_8^3 \\ C_8^3 & C_8^1 \end{bmatrix}=\begin{bmatrix} -C_8^1 & S_8^1 \\ C_8^3 & S_8^3 \end{bmatrix} \tag{5.79}$$

となります。ここで、式 (5.75) を用いることで、タイプⅡの DCT を分解する場合の手順を説明しておきましょう。まず、A_2 と R_2 とを求め、これらから P_4、B_4 を用いて A_4 を求めます。続いて、A_4 が得られれば、コサインの係数からなる R_4 を求め、これらと P_8、B_8 を用いて A_8 を求めます。さらに A_8 に加えて、R_8 を求め、これらと P_{16}、B_{16} を用いることで A_{16} を求めることになります。このようにして、希望する長さ N になるまで、式 (5.75) の分解構造を逆に辿る処理を繰り返すことになります。ところで、式 (5.75) は、長さ N の DCT の分解構造に規則性があることを示しています。しかしながら、行列には一律に分解できるという漸化性がなく、部分的な漸化性があるにすぎません。そこで、Wen-Hsing Chen らは、アルゴリズムを提案する論文の中で、行列 R_N は $2\log_2 N-3$ 個の行列に分解できるとし、それぞれの行列をタイプに分け、それぞれを詳細に解説しています。

これまでに説明したのが Wen-Hsing Chen らの DCT アルゴリズムのあらましですが、$N=4, 8, 16$ の DCT について、信号フローを**図 5-15** に表します。

Lee の DCT アルゴリズム

1984 年に Byeong Gi Lee によって米国 IEEE 論文誌上で提案された DCT の演算アルゴリズムを Lee のアルゴリズムとして説明します。B.G. Lee は、論文で逆離散コサイン変換 IDCT についての演算アルゴリズムを詳しく述べていますが、DCT については同様の方法で演算で

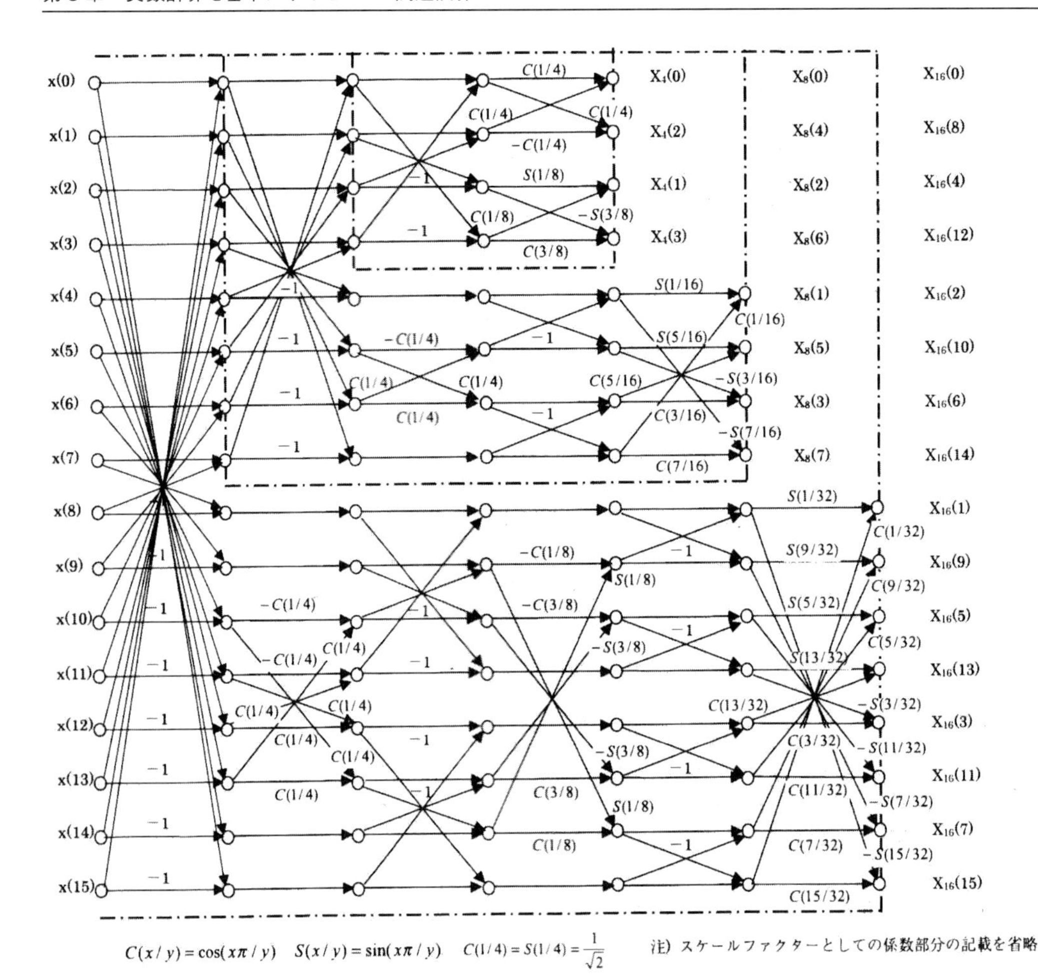

図 5-15　Wen-Hsing Chen 等のアルゴリズムによる N=16 の DCT-Ⅱの信号フロー図

きるとしています。確かに、IDCT と DCT とは当然のこと変換核の形式が同じですから、IDCT についての高速演算式が得られ、それの信号フローが描ければ、その逆方向の演算で DCT の高速演算に対応できます。そこで、Lee による IDCT の演算アルゴリズムについて説明することにします。

Lee のアルゴリズムによる IDCT の演算

Lee の演算アルゴリズムではタイプⅡの DCT、IDCT をそれぞれ次式のように表すとしています。

$$X(k)=\frac{2}{N}C(k)\sum_{n=0}^{N-1}x(n)\cos\left\{\frac{\pi(2n+1)k}{2N}\right\},\quad k=0\sim N-1$$

$$x(n)=\sum_{k=0}^{N-1}\widehat{X}(k)\cos\left\{\frac{\pi k(2n+1)}{2N}\right\},\quad n=0\sim N-1$$

$$\widehat{X}(k)=C(k)X(k),\quad C(k)=\begin{cases}\dfrac{1}{\sqrt{2}}, & k=0\\ 1, & k\neq 0\end{cases} \tag{5.80}$$

Lee の DCT アルゴリズムは、長さ N の逆離散コサイン変換 IDCT が次式のように展開できるとしています。

$$\begin{aligned}
x(n)&=g(n)+\frac{1}{2C_{2N}^{2n+1}}h(n)\\
x(N-1-n)&=g(n)-\frac{1}{2C_{2N}^{2n+1}}h(n)\\
n&=0\sim N/2-1\\
g(n)&=\sum_{k=0}^{N/2-1}\widehat{X}(2k)C_{2(N/2)}^{(2n+1)k}\\
h(n)&=\sum_{k=0}^{N/2-1}(\widehat{X}(2k+1)+\widehat{X}(2k-1))C_{2(N/2)}^{(2n+1)k}\\
\widehat{X}(2k-1)|_{k=0}&=0
\end{aligned} \tag{5.81}$$

ここで、式（5.81）で長さ N の IDCT を演算する場合の例として、$N=4$ の IDCT について演算式を求めてみましょう。

まず、式（5.81）において、$N=4$ とおくと、次のような関係式が得られます。

$$\begin{aligned}
x(n)&=g(n)+\frac{1}{2C_{8}^{2n+1}}h(n),\quad n=0,1\\
x(3-n)&=g(n)-\frac{1}{2C_{8}^{2n+1}}h(n),\quad n=0,1\\
g(n)&=\sum_{k=0}^{1}\widehat{X}(2k)C_{4}^{(2n+1)k}\\
h(n)&=\sum_{k=0}^{1}(\widehat{X}(2k+1)+\widehat{X}(2k-1))C_{4}^{(2n+1)k},\quad \widehat{X}(2k-1)|_{k=0}=0
\end{aligned} \tag{5.82}$$

式（5.82）の $g(n)$、$h(n)$ を求めると、

$$g(0)=\widehat{X}(0)+\widehat{X}(2)\cos\left(\frac{\pi}{4}\right)=\widehat{X}(0)+\frac{1}{2C_4^1}\widehat{X}(2)$$

$$g(1)=\widehat{X}(0)+\widehat{X}(2)\cos\left(\frac{3\pi}{4}\right)=\widehat{X}(0)-\frac{1}{2C_4^1}\widehat{X}(2)$$

$$h(0)=\widehat{X}(1)+(\widehat{X}(3)+\widehat{X}(1))\cos\left(\frac{\pi}{4}\right)=\widehat{X}(1)+\frac{1}{2C_4^1}(\widehat{X}(3)+\widehat{X}(1))$$

$$h(1)=\widehat{X}(1)+(\widehat{X}(3)+\widehat{X}(1))\cos\left(\frac{3\pi}{4}\right)=\widehat{X}(1)-\frac{1}{2C_4^1}(\widehat{X}(3)+\widehat{X}(1)) \tag{5.83}$$

となります。したがって、求めようとする $x(n)$, $n=0\sim3$ は、式（5.82）、式（5.83）から、次式のように表されます。

$$x(0)=\widehat{X}(0)+\frac{1}{2C_4^1}\widehat{X}(2)+\frac{1}{2C_8^1}\left\{\widehat{X}(1)+\frac{1}{2C_4^1}(\widehat{X}(3)+\widehat{X}(1))\right\}$$

$$x(1)=\widehat{X}(0)-\frac{1}{2C_4^1}\widehat{X}(2)+\frac{1}{2C_8^3}\left\{\widehat{X}(1)-\frac{1}{2C_4^1}(\widehat{X}(3)+\widehat{X}(1))\right\}$$

$$x(2)=\widehat{X}(0)-\frac{1}{2C_4^1}\widehat{X}(2)-\frac{1}{2C_8^3}\left\{\widehat{X}(1)-\frac{1}{2C_4^1}(\widehat{X}(3)+\widehat{X}(1))\right\}$$

$$x(3)=\widehat{X}(0)+\frac{1}{2C_4^1}\widehat{X}(2)-\frac{1}{2C_8^1}\left\{\widehat{X}(1)+\frac{1}{2C_4^1}(\widehat{X}(3)+\widehat{X}(1))\right\} \tag{5.84}$$

式（5.84）がLeeのアルゴリズムによる長さ $N=4$ のIDCTを演算する場合の高速演算式ということになります。ここで、インデックス n を $2n_2+n_1$ とおくと、式（5.84）は次式のように表すことができ、各項の間の関係性がはっきりとわかります。

$$x(2n_2+n_1)=\widehat{X}(0)+(-1)^{(n_2+n_1)}\frac{1}{2C_4^1}\widehat{X}(2)$$
$$+(-1)^{n_2}\frac{1}{2C_8^{(2-(-1)^{(n_2+n_1)})}}\left\{\widehat{X}(1)+(-1)^{(n_2+n_1)}\frac{1}{2C_4^1}(\widehat{X}(3)+\widehat{X}(1))\right\}$$
$$n_2,n_1=0,1 \tag{5.85}$$

式（5.84）、式（5.85）で表される高速演算式を信号フローの形で示すと、**図5-16**のようになります。

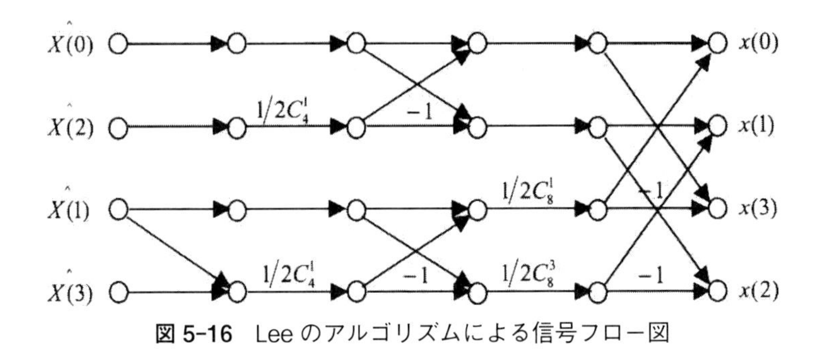

図5-16　Leeのアルゴリズムによる信号フロー図

続いて、式（5.81）を用いて $N=8$ のIDCTを展開してみることにします。式（5.81）で、$N=8$ とおくと、次式のようになります。

$$
\begin{aligned}
x(n)&=g(n)+\frac{1}{2C_{16}^{2n+1}}h(n),\quad n=0\sim3\\
x(7-n)&=g(n)-\frac{1}{2C_{16}^{2n+1}}h(n),\quad n=0\sim3\\
g(n)&=\sum_{k=0}^{3}\widehat{X}(2k)C_8^{(2n+1)k}\\
h(n)&=\sum_{k=0}^{3}(\widehat{X}(2k+1)+\widehat{X}(2k-1))C_8^{(2n+1)k},\quad \widehat{X}(2k-1)|_{k=0}=0
\end{aligned}
\tag{5.86}
$$

ここで、式（5.86）の $g(n)$、$h(n)$ を、次のように、それぞれ2つの項に分けることにします。

$$
\begin{aligned}
g(n)&=g_1(n)+\frac{1}{2C_8^{2n+1}}g_2(n),\quad n=0,1\\
g(3-n)&=g_1(n)-\frac{1}{2C_8^{2n+1}}g_2(n),\quad n=0,1\\
g_1(n)&=\sum_{k=0}^{1}\widehat{X}(4k)C_4^{(2n+1)k},\quad n=0,1\\
g_2(n)&=\sum_{k=0}^{1}(\widehat{X}(4k+2)+\widehat{X}(4k-2))C_4^{(2n+1)k},\\
&\quad n=0,1,\widehat{X}(4k-2)|_{k=0}=0
\end{aligned}
\tag{5.87}
$$

$$
\begin{aligned}
h(n)&=h_1(n)+\frac{1}{2C_8^{(2n+1)k}}h_2(n),\quad n=0,1\\
h(3-n)&=h_1(n)-\frac{1}{2C_8^{(2n+1)k}}h_2(n),\quad n=0,1\\
h_1(n)&=\sum_{k=0}^{1}(\widehat{X}(4k+1)+\widehat{X}(4k-1))C_4^{(2n+1)k},\quad n=0,1\\
h_2(n)&=\sum_{k=0}^{1}(\widehat{X}(4k+3)+\widehat{X}(4k-1)+\widehat{X}(4k+1)+\widehat{X}(4k-3))C_4^{(2n+1)k}\\
&\quad n=0,1\\
&\widehat{X}(4k-1)|_{k=0}=\widehat{X}(4k-2)|_{k=0}=\widehat{X}(4k-3)|_{k=0}=0
\end{aligned}
$$

ここで、$g(n)$、$n=0\sim3$ としては、$N=4$ のIDCTで求めた式（5.84）に相当することになり、次式のように表されます。

$$g(0)=\hat{X}(0)+\frac{1}{2C_4^1}\hat{X}(4)+\frac{1}{2C_8^1}\left\{\hat{X}(2)+\frac{1}{2C_4^1}(\hat{X}(6)+\hat{X}(2))\right\}$$

$$g(1)=\hat{X}(0)-\frac{1}{2C_4^1}\hat{X}(4)+\frac{1}{2C_8^3}\left\{\hat{X}(2)-\frac{1}{2C_4^1}(\hat{X}(6)+\hat{X}(2))\right\}$$

$$g(2)=\hat{X}(0)-\frac{1}{2C_4^1}\hat{X}(4)-\frac{1}{2C_8^3}\left\{\hat{X}(2)-\frac{1}{2C_4^1}(\hat{X}(6)+\hat{X}(2))\right\}$$

$$g(3)=\hat{X}(0)+\frac{1}{2C_4^1}\hat{X}(4)-\frac{1}{2C_8^1}\left\{\hat{X}(2)+\frac{1}{2C_4^1}(\hat{X}(6)+\hat{X}(2))\right\} \tag{5.88}$$

つまり、$N=8$ のIDCTのために改めて必要な項は、$h(n)$、$n=0\sim3$ となります。それらを式（5.87）から求めると、次式のようになります。

$$h(0)=\hat{X}(1)+\frac{1}{2C_4^1}\left(\hat{X}(5)+\hat{X}(3)\right)+\frac{1}{2C_8^1}\left\{\left(\hat{X}(3)+\hat{X}(1)\right)+\frac{1}{2C_4^1}\left(\hat{X}(7)+\hat{X}(3)+\hat{X}(5)+\hat{X}(1)\right)\right\}$$

$$h(1)=\hat{X}(1)-\frac{1}{2C_4^1}\left(\hat{X}(5)+\hat{X}(3)\right)+\frac{1}{2C_8^3}\left\{(\hat{X}(3)+\hat{X}(1))-\frac{1}{2C_4^1}(\hat{X}(7)+\hat{X}(3)+\hat{X}(5)+\hat{X}(1))\right\}$$

$$h(2)=\hat{X}(1)-\frac{1}{2C_4^1}\left(\hat{X}(5)+\hat{X}(3)\right)-\frac{1}{2C_8^3}\left\{(\hat{X}(3)+\hat{X}(1))-\frac{1}{2C_4^1}(\hat{X}(7)+\hat{X}(3)+\hat{X}(5)+\hat{X}(1))\right\}$$

$$h(3)=\hat{X}(1)+\frac{1}{2C_4^1}\left(\hat{X}(5)+\hat{X}(3)\right)-\frac{1}{2C_8^1}\left\{(\hat{X}(3)+\hat{X}(1))+\frac{1}{2C_4^1}(\hat{X}(7)+\hat{X}(3)+\hat{X}(5)+\hat{X}(1))\right\} \tag{5.89}$$

したがって、$x(n)$、$n=0\sim3$ は、式（5.88）、式（5.89）から、それぞれ次式のように求められます。

$$x(0)=g(0)+\frac{1}{2C_{16}^1}h(0)$$
$$=\hat{X}(0)+\frac{1}{2C_4^1}\hat{X}(4)+\frac{1}{2C_8^1}\left\{\hat{X}(2)+\frac{1}{2C_4^1}(\hat{X}(6)+\hat{X}(2))\right\}$$
$$+\frac{1}{2C_{16}^1}\left[\hat{X}(1)+\frac{1}{2C_4^1}(\hat{X}(5)+\hat{X}(3))\right.$$
$$\left.+\frac{1}{2C_8^1}\left\{(\hat{X}(3)+\hat{X}(1))+\frac{1}{2C_4^1}(\hat{X}(7)+\hat{X}(3)+\hat{X}(5)+\hat{X}(1))\right\}\right]$$

$$x(1)=g(1)+\frac{1}{2C_{16}^3}h(1)$$
$$=\hat{X}(0)-\frac{1}{2C_4^1}\hat{X}(4)+\frac{1}{2C_8^3}\left\{\hat{X}(2)-\frac{1}{2C_4^1}(\hat{X}(6)+\hat{X}(2))\right\}$$
$$+\frac{1}{2C_{16}^3}\left[\hat{X}(1)-\frac{1}{2C_4^1}(\hat{X}(5)+\hat{X}(3))\right.$$
$$\left.+\frac{1}{2C_8^3}\left\{(\hat{X}(3)+\hat{X}(1))-\frac{1}{2C_4^1}(\hat{X}(7)+\hat{X}(3)+\hat{X}(5)+\hat{X}(1))\right\}\right]$$

$$x(2)=g(2)+\frac{1}{2C_{16}^5}h(2)$$
$$=\hat{X}(0)-\frac{1}{2C_4^1}\hat{X}(4)-\frac{1}{2C_8^3}\left\{\hat{X}(2)-\frac{1}{2C_4^1}(\hat{X}(6)+\hat{X}(2))\right\}$$
$$+\frac{1}{2C_{16}^5}\left[\hat{X}(1)-\frac{1}{2C_4^1}(\hat{X}(5)+\hat{X}(3))\right.$$
$$\left.-\frac{1}{2C_8^3}\left\{(\hat{X}(3)+\hat{X}(1))-\frac{1}{2C_4^1}(\hat{X}(7)+\hat{X}(3)+\hat{X}(5)+\hat{X}(1))\right\}\right]$$

$$x(3)=g(3)+\frac{1}{2C_{16}^7}h(3)$$
$$=\hat{X}(0)+\frac{1}{2C_4^1}\hat{X}(4)-\frac{1}{2C_8^1}\left\{\hat{X}(2)+\frac{1}{2C_4^1}(\hat{X}(6)+\hat{X}(2))\right\}$$
$$+\frac{1}{2C_{16}^7}\left[\hat{X}(1)+\frac{1}{2C_4^1}(\hat{X}(5)+\hat{X}(3))-\frac{1}{2C_8^1}\left\{(\hat{X}(3)+\hat{X}(1))\right.\right.$$
$$\left.\left.+\frac{1}{2C_4^1}(\hat{X}(7)+\hat{X}(3)+\hat{X}(5)+\hat{X}(1))\right\}\right] \tag{5.90}$$

残る $n=4\sim7$ の $x(n)$ は、次の関係から求められることになります。

$$x(4)=x(7-3)=g(3)-\frac{1}{2C_{16}^7}h(3) \quad x(5)=x(7-2)=g(2)-\frac{1}{2C_{16}^5}h(5)$$

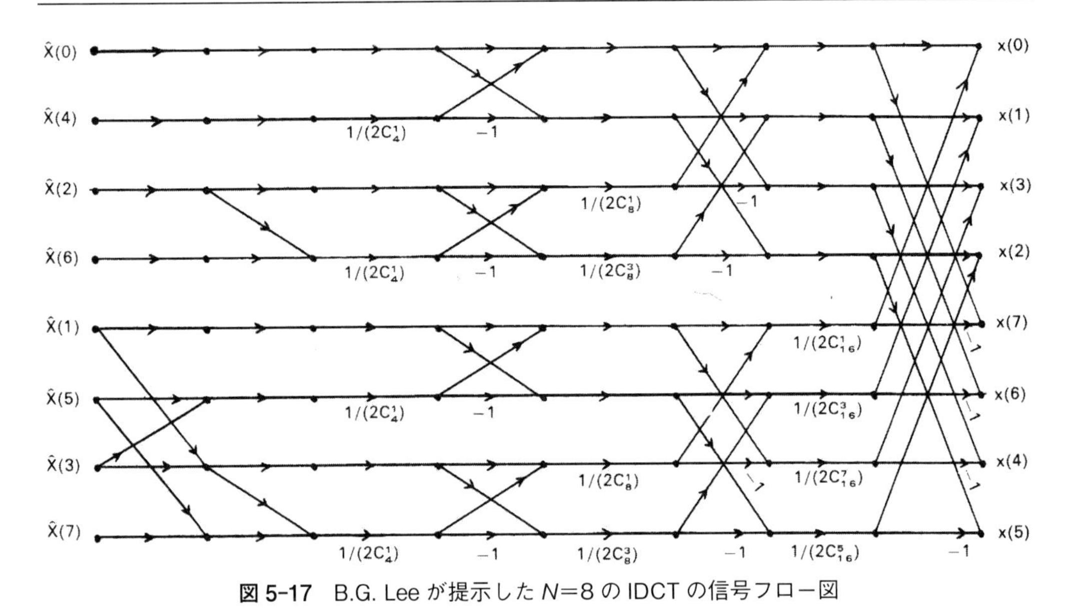

図 5-17　B.G. Lee が提示した $N=8$ の IDCT の信号フロー図

$$x(6)=x(7-1)=g(1)-\frac{1}{2C_{16}^{3}}h(1) \quad x(7)=x(7-0)=g(0)-\frac{1}{2C_{16}^{1}}h(0) \tag{5.91}$$

式（5.90）、式（5.91）が Lee のアルゴリズムによっての IDCT を演算する場合の高速演算式ということになります。**図 5-17** は B.G. Lee が IEEE の論文の中で提示した $N=8$ の DCT の信号フロー図を表します。

Lee のアルゴリズムの導出

Lee のアルゴリズムは、IDCT、DCT の高速演算という問題解決の着眼点に実に興味深いものがあります。それは、入力データ列 $x(n)$ の置換によって長さ N の IDCT を長さ $N/2$ の IDCT にする反覆的な分解の方法の採用です。

提案者 B.G. Lee は、まず、式（5.80）の IDCT の出力項 $x(n)$ を

$$\begin{aligned} x(n)&=g(n)+h''(n)\\ x(N-1-n)&=g(n)-h''(n)\\ n&=0\sim N/2-1 \end{aligned} \tag{5.92}$$

とおき、$g(n)$、$h''(n)$ をそれぞれ次のように設定するとしました。

$$\begin{aligned} g(n)&=\sum_{k=0}^{N/2-1}\widehat{X}(2k)C_{2(N/2)}^{(2n+1)k}\\ h''(n)&=\sum_{k=0}^{N/2-1}\widehat{X}(2k+1)C_{2N}^{(2n+1)(2k+1)} \end{aligned} \tag{5.93}$$

そして、式（5.93）の $h''(n)$ を

$$h''(n)=\sum_{k=0}^{N/2-1} X''(2k+1)C_{2(N/2)}^{(2n+1)k} \tag{5.94}$$

のように表すとすれば、どのような値を $X''(2k+1)$ として設定すればよいかを課題としました。これに対して、B.G. Lee が用いたのは

$$2C_{2N}^{2n+1}C_{2N}^{(2n+1)(2k+1)}=C_{2N}^{(2n+1)2k}+C_{2N}^{(2n+1)2(k+1)} \tag{5.95}$$

という、お馴染みの余弦関数の和を表す公式

$$2\cos((\alpha+\beta)/2)\cos((\alpha-\beta)/2)=\cos(\alpha)+\cos(\beta)$$

を直接的に用いたようです。式（5.93）は、式（5.95）を用いて整理すると、

$$2C_{2N}^{2n+1}h''(n)=\sum_{k=0}^{N/2-1}\widehat{X}(2k+1)C_{2N}^{(2n+1)2k}+\sum_{k=0}^{N/2-1}\widehat{X}(2k+1)C_{2N}^{(2n+1)2(k+1)} \tag{5.96}$$

となります。そこで、式（5.96）の右側の 2 項目を

$$\sum_{k=0}^{N/2-1}\widehat{X}(2k+1)C_{2N}^{(2n+1)2(k+1)}=\sum_{k=0}^{N/2-1}\widehat{X}(2k-1)C_{2N}^{(2n+1)2k}$$
$$\widehat{X}(2k-1)\big|_{k=0}=0 \tag{5.97}$$

とおくことで、式（5.94）の $h''(n)$ は、

$$h''(n)=\frac{1}{2C_{2N}^{2n+1}}\sum_{k=0}^{N/2-1}(\widehat{X}(2k+1)+\widehat{X}(2k-1))C_{2(N/2)}^{(2n+1)k}$$
$$\widehat{X}(2k-1)\big|_{k=0}=0 \tag{5.98}$$

のように表すことができます。したがって、Lee のアルゴリズムによる長さ N の IDCT の展開式は、式（5.92）、式（5.93）、式（5.98）から、式（5.81）のように表されることになります。

5.4 QFT アルゴリズムのあらまし

ところで、高速離散フーリエ変換 FDFT のアルゴリズムは、電子情報通信学会の論文誌 A（基礎・境界編）の 1997 年 1 月号に本書の著者・土屋の論文として掲載されていますが、その翌年 1998 年に米国 IEEE の論文誌に QFT という類似のアルゴリズムが提案されています。

QFT（Quick Fourier Transform）は、実数値入力データ列$x(n)$を対象にするDFTをDCTと、DSTとに分解することを基本にする高速演算アルゴリズムで、FHTの種々のアルゴリズムを提案していた米国ライス大学のC. Sidney. Burrusらによって提案されています。QFTのアルゴリズムの概略は、次のようになっています。

QFTでは、長さNのDFTを次式のように表すとしています。

$$DFT(k,N,x)=\sum_{n=0}^{N-1}x(n)e^{-j2\pi nk/N},\quad k=0\sim N-1 \tag{5.99}$$

そして、長さ$N+1$の離散コサイン変換DCTを

$$DCT(k,N+1,x)=\sum_{n=0}^{N}x(n)\cos(\pi nk/N),\quad k=0,1,2,\cdots,N \tag{5.100}$$

のように表すことにします。また、長さ$N-1$の離散サイン変換DSTを次式のように表すことにします。

$$DST(k,N-1,x)=\sum_{n=1}^{N-1}x(n)\sin(\pi nk/N),\quad k=1,2,\cdots,N-1 \tag{5.101}$$

続いて、入力データ列$x(n)$に関して、偶対称成分$x_e(n)$、奇対称成分$x_o(n)$を、それぞれ次のように定義します。

$$\begin{aligned}&x_e(n)=x(n)+x(N-n),\quad n=1,2,\cdots,N/2-1\\&x_e(0)=x(0),\quad x_e(N/2)=x(N/2)\\&x_o(n)=x(n)-x(N-n),\quad n=1,2,\cdots,N/2-1\end{aligned} \tag{5.102}$$

QFTは、これらのDCT, DSTを用いることで、長さNのDFTの前半分が次のように表されるとしています。

$$\begin{aligned}&DFT(k,N,x)=DCT(k,N/2+1,x_e)-jDST(k,N/2-1,x_o)\\&\qquad k=1,2,\cdots N/2-1\\&DFT(0,N,x)=DCT(0,N/2+1,x_e)\end{aligned} \tag{5.103}$$

また、DFTの後ろ半分は、次のように表されるとしています。

$$\begin{aligned}&DFT(N-k,N,x)=DCT(k,N/2+1,x_e)+jDST(k,N/2-1,x_0)\\&\qquad k=1,2,\cdots,N/2-1\\&DFT(N/2,N,x)=DCT(N/2,N/2+1,x_e)\end{aligned} \tag{5.104}$$

QFT は、長さ N の DFT を式（5.103）〜（5.104）のように、DCT、DST に分離することを基本に、繰り返し分解して、演算するアルゴリズムです。そして、QFT のアルゴリズムでは、DCT, DST を漸化的に分解する独自のアルゴリズムを提示しています。そして、QFT アルゴリズムで長さ N の DFT を演算する場合に必要な実数乗算回数 M、実数加算回数 A は、それぞれ次のように表されるとしています。入力データ列 $x(n)$ が実数値の場合は

$$M_{real}(N)=(N/2)(\log_2 N-11/4)+1$$
$$A_{real}(N)=(7N/4)(\log_2 N-12/7)+2 \tag{5.105}$$

入力データ列 $x(n)$ が複素数値の場合は

$$M_{complex}(N)=N(\log_2 N-11/4)+2$$
$$A_{complex}(N)=(7N/2)(\log_2 N-8/7) \tag{5.106}$$

ところで、先に説明しました高速離散フーリエ変換 FDFT のアルゴリズムも、QFT のアルゴリズムも、実数計算を基本にすることから、複素数計算を基本にする FFT アルゴリズムのような、4/2、3/3 アルゴリズムの選択という余地はありません。そのため、実数計算を基本にする DFT の高速演算アルゴリズムでは、DCT, DST の演算にどのようなアルゴリズムを採用するかで、実数乗算回数、実数加算回数が決まることになります。

以上で、実数計算を基本にする離散フーリエ変換 DFT の高速演算アルゴリズムの説明を終えることにします。複素数計算を基本にする Cooley-Tukey 型 FFT に始まる FFF アルゴリズムと、実数計算を基本にする高速ハートレー変換 FHT、高速離散フーリエ変換 FDFT、QFT などのアルゴリズムの本質的な違いは離散フーリエ変換 DFT の変換核 W_N^{nk} を複素関数のまま漸化的に分解するか、離散コサイン変換 DCT、離散サイン変換 DST に分解して実数関数として漸化的に分解するかの違いになると思います。たしかに、FHT や FDFT、QFT などアルゴリズムは実数計算を基本に演算できるなどのメリットはありますが、いかにせん DCT、DST の高速演算のアルゴリズムが煩雑になることは否めません。他方、Cooley-Tukey 型 FFT に始まる FFT アルゴリズムは、変換核 W_N^{nk} の複素関数としての形状、性質を保持したまま漸化的に分解するので、高速演算アルゴリズムとして演算構造が容易に把握できるメリットがあると思います。本書の第 4 章で高速フーリエ変換 FFT の新しいアルゴリズムとして紹介した離散フーリエ変換 DFT の直接的な分解による最終的な高速演算式がひとつの式として数式表現できるのが、その象徴だと考えています。

おわりに

わたしの高速フーリエ変換 FFT との初めての出会いは、30 歳ごろに NHK 技術研究所の若手研究職から FFT の 3 枚ほどの説明資料を渡されたことでした。彼は、若手研究職で FFT の勉強会をする資料だといって、参考までにと部外者のわたしに渡してくれました。その資料に何度か目を通すうちに、なぜかしっくりしないものを感じるようになりました。当時、何にこだわったというと、ビット反転操作の部分です。何故に、そうなるのか？ということが知らされないままに、黙って使えと言われているように思えたのです。わたしは、研究職ではなく、FFT の理解を急がなければならない事情は無かったのですが、疑問だけは強く残ったままでした。

後年、職場で或る大学の工学系の高名な教授による講演がありました。その教授は講演の中で FFT に言及し、”FFT は美しい”とおっしゃっていました。たしかに、バタフライ演算の構成を含む信号フローなどを眺めると、美しいと感じるのかもしれません。その日の夕刻に懇親会があり、その席で教授に厚かましくも疑問を投げかけました。

・小生：教授は、さきほど、FFT は美しいとおっしゃいましたが、わたしは FFT のアルゴリズムがしっくりしないのです。それはビット反転の点ですが、なぜそうなるのかを説明せずに、黙って使えと言われているように感じるのです。

・教授：ん・・・、たしかに、そうかもしれませんね・・・・

といったやり取りがありました。その後も FFT のアルゴリズムにはこだわりが残りました。しばらくして、電子情報通信学会のデジタル信号処理研究会に離散フーリエ変換 DFT の高速演算アルゴリズムの 1 本の報告を出し、さらに電子情報通信学会の論文誌 A（境界・基礎編）に「実数値データ列に適用する離散フーリエ変換（DFT）の新しい高速演算アルゴリズム」が採録されました。この段階で、学会誌論文 6 本をまとめて東京工業大学に「反響スペクトル理論の応用によるディジタル信号処理アルゴリズムの改良に関する研究」で学位請求をし、工学博士の学位が授与されました。だが、それでも FFT への疑問というか、こだわりが残り、本丸に攻め込んだ感がなく、FFT アルゴリズムへのしっくりしない想いが残ったままでした。その後数年して NHK を定年退職し、有り余るほどの時間が確保できるようになったことから、「土日研究」の残務整理として「2 次元デジタルフィルタの設計アルゴリズム」の論文を仕上げ、さらに最後の締めくくりとして 20 年余にわたってお世話になってきた東京工業大学の坂庭好一教授と高速フーリエ変換の新しいアルゴリズムの検討作業を始めました。大学に 3 回ほどお邪魔して議論をし、延べ 200 回に及ぶ電子メールのやり取りを経て、約 1 年がかりで

「実数値高速フーリエ変換の新しいアルゴリズム」の論文をまとめ、電子情報通信学会の論文誌 A（基礎・境界編）に採録されました。これで 20 代前半に染谷勲著「波形伝送」を入手して以来の懸案が全て解決できたと思えたことから、月刊技術専門誌「放送技術（兼六館出版）」に「デジタル信号処理の基礎講座」と銘打って研究成果の解説を丸 2 年かけて連載し、30 年余に及んだ「土日研究」にけりを着けました。

K・F・ガウスと高速フーリエ変換

ところで、これまで最もよく知られた FFT アルゴリズムといえば、一般に、1965 年の J. Cooley、J. Tukey による論文に端を発し、両名にちなんで名づけられた Cooley-Tukey 型 FFT アルゴリズムといえるでしょう。ここで、あえて「論文に端を発し」とするのは、J. Cooley, J. Tukey の論文そのものは DFT の計算量を大きく削減する手法（レシピ）を示したもので、必ずしも演算アルゴリズムの域になかったとする指摘が当初からあったからです。確かに、5 ページからなる J. Cooley, J. Tukey の論文には演算アルゴリズムを構築できる方策が示されていますが、具体的なアルゴリズムが記述されてはいませんでした。しかし、J. Cooley らの論文による問題提起は驚愕すべきものだったようで、その直後に IBM に所属する J. Cooley を含め、ベル電話研究所、IBM、MIT などの有力研究者 10 名によって検証されました。1967 年には "What is the Fast Fourier Transform?（高速フーリエ変換とはなにか？）" という報告にまとめられて米国 IEEE の学会誌に掲載され、FFT のアルゴリズムとして広く知られるようになったようです。しかし、後年、米国・ライス大学の DSP（デジタル信号処理）研究グループによって FFT の歴史的いきさつが調査研究され、J. Cooley、J. Tukey が世に出した DFT の高速演算の考え方は、すでに 19 世紀最大の数学者の一人といわれたドイツのヨハン・カール・フリードリヒ・ガウス（Johann Carl Friedrich Gauss、1777～1855）によって 1805 年頃に記述されていたことが確認されました。現在では、Cooley-Tukey 型 FFT アルゴリズムの原点は Gauss の業績にあり、それが現代になって J. Cooley、J. Tukey によって再発見されたとされているようです。このアルゴリズムが Gauss の業績として長年にわたって知られることなく推移したのは、Gauss の死後、業績が古典ラテン語を学ぶ者にも難解とされるネオラテン（neo-Latin）語でのみ出版されていたことも理由とされています。もちろん、Gauss が記述したアルゴリムは現代の DFT そのものに関するものではありません。Gauss は、天文学で小惑星パラスとジュノの軌道を観測値から推定するため、従前から用いられていた有限の三角級数の関数

$$f(x)=\sum_{k=0}^{N-1} a_k \cos(2\pi kx), \quad 0<x\leq 1$$

を、次式のように拡張したとされています。

$$f(x)=\sum_{k=0}^{m}a_k\cos(2\pi kx)+\sum_{k=1}^{m}b_k\sin(2\pi kx)$$

$$where,\quad m=(N-1)/2\ for\ N\ odd,or,m=N/2\ for\ N\ even$$

Gauss は、上式のように現代の DFT に類似する式の計算量の削減を図ったとされています。そのアルゴリズムは、即、DFT の高速演算に適用できるものとされたようです。Gauss の 1805 年から J. Cooley らの再発見までには 160 年の月日が経っていますが、その間にも他の研究者によって再発見されていたとする指摘もあります。また、Split-radix 型 FFT は、1965 年に J. Cooley、J. Tukey の論文が出されて間もなく、1968 年に R. Yavne によって論文が出されましたが、ほとんど注目されなかったようです。それから約 15 年後の 1984 年に様々な研究者によって別個に再発見され、それらの再発見者の 2 人とされる P. Duhamel、H. Hallman によって Split-radix 型 FFT アルゴリズムと命名され、広く知られるようになったとされています。これらの FFT アルゴリズムが世に出てからも続々と FFT の論文が出され、かなり以前から世界には膨大な数の FFT 関係の論文があるといわれてきました。それは FFT アルゴリズムには深遠な課題が潜むことを意味するに他ならないと思えてなりませんでした。いずれにしても、DFT という一つの定義式の高速演算アルゴリズムの構築にいかに多くの人たちが関わったかに思いを馳せるとき、本書で詳説した土屋・坂庭による新しい FFT アルゴリズムが FFT のあゆみの中で応分に位置づけられることを願ってやみません。先達の業績に敬意をもって接し、後世に伝えると共に、己の研究成果を歴史の中に応分に位置づけることが研究する精神の原点であり、新たなアイデアの源泉だと考えるからです。このような考え方に至ったのは、いまから振り返れば、10 年越しの願いが叶って 35 歳のときにはじめてお目にかかり、長年にわたりご指導を賜った東京工業大学の岸源也教授の箴言（しんげん）にたどり着くと思います。

「もし、既成概念に一片の疑いのある場合は、基本的かつ深遠な
真理につながる重要課題がそこにひそんでいることになる」
岸 源也（きし げんや、1928～1994 元東京工業大学教授）

小生の岸源也先生との出会いのきっかけは染谷勲著「波形伝送（修教社、1949）」の入手に始まります。20 歳前半に職場の若手育成に実に熱心だった上司の勧めで「波形伝送」を手にいれましたが、実に難解で読んでは閉じ、また開くことの繰り返しでしたが、何か研究テーマが潜んでいるように思えてなりませでした。そのような行き詰まりの中で岸源也先生の著書「回路の応答」を読むうちに、かみ砕くように後進に道を説く真摯な指導者を見たという想いから、いつか東京工業大学の岸教授の指導を受けたいと思うようになりました。それから約 10 年後、職場の現業での研究成果を部内報に解説として連載したのを機に、職場の伝手を頼って、岸教授を紹介していただきました。当時、坂庭好一（元東京工業大学教授）さんは岸

研究室の助手としておられました。岸源也先生は65歳の若さで他界されてしまったのですが、引き続き坂庭好一教授に指導を賜ってきました。いずれにしても、高速フーリエ変換の新しいアルゴリズムの構築にたどり着いたのは、お二人の教授から賜ったご指導のお陰であり、まさに小生にとっては「既成概念に一片の疑い」は何故かCooley-Tukey型FFTのビット反転の操作だったのだと思います。

最後になってしまいましたが、実に長年わたりお世話になりました月刊技術専門誌「放送技術」の兼六館出版の皆様に感謝いたします。同誌への最初の記事掲載は、昭和43年（1968）3月号で、24歳のときでした。題名が「テレビ送信装置の調整法　二重同調結合回路の調整」という単発の記事でした。それから15年後に「放送技術者のためのVITS講座1～7（1983.9～1984.3）を連載、さらに約20年後に「デジタル信号処理の基礎講座1～26（2003.1～2005.1、2005.9）の長期連載をさせていただきました。「放送技術」誌は、論文発表の場とは違うものの、長年の研究成果をとことん解き明かす場とさせていただき、兼六館出版株式会社には深甚なる感謝を申し上げます。

土屋　守

参 考 資 料

1. 土屋守、坂庭好一："実数値高速フーリエ変換の新しいアルゴリズム"、信学論誌（A）vol. J86-A, No. 11, pp. 1135-157, 2003, 11.
2. 土屋守："実数値データ列に適用する離散フーリエ変換（DFT）の新しい高速演算アルゴリズム"、信学論誌（A）vol. J80-A, no. 1, pp. 36-44, Jan, 1997.
3. 土屋守："デジタル信号処理の基礎講座＜10～15＞、高速フーリエ変換のアルゴリズムその1～その6" 放送技術誌、兼六館出版、2003.10～2004.3.
4. 土屋守："デジタル信号処理の基礎講座＜16＞、実数計算を基本にする離散フーリエ変換の高速演算アルゴリズム" 放送技術誌、兼六館出版、2004.4.
5. 土屋守："デジタル信号処理の基礎講座＜1＞、デジタル信号処理の基礎的事項" 放送技術誌、兼六館出版、2003.1.
6. James. W. Cooley and John. W. Tukey : "An algorithm for machine calculation of complex fourier series," Math. Comput., vol. 19, no. 90, pp. 297-301, April 1965.
7. P. Duhamel、"Implementation of split-radix FFT algorithm for complex, real, and real-symmetricdata," IEEE Trans Acoust Speech Signal Process., vol. ASSP-34, no. 2, pp. 285-295, April 1986.
8. H.V. Sorensen, M.T. Heideman, and C.S. Burrus, "On cpomputing the Split-radix FFT," IEEE Trans. Acoust. Speech Signal Process., vol. ASSP-34, no. 1, pp. 152-157, Feb. 1986.
9. H. soresen, D. Jones, M.T. Heideman, and C.S. Burrus, "Real-valued fast Fourier transform algorithm," IEEE Trans. Acoust, Speech Signal Process., vol. ASSP-35, pp. 849-863, June 1987.
10. Wen-Hsing Chen, et al., "A fast computational algorithm for the discrete cosine transform," IEEE Trans. COM-28, no. 9, pp. 1004-1007, Sept. 1977.
11. P. YIP and K.R. RAO, "A fast computational algorithm for the discrete sine transform," IEEE Trans. COM-28, no. 2, pp. 304-307, Feb. 1982.
12. M. Vetterli and H.J. Nussbaumer, "Simple FFT and DCT algorithm with reduced number of operation," Signal Processing., vol. 6, pp. 267-278, Aug. 1984.
13. RONALD N. BRACEWELL, "The fast Hartley transform," Proc. IEEE, vol. 72, no. 8, Aug. 1984.
14. B.G. Lee, "A new algorithm to compute the discrete cosine transform," IEEE Trans. Acoust., Speech & Signal Process, vol. ASSP-33, no. 6, pp. 1243-1245, Dec. 1985.
15. H.V. Sorense, et al., "On computing the discrete hartley Transform," IEEE Trans. Acoust, and Speech and Signal Process. vol. ASSP-33, no. 4, pp. 1231-1238, Oct. 1985.
16. C.P. KWONG and K.P. SHIU, "Structured Fast Hartley Transform Algorithm," IEEE Trans. Vol. ASSP-34, no 4, Aug. 1986.

17. H. Guo, G.A. Sitton, and C.S. Burrus, "The Quick Fourier Transform : An FFT based on symmetries," IEEE Trans. Signal Process., vol. 46, no. 2, pp. 335-341, Feb. 1998.
18. H.J. Nussbaumer、高速フーリエ変換のアルゴリズム、佐川雅彦、本間仁志（訳)、科学技術社、1998.
19. J.S. Lim, A. V11. Oppenheime（ed)、青山友紀（監訳)、現代ディジタル信号処理理論とその応用、丸善、1992.
20. 電子情報通信学会（編)、ディジタル信号処理ハンドブック、オーム社、1993.
21. 電子通信学会編："ディジタル信号処理"、コロナ社、1975.
22. "ディジタル信号処理"（ディジタル信号処理シリーズ）辻井重男、鎌田一雄、昭晃社、1990.

索　引

【ア行】

【カ行】

【サ行】

【タ行】

【ナ行】

【ハ行】

【マ、ヤ、ラ行】

著 者 紹 介

土屋　守（つちや　まもる）

博士（工学、東京工業大学、電気電子工学専攻）

1944 年福島県会津生れ。1962 年福島県立喜多方商工高等学校・電気通信科卒業、同年 NHK（東京）入局。以後、テレビ基幹放送所、ラジオ大電力放送所、番組送出、放送衛星管制等の現業、建設・補修計画策定の技術計画部門など多岐にわたる技術関係業務に従事。

1997 年「反響スペクトル理論の応用によるデジィタル信号処理アルゴリズムの改良に関する研究」で東京工業大学より博士（工学）の学位が授与される。2000 年 NHK を定年退職。退職後数年で「実数値高速フーリエ変換の新しいアルゴリズム」など、懸案の論文 3 本が電子情報通信学会論文誌 A（基礎・境界編）に採録される。引き続き、月刊技術専門誌「放送技術（兼六館出版）」に「デジタル信号処理の基礎講座　1～26（2003, 1～2005.1, 2005.9）」を長期連載。同誌には先に「放送技術者のための VITS 講座 1～7、1983.9～1984.3」を連載。

What is the Fast Fourier Transform?

高速フーリエ変換（FFT）とは何か

デジタル信号処理や数値解析分野の中核の演算ツール FFT をとことん説き明かす

発　行　2023 年 9 月 15 日　第 1 刷発行
著　者　土屋　守
発行者　西村弥生
発行所　兼六館出版株式会社
〒102-0072　東京都千代田区飯田橋 2-8-7
TEL 03-3265-4831 ／ FAX 03-3265-4833
振替　東京 00180-7-18129 番
http://www.kenroku-kan.co.jp/
印刷・製本　三美印刷株式会社

ISBN 978-4-87462-085-4 C3073 ￥3000E　　Printed in Japan